Strong
Curves

A Woman's Guide to Building a
Better Butt and Body

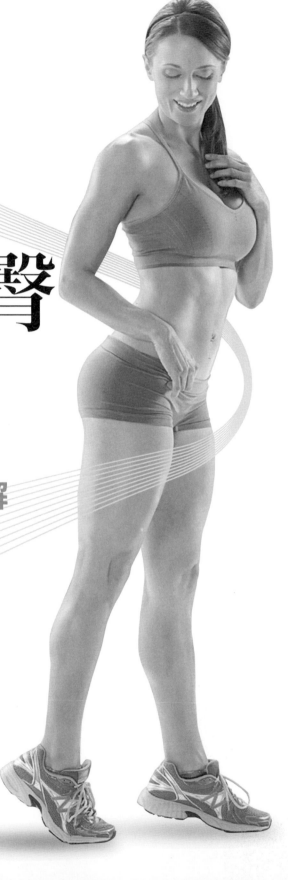

強曲線‧翹臀
終極聖經

一輩子最佳健身指導書，
48週訓練課程＋265個動作詳解

臀部越強壯，曲線就越美
只要鍛鍊**臀部肌群**，就能擁有理想身形

世界知名翹臀大師 布瑞特‧康崔拉斯
累積20年肌電圖科學研究＋健身訓練實證經驗之大成
教你用最少的時間，
打造出最強壯結實又充滿曲線美的身材

布瑞特. 康崔拉斯 *Bret Contreras* ｜凱莉. 戴維斯 *Kellie Davis* ——————著
柯品瑄、周傳易——————————譯

聲明啟事

　　《強曲線・翹臀終極聖經》是為女性的需求而撰寫，但是所提供的訓練計畫也適合男性。並非只有女性的臀部才會虛弱及欠缺訓練，男性也一樣。本書中所有的訓練方法，我都在男性客戶身上試驗過，他們有些是退休人士，有些是專業運動員，而每一位在力量、體態及活動技巧上，都有顯著的進步。

　　目前男性的主流訓練方式，並沒有透過完整的關節活動度，給予臀部肌群足夠的強化。如果你是男性，無意間買下本書，請給本書裡的訓練計畫一個機會，不要連試都沒試就將本書送給其他女性。我相信，大部分的男性都應該遵循著翹臀曲線計畫訓練一段時間，而這些計畫就跟我平常訓練的方式非常類似。

譯者序

想要翹臀，follow 布瑞特・康崔拉斯就對了！

　　真的很高興有機會翻譯本書！還記得當初出版社編輯通知我取得這本書的翻譯版權時，我的內心是有多麼雀躍！天啊！簡直如夢一般！我竟然可以成為我的偶像布瑞特・康崔拉斯（Bret Contreras）著作的中文譯者！

　　或許大家對布瑞特・康崔拉斯不是很熟悉，或許有人對於我的反應是如此激昂而感到不可思議。但說到翹臀，可說是無人能出其右。布瑞特・康崔拉斯是聞名全球的翹臀大師，但許多人不知道的是，布瑞特・康崔拉斯原本是高中數學老師，因為對於翹臀的熱愛與執著，轉換跑道攻讀運動科學。

　　布瑞特・康崔拉斯不僅是個人教練和運動科學博士，也是相當知名的健身部落客，他的個人網站刊登了超過 500 篇的健身文章，非常慷慨地與世界各地的教練們分享，他的個人網頁可以說是一個健身的寶庫。

　　其實，「翹臀大師」這個響噹噹的稱號還不足以詮釋布瑞特・康崔拉斯的狂熱，或許「翹臀狂人」會更恰當。他為了深入探究翹臀的奧秘，翻遍了經典、搜遍線上資料庫，除此之外，他還自費進行了許多實驗、親自測量肌電訊號、觀摩大體解剖，完整發揮科學人的精神。讀到這裡，相信你已經體會到布瑞特・康崔拉斯對於翹臀那近乎狂熱的執著，我幾乎可以這麼說：「想要翹臀，follow 布瑞特・康崔拉斯就對了！世界上沒人比他更懂得臀部訓練了！」

　　在本書中，他以二十年來的親身健身與教練經驗，加上最新、最紮實的運動科學，以幫助拯救無數女性因為坐式生活而造成的平扁屁股。內容不但有基本的肌肥大（練肌肉）、飲食知識，還有非常詳細的動作介紹及翹臀課表以供參考。

　　我非常真誠、發自內心的建議，想要追求翹臀的你或妳，萬萬不可錯過這本書！

　　近年來，台灣的健身風氣越來越盛行，但網路媒體傳遞的健身知識經常不甚正確，例如：「練仰臥起坐可以瘦小腹」、「打造翹臀最有效的動作是深蹲」、「女生不適合舉太重，不然會變得太壯」……等等，關於健身常見的迷思，本書都有特地澄清。

　　現代社會的審美觀對於女性身材過度苛求，甚至可以說到了危害女性健康的地步，怕胖：讓女生們不敢吃太多，營養不良；怕太壯：讓女生們不敢健身，造成肌少症。這些子虛烏有的過度擔憂，其實並不能幫助女性打造美麗、建構自信，反而讓女性們與健康好身材背道而馳。這是亟需導正的觀念。

　　另外，健身圈長久以來被男性霸占，關於女性的訓練長久以來被忽略，使得剛踏入健身房的女性往往只能尷尬無知地沿用男性導向的訓練方法，不然就是被誤導只能拿起粉紅色的輕輕啞鈴，這也是女性踏上健身之路的阻力之一。

　　某種程度上來說，健身就像是挑衣服一樣，有些人認為要挑保暖實穿的，有些人則是專挑漂亮好看，但魚與熊掌為何不能兼得呢？翹臀訓練就是能夠兼顧兩者，翹臀訓練既可以為女性帶來美麗的曲線，又能增進整體健康。臀部肌群位於身體中間，承上啟下，構造複雜，具備非常多不可或缺的活動功能，鍛鍊臀部肌群可以減少許多由於肌力不足或失衡所導致的問題，例如：腰痠、膝蓋痛、足底筋膜炎等等。另外，更別說光是重量訓練就可以降低罹患慢性疾病的可能，例如：糖尿病、高血壓、骨質疏鬆、肥胖、癌症等等。

　　總之，翹臀訓練能兼顧美麗與健康，如果你對於翹臀訓練也躍躍欲試，就繼續翻閱本書吧。

Contents

動作檢索及說明

額外資源

訓練範本：https://s3.amazonaws.com/StrongCurves/WorkoutTemplates.pdf
動作索引：https://s3.amazonaws.com/StrongCurves/ExerciseIndex.pdf

前言

每個人都適用的終生健身書

—— 卡珊卓‧佛塞（Cassandra Forsythe）

自從我和勞‧許勒（Lou Shuler）在 2007 年底撰寫了《女性健身新規則》（*The New Rules of Lifting for Women*）後，許多女生總算開始了解，舉起大重量並不會讓她們變得跟男生一樣，或是長出水桶腰，更別說會讓她們變成浩克。

取而代之的是，現今的女性開始認知到拾起槓鈴，舉起、拉起及扛起她們過往無法想像的大重量，可能才是邁向夢寐以求好身材的捷徑，因為重量訓練能帶來強壯、精實與性感。我們生活的大部分時間都侷限了身體的活動，而重量訓練能帶給我們活力與更強壯的身體。於是，現今女性終於可以勇敢地離開跑步機，大步走向舉重區。重量訓練就像刺青，越來越流行。（在青少年時期，我記得我是唯一一位在重量訓練區的女性，我超討厭那些有氧運動器材，但我很喜歡舉起重量的感覺。如果我在重量訓練區看見其他女孩，我會視她為最要好的朋友，因為重量訓練就是我們的祕密活動。）

在這本書中，布瑞特‧康崔拉斯已經不用花太多心力說服女性去健身，取而代之，布瑞特要告訴女性的是，如何安排她們的訓練課表，以造就最突出的身材曲線。但相信我，這絕對不是拿起輕輕的、粉紅色的啞鈴隨意晃晃而已。

布瑞特是我所見過的，健身界裡最聰明、最具智慧、最跟得上時代的人之一。他不需要特地詢問別人他想知道的事，因為他早就有能力整合最新的科學研究，並且轉化成我們能夠在現實生活中使用的資訊，相當了不起。儘管布瑞特是個男生，但他知道女生需要些什麼，而且不僅僅是猜測而已。他熟知女性的身體是如何運作的，這恐怕不是許多人一輩子力所能及的事，他也知道如何轉化自己腦袋中艱澀的科學知識，將之變成簡單的話語，讓所有女性都能夠理解。

你在後面的章節裡會讀到，布瑞特花了多年時間在打造臀部，他發明了各種臀舉與臀橋動作，並且大力推廣。另外，最獨特的是，布瑞特

使用肌電圖來測試這些動作，肌電圖是可以標準化的科學測量工具。你大概找不到有其他教練願意花光一整個月的薪水在做研究，但布瑞特就是這樣的人。這就是為什麼你應該相信布瑞特，不，你一定會相信他。因為布瑞特的訓練方法真的有效，他不是那種將一堆動作丟在一起，然後隨便出版成一本書的人。

布瑞特絕對不是那種橫空出世，假冒成專家的神棍。在他出生三十六年後，他的健身知識大概比我們其他人加起來的都還要多。布瑞特不只是個工作狂，更是個「幫助狂」，他用科學知識及實際經驗，指導過數以百計的女性，讓她們的臀部變得完美，將她們的身材打造成其他女性又忌妒又羨慕的狀態。我能告訴你一項好消息，那就是，只要照著布瑞特給的方向走，有好勝心的女性絕對能複製這些成果。

這本書是由布瑞特與同事凱莉‧戴維斯（Kellie Davis）共同完成的，凱莉是一位可愛又傑出的教練。書中的訓練計畫，是每一位女性都能夠使用的，就算你的體能不太好，已婚、有孩子要照顧，都能在書中找到適合自己的訓練方法。把這些訓練計畫拿給你的姊妹、母親、姪女，或是其他人，全都適用，因為書中的文字相當容易理解。事實上，我現在也正跟隨著這些訓練計畫，只能說，這套計畫讓我感覺到更健康、更有幹勁、更美麗。感謝布瑞特與從旁協助的凱莉。

擁有一對漂亮的臀部，一直是我的目標。我年少時曾是一名體操選手（不敢說有多傑出，但我曾經全心投入），我也一直相當佩服那些擁有勻稱肌肉的女性，當然，包括了圓潤的美臀。感謝老天，讓我天生就有還算不錯的臀腿曲線（看

看我的老媽，就知道是怎麼一回事了）。但在還沒鍛鍊之前，我沒有足夠的自信敢穿著比基尼在大家面前展示。我覺得臀部還是有那麼一點下垂，不夠突出。所以，我的目標就是打造圓潤、俏麗、緊實的臀部。就跟布瑞特一樣，我四處追尋讓臀部翹挺的方法，我嘗試過深蹲、腿推、跨步蹲、登階、腿後勾、硬舉。臀部與大腿成為我最常訓練的部位，因為我是如此渴望它們能變得更美。的確，線條慢慢出現了，但還是不夠突出。直到開始進行臀橋與臀舉運動，我的臀部才開始變得跟我理想中的雜誌封面女神一樣。啊！我理解到原來這就是我先前的訓練計畫不足的地方。

現在，我持續地跟著布瑞特學習（畢竟他可是翹臀大師），布瑞特厲害之處，不只是獨特的訓練方法，他的指導方式也令人相當佩服。布瑞特循循善誘，他知道如何幫助女生設定目標，幫助她們突破，打造她們夢寐以求的身形（或是美臀）。這一切的一切你都可以在這本書中看到。

你的臀部將會獲得前所未有的感受，然後你的其他部位也會群起效尤，也就是說，你將會看見一直以來渴望的轉變，這種感受你絕對會愛上。為何會如此神奇？因為你會開始訓練到長久以來忽略的動作及忽略的部位。相信我的話，我從十五歲起就在健身房裡打滾，這本書就是《女性健身新規則》的完美大補帖。

就如同布瑞特與凱莉所說的，他們是以長遠的目光寫下這本書，也就是說，這本書並不是拿來讓你訓練一個月後就丟到一旁忘記，這本書提供的是你可以用以訓練一輩子的方法。有關女性的訓練、飲食、健康的生活型態，這些必備的相關知識都詳細記載於書中。從橘皮組織、骨盆底肌力量（你說得出「凱格爾運動」這個名詞嗎？），到懷孕，布瑞特都講得很清楚。我和凱莉都懷過寶寶，深刻知道懷孕及產後的訓練是多重要。如果有機會的話，或許你也可以體會到肌力訓練不僅有益於寶寶，對於你的精神與靈魂更是一種療癒。在健身房中變得更強壯，不僅僅是力量上的進步，它還能夠為生活的各個層面帶來能量，包括了你的工作、婚姻、身為父母的角色、友誼（沒想到強壯的臀部可以帶來這麼多）。

在這本書中，你將會學到一些其他書很少解釋的訓練方法。其中有一些是非常進階的臀部訓練，但就如同布瑞特所說的，「雖然你現在的能力沒辦法做到這些動作，但只要你持續的訓練與自我超越，終究會獲得駕馭的能力。」

但關鍵是，你必須不斷超越自己。你必須願意毫不遲疑地在健身房裡發出咆哮聲，並且成為汗流浹背的濕身甜心。妳不能只是因為有人（尤其是男性同胞）以嘲弄的表情看妳就退縮，只因為你推的重量比他的還重。我所認識的一些最強壯的女性，不僅是最有曲線、最性感、肌肉最發達的，也是既精實又富有女人味。你也可以成為這樣的人，只要你投身這個健身計畫，並且竭盡全力。你可以做得到，而且將會達成目標，因為你比自己以為的還要強壯！

所以，如果你想要擁有一對讓男人、女人都回眸注目的翹臀，就加上一個能讓身體以你未曾感受過的方式訓練吧，你很快就會發現這本書就是你要找尋的答案。拍照記錄、做筆記，並且追蹤你的身形變化，因為你的身材即將在你眼前發生改變，你不會想要錯過的。

在肌力訓練裡，為了更棒的翹臀，我享受生活、愛、歡笑，以及重量訓練。

作者介紹

卡珊卓·佛塞擁有營養及運動科學的博士學位，也是註冊的營養師。她具有肌力與體能訓練專家（Certified Strength and Conditioning Specialist）、體育營養師（Certified Sports Nutritionist）、功能性運動檢測（Functional Movement Screen）等證照。

她出版的書中，有兩本專為女性而寫：《女性健身新規則》、《吃出女性健康與完美身材》（Women's Health Perfect Body Diet）。另外，她在《有氧雜誌》（Oxygen）、《女性健康》（Women's Health）、《男性健康》（Men's Health）和《三角天空》（Delta Sky Magazine）都設有專欄，且擔任《女性健康》、PrecisionNutrition.com、Livestrong.com 的諮詢委員。

卡珊卓在康乃狄克州擁有一家健身房，名為「維農革命健身」（Fitness Revolution Vernon）。她透過經證實的運動及營養方法，已經改造了州內上百位女性與男性的身體。你可以在 www.cassandraforsythe.com 找到更多關於卡珊卓及其健身房的資訊。

打造更好的身材，改善生活品質及提升自信

——凱莉‧戴維斯

就基因方面而言，我天生得寵。我生來就擁有瘦的基因。我的孩提時期在科羅拉多的庭院裡由日出奔跑到日落，我跌倒在松果上，讓膝蓋上滿是擦傷。我會花一整天的時間繞著洛磯山脈，享用大量的水果和零食餅乾，然後繼續日復一日的探險旅程。

我人生的頭二十五年就是這樣度過的——無憂無慮、身材精瘦，一點也不在意我的健康或營養狀態。由於我天生身強體健，大部分的時間都在活動而非坐著不動。在大學一年級前，我一直都有在運動，並在十四歲時加入健身房。然而，當我取得碩士學位之後，事情有了轉變，生活習慣對我造成的不良影響開始襲來。我再也不能仰賴基因優勢來彌補差勁的飲食。當我生下女兒時，很快就瘦下來了，但不是以正確的方法。方為人母以及展開新工作的壓力，讓我幾乎沒有時間好好吃或好好照顧自己。在女兒出生之後，我去健身房的頻率大幅下降，然後不自覺的把自己餓瘦。

當我的女兒兩歲時，我發現自己懷了兒子。同時，我的體重悄悄上升，但我不願意面對這個事實。我仍舊把自己硬塞進五碼的牛仔褲裡，然後企圖掩蓋滿溢出的贅肉。在懷孕超過三個月後，我的體態改變得很明顯。大家猜都不用猜，就知道我懷孕了。我的體重穩定上升，而我也鮮少自我控制，一到辦公室就把午餐給吃掉，然後中午時再買另一份來吃。

伴隨著難以控制的飢餓感和體重上升而來的，是懷孕的各種併發症。我發現我進出醫院的頻率多到自己都記不得，到了懷孕的第七個月，我甚至只能臥床休息。但其實我搞不太懂，當你有一份工作，還有個蹣跚學步的小孩在屋裡跑來跑去時，我到底該如何「臥床休息」？我猜只能臀部一坐，然後什麼事也不做。我試著這麼做，但結果不大成功。於是，我的身體無法繼續懷孕，在聖誕節前夕、比預產期早四週產下我的兒子。

直到這時，我還沒有將自己的生活模式和懷孕的各種併發症聯想在一起。當我和兒子一起待在新生兒加護病房時，我把這一切歸咎於先天因素。我的身體本來就不適合懷足月胎兒，那時我是這麼想的。現在追溯起來，其實我早該知道，如果我有好好照顧自己的身體，給予它適當的營養和規律的運動，這一切都是可以避免的。在我兒子出生後的第五天，我把他帶回家。但我帶回家的不只有我的心肝寶貝，還有我在孕期增加的50磅（22.7公斤）體重。

那是我人生第一次超重。我一直以來都是纖細的身形，很難變胖，是那種會讓別人皺鼻子討厭的人。但我很確信，當時有著可悲的肌肉－脂肪比例的我，如果有量體脂的話，應該會被歸於肥胖。

我學會接受自己的體重，而非改變現況。然後，基於自我意識及心中的不悅感所驅使，在身體經過充分時間復原之後，我曾幾度踏進健身房，卻都失望的離開。

我無助地站在啞鈴架的鏡子前。由於虛弱的骨盆底肌肉和差勁的肌耐力，讓我無法訓練。我無法舉起任何重量，因為我一點力氣都沒有。

當時的我，絕對是處於人生中身材最糟的時刻，我正是「身材走樣」的最佳代表。但對我而言，這就像是成為一名母親的詛咒。我確信我曾被教誨過的——小孩會奪走你的美貌，並且摧毀你的身材。

轉捩點

接下來的兩年，我慢慢減掉懷孕時增加的體重。但是，就如同我第一次懷孕時的情況，主要是因為壓力而瘦下來的。我吃的不營養，活動僅限於午後散步或是和小孩玩耍的時刻。儘管我穿起衣服來很好看，但是脫掉衣服後又是另一回事了。這時出現一個重要的轉捩點：我決定穿上比基尼，以照片記錄身形，因為我原本以為可以看出自己的身材有所改善。

但是當我看到上傳至電腦的照片——那是我生平第一次看見自己最真實的體態，卻非我以為的樣子——我崩潰得大哭。我的想像完全幻滅了，因為我太在意刻度上的數字，而沒有面對我真正的身體形象。肚子上的皮膚像袋子一樣鬆垮的垂吊著，大腿既肥胖又鬆軟，而臀部又扁又平，骨盆底端和側邊除了脂肪之外，什麼都沒有。

自那時起，我的眼光完全改變了。我每個月準時閱讀健身雜誌，裡頭充滿了同樣身為母親的模特兒。這些女性證明了，即使當了媽媽也能擁有完美的身形。

所以我丟掉自己的藉口，報名健身房的課程。我每週有兩晚的有氧課程，另一晚上瑜伽課。我每一堂課都有出席。一開始，我總是躲在最後面，幾乎無法完成二十分鐘的重量訓練有氧課程。當做到跨步蹲的動作時，我只能在一旁休息，因為我無法做出穩定的徒手跨步蹲。但隨著兩個月過去後，我的肌力進步了，在教室的位置也越來越往前靠近教練。

大概在我開始嶄新的健康生活的四個月後，六年來第一次，我又重新踏入了重量訓練室。我記得當看到自己略為鼓脹的小二頭肌時，自信心高漲的感覺。我會特別把東西握靠近我的胸口，故意讓我的手臂以屈曲的姿勢示人。我知道這很可笑。但我當時自我感覺很良好。我持續往新的目標努力，並從雜誌和網站學習任何關於健身的知識。

著迷於訓練

在我達成了自己未曾想過的成果後，我對健身開始上癮——以好的方式。我的身材比生小孩前還要好。但我感受到體內好勝的聲音在呼喚我，便決定要把身材帶往另一個層次，所以我報名了一個地方的健美形體比賽。

但僅僅三週的訓練卻讓我感到很迷惘。我加入了健身的線上論壇，裡頭充滿了志同道合的女性，其中有些本身就是選手，我和她們建立起良好的關係。

但我接收到的資訊仍舊令我感到困惑。在滿懷沮喪與疑惑的情況下，我請了一名教練協助我登上比賽的舞台。在我以四分之一轉身的姿勢登台面對評審時，我的體重甚至比高中時還要輕。我的教練要求的訓練方法，讓我感到疲累不堪甚至過度訓練。圈內的女性同好都笑說，這是很正常的；但在內心深處，我知道，這一點都不健康。

我對於比賽著了迷。那時的我感到很有自信，認為可以自己登台比賽，並在接下來的幾次比賽都這麼做。我的身體感到沒那麼疲勞，情緒也比較穩定。但因為我前一個教練的過度訓練以及過度節食法，對我的影響實在太深刻，簡直是烙印在腦袋中，所以之後我的體重只增加了兩磅。

遇見伯樂，翹臀大師

某一陣子，T-Nation 是我最常獲取健身資訊的網站，而這個網站不時地會推出布瑞特的作品。在閱讀過布瑞特的文章後，我趕緊瀏覽他的簡介，發現他也住在鳳凰城，於是立即聯絡他，而他也願意幫助我重返舞台。他覺得我的身材已經有了相當程度的底子，但我還是需要花幾年好好地訓練肌肉，才站得上健美形體比賽的舞台。

聽他這麼說，我其實有點受挫，但我相信他的本事。我開始執行他的訓練計畫，不到三週，我的身材就有了顯著的改變，變得更精瘦、緊實，

而且增加了更多肌肉，我從沒想過這一切能在這麼短的時間內達成。我先前曾以為自己的基因限制讓我永遠只能當瘦皮猴，無法再獲得更多的肌肉，然而布瑞特的訓練計畫證明我完完全全的錯了，僅僅六週的訓練計畫，就讓我比過去一年進步的還要多。

與布瑞特一起進行訓練四個月後，他將我的進步數據、照片等整理好。當我看著舊照片，這些日子的轉變真是難以令人置信，我從纖瘦的一般身材，進步到從頭到腳散發肌肉線條美。

不過，我認為我在整個計畫中，最有收穫的部分是力量的進步，我覺得自己幾乎來到了競技型健力選手的程度，我每個月都在打破先前的紀錄。我的丈夫，喬許（Josh）對於我的轉變感到佩服，所以也跟隨布瑞特訓練了將近一年。

布瑞特是教練、導師、教育家，同時也是朋友，意即良師益友，我必須將自己過去四年來的成功歸功於他。他看見我成為傑出運動員的潛力，他教導我如何在健美界持續成長，也對此滿懷期待。自從我與布瑞特一起訓練後，我已經參加了三場健美形體比賽，獲得了一個第一名和一個第四名。在健身房中，我可以全深蹲 1.5 倍的體重，硬舉 2 倍的體重，臀舉 2.5 倍的體重，當提到引體向上，我甚至可以跟健身房中的男生正面對決。

更重的槓鈴，更高遠的目標

回顧過去五年的旅程，最有趣的部分，就是我從沒想過自己能夠達成這麼多成就。我們都會有絕望、面臨崩潰的時候，我們可以選擇放棄自己，或是奮力一搏。我可以想像此時此刻正在閱讀這段文字的你，或許就站在曾經的我與現在的我之間。我知道正因為你還不想放棄，或者你還渴求著進步，否則你不會翻開本書。也可能你正在找尋著指路明燈，以邁向健康體態。

當我拖著自己人生中最糟糕的身材踏進健身房時，心中只有一個想法：我要變得更好看。但這其實是很模糊的目標，我不夠努力，腦袋也沒有足夠的想法，我不知道該如何明確地、一步一步地邁向我的目標。但隨著我在自己身上看到更多的成果，我的階段性目標就變得越來越層次分明。在剛開始時，你也可以為自己設下大方向，但隨著時間推進，你要讓計畫更加具體。

為自己努力吧！我們都想變得更有曲線、體重變輕、增加自信、變得更強壯，想要穿上比基尼時讓大家驚艷。但我們要做的不只是訂下目標，更要有自己客製化的計畫。你要變得更自私、更有野心，不顧一切地實踐計畫，完成目標。最重要的是，一旦你帶著拚勁奮力向前衝刺時，不要回頭，就這麼不斷地往更好的自己前進吧。

某天，我正在幫一位朋友設計訓練計畫，便翻出了自己的前後對比照。我發現一張自己將剛出生的兒子從醫院帶回家的照片，我幾乎認不出自己，不只是身材不同，心境上也有很大的差異。我心想，絕對不要再回到那時候的樣子了，這不一定跟身材有百分之百的關係，自信心與情緒也占了很大的部分。

打造翹臀曲線，不只是為了身材的轉變，精神上的轉變也是目標之一。一旦你的力量增長、脂肪減少，夢寐以求的身材曲線自然會出現，在自信心提升的同時，你對於生活的看法也會變得不一樣。但莫忘初衷，繼續邁向更好的自己，你還可以發現生活中有更多地方可以改善，還能夠更善待自己的身體。

有機會受到布瑞特邀請參與本書的製作，是我至高無上的榮耀，在過去四年中，布瑞特已經是我生活中重要的一部分。我非常信賴本書提供的訓練計畫及訓練動作，因為我從來沒看過任何人比布瑞特投入更多熱情在這份專業上。每個章節的字裡行間都流露出他的熱情，為的就是幫助你打造更好的身材、改善生活品質，以及提升自信心。

布瑞特將過去十五年來的研究、實驗，以及實戰經驗都集大成在這本書中。依我的親身體驗，可以告訴你，本書的訓練計畫絕對有效，如果你為成果感到吃驚，我一點也不意外。我必須先承認這份訓練計畫執行起來並不簡單。在我受邀測試「十二週進階翹臀女神計畫」的第一週內，

我就傳了一封電子郵件給布瑞特，問他是不是想要殺了我。不過，他建議我不要把自己逼得太緊，所以要是你發現訓練課表對於體能的負荷太大時，我能給你的建議就是這個：「不要把自己逼得太緊，過猶不及。」

　　這個訓練計畫本身的挑戰度已經夠高了，如果你在每次訓練時都把自己弄得筋疲力竭，可能會在夢裡咒罵布瑞特。

　　試著在每個階段的每個部分都慢慢的進步，依照你現有的體能給予自己適度的挑戰，你可以嘗試增加每一組的訓練次數或動作強度。如果既定的課表對你來說太過困難，不妨自己降低課表的難度。要是你無法做到某個動作，包山包海的「動作檢索及說明」單元中有許多替代動作，可

以幫助你完成目標。

　　本書的編撰花了我和布瑞特上百個小時，我們不遺餘力，在每個段落都細細推敲，因為我們希望，不論你現在的狀態如何，當你全心投入本書的訓練計畫後，能夠看到自己一點一滴地在改變、在進步。如果你厭倦了，想要放棄了，請將我的故事謹記在心（甚至可以翻翻我的前後對照，或許能為你帶來一點點動力）。

　　我想要妳為了自己而奮鬥，我希望妳知道當個自信又性感的女人是什麼滋味。當妳走向舉重架，舉起比你身旁的男性更重的重量時，妳會為自己感到無比的驕傲，妳一定有潛力能成為這樣的女人，而這本書會教導妳該如何實踐！

Chapter 1

布瑞特的健身經歷

如果有什麼知名諺語是由健身界所創造出來的，那麼這句「腹肌是在廚房裡練成的」，大概是被傳頌最多次的經典名言了。正確的營養攝取，會比永無止盡的核心訓練，更能展現出傲人的六塊肌。你想要腹肌嗎？只要甩掉腹肌上方的油脂，就可以讓下面的腹肌顯露出來，就是如此簡單。

儘管對腹肌而言，這一點都沒錯，但是對臀部來說，可就不一樣了。如果你曾經為了「炫腹」而嘗試節制飲食，很有可能會同時發現自己的臀部變得扁平。因為只有單純控制飲食，配合少量訓練或甚至不訓練臀部，是無法擁有夢寐以求的翹臀的。我們可以這麼說：腹肌是在廚房裡練成的，但翹臀是在健身房裡練成的。

路易‧西蒙斯（Louie Simmons）是以打造超級強壯的健力選手而聞名的教練。查爾斯‧葛拉斯（Charles Glass）打造出數名舞台上體型最大的健美選手。還有，喬‧德威（Joe Dowell）能讓明星在大螢幕上展現最佳體態。教練麥克‧波以爾（Mike Boyle）則擅長訓練出強壯的運動員，同時又讓他們免於運動傷害。

而我呢？我擅長打造臀部曲線，設計出來的課表可以鍛鍊出勻稱的臀腿線條，同時也讓肌肉強而有力。因為我從事這個工作已經很久了，甚至只需要簡單看一下課表的安排，就可以確定它到底能不能讓人練出翹臀。這是只有幾組徒手跨步蹲的課表嗎？喔，當然不是。

在你進行某個訓練課表的一開始，會得到一定的成果。但是，持續幾週之後，你會發現進步越來越不顯著。

每當有新客戶來找我時，我只需要看他做一輪動作，就可以了解他在訓練中是否有效地使用臀肌。以深蹲及髖伸訓練來說，雖然它們是很棒的臀部訓練動作，但真正有效的姿勢很可能與你做的方法不同。你要做的，不只是做出最棒的臀部訓練動作；而是用最棒的臀部訓練，讓你變得十分強壯，同時用最完美的姿勢進行訓練，以充分地強化臀肌。

我在旅遊時，曾造訪世界各地許多的健身房。我認為，許多女性儘管有在訓練，但她們的臀部力量和形狀仍有非常大的進步空間。我很希望自己可以到每一個商業健身房，為女性朋友們示範如何以最棒的臀部訓練動作、合適的頻率、完善的技巧和形式，以及全關節活動度，來活化臀大肌。但因為我無法跑遍全世界的健身房，便決定撰寫這本書，讓你無論是在客廳或健身房，都能擁有我的專業指導。我相信，你之所以會選擇這本書，是因為你想要看見自己體態的改變。你想要變得更強壯、更有力量，身材曲線變得更勻稱。你可以把這本書當成是我一對一的教練課。我把過去這十五年來累積的所有知識，都放在這些章節中，你可以充滿自信地走進健身房，或是在家使用居家器材進行訓練。

我的重大轉折

這一切都始於 2009 年 9 月 16 日，我在男性健身網站「T-Nation」上發表了一篇標題為〈破除臀部訓練的迷思〉的文章，之後便由亞利桑那州當地的私人教練，搖身一變成為線上健身名人。我不再只是個默默無名、沉迷於臀部肌肉的肌力與體能訓練的教練；我對臀部的執著與著迷，變得眾所皆知。我再也沒有回頭路了。我被公認為「翹臀大師」。事實上，近幾年來，我常常被陌生人認出：「嘿！你不就是翹臀大師嗎？」這個稱呼我還可以接受，因為原本可能有更糟的綽號。例如，我就滿慶幸自己不是沉浸於踝關節柔軟度的研究。想像一下聽到：「嘿！你不是踝

關節背屈大師嗎？」這感覺完全不一樣啊！

「翹臀大師」的稱呼為我帶來了一些難以想像的機會。在過去四年裡，我有幸可以在世界各地一些對於肌力與體能訓練，以及體育最具影響力的會議上演講。我開始為自己從青少年時期就開始閱讀且翻到快爛掉的雜誌（噢女士們，不是你們所想的那種雜誌）寫文章，包括《健美雜誌》(Muscle Mag)、《男士健身》(Men's Fitness) 和《男性健康》。我也有幸在《有氧雜誌》的臀部特刊中被列為專家，並且在 T-Nation 和 StrengthCoach.com 都有固定專欄。

我在職涯中最有成就感的事，就是看見受我幫助的女性客戶的驚人轉變。我喜歡和女性一起工作，但這不只是因為我身為男人。如果你有機會問問健身產業的專家，我想多數人會同意，訓練女性是很有成就感的一件事，因為她們幾乎都會好好遵循你的要求，以達到她們想要的成果。這就是我寫這本書的主要用意。從我坐下來把這本書的訓練計畫修改得更完美的那一刻，就知道你會做好所有我在書中要求的任何一件事。接著，當努力獲得成果後，你會寫封充滿感謝的電子郵件給我。當然，你不一定要這麼做，但是我會很樂意收到你的消息，並知曉你的成果。

所以，我到底是如何從一個在牆壁上貼滿健美雜誌內頁的青少年，變成在世界各地塑造最棒的臀部曲線的人呢？故事背景必須回到 1992 年，由我自己的臀部，或是「我沒有臀部」說起。我開始指導女性如何打造一對完美臀部的故事，起源於——我發現原來自己一點臀部都沒有。

翹臀大師的誕生

一開始，我是在高中時了解到臀部肌肉的重要性。剛入學時，我就被那些穿戴足球護具的朋友們連哄帶騙，而決定加入美式足球隊。那時，我在重量訓練室裡，被他們的力量之大給嚇壞了。我那些做重量訓練好幾年的隊友，可以密集地做著深蹲和瞬發上搏，而我躲掉了這些大重量訓練。當時我沒有任何重量訓練的經驗，也不像

他們一樣跟教練熟識。所以我只是繼續做著自己可以做得很好的動作，例如腿推、伏地挺身，還有二頭肌彎舉。

慢慢的，我注意到自己身形的進步，對性感的新身材感到很有自信（你們可以盡量嘲笑我沒關係），一直到命運的那一天……我走在夥伴卡麥隆的身後。那時，我剛好陪著仰慕的女孩去上物理課，雙手環抱她的書。突然間，她轉向我，我以為自己終於有機會約她出去了，但是四秒後，我的世界就崩毀了。在此先提醒你一下，我那時還是高中生，內心很敏感，接下來的話聽起來可能很微不足道，但請繼續聽我說。

她靠近我，小聲地說：「卡麥隆穿那條牛仔褲，臀部看起來真好看。」

「他的臀部？天啊！我以為自己對摯愛已經非常了解，結果她竟然在看他的臀部？！」我完全不知道原來女生也喜歡看臀部！可能是我沒有與時俱進吧。小學時，誰說的笑話最好笑，誰就贏了。中學時，長得最像《飛越比佛利》主角的人，最受女孩歡迎。所以，我根本沒注意過自己的臀腿線條。我想，根本不是卡麥隆那天穿了一條好牛仔褲，或是他的臀部就是比我翹，是因為我根本就沒有臀部！我的臀部真的很扁平。記得我姊姊的男朋友有天下午在高爾夫球課時，為我的處境做出了很貼切的評語。當我要登上果嶺時，他脫口而出：「布瑞特，你的背部到腿部看起來是一條直線，你根本沒有臀部耶！」

不只有高中女生了解男人應該要有翹臀，就連男性同胞也告訴我同樣的事。扁臀是一種瘟疫，傳遍了所有男性，而不知怎地，我竟成了扁臀瘟疫的典型代表。於是，我抱持著僅存的自尊心，開始盡可能地尋求打造翹臀的方法。我了解到自己沒有像美式足球員那麼好的臀腿基因，但我不希望自己命該如此。

我開始閱讀手邊任何關於臀部訓練的刊物。我在書店耗了幾個小時，研究健美選手如何訓練他們的下肢，以及健力選手如何打造他們的後側鏈。在 1995 年，我的姪子與訓練的夥伴合買了一本《臀腿訓練完全指南》(The Complete Guide to Butt and Legs) 做為我的聖誕節禮物，以答謝我在

過去幾年把他訓練成「野獸布萊恩」。他說，他從來沒有遇過這麼著迷於臀部訓練的人。

十八歲時，我開始練深蹲，但不是你在這本書裡看見的那種深蹲。而是在沒經驗的重量訓練者身上看到的，那種不專業的「微蹲」。我加了275磅的槓片在槓子上，大概蹲低了五吋左右，再把槓子抬起。為了嘗試鍛鍊臀部，我做了幾回這個可悲的動作，然後一位強壯的重量訓練者靠近我，告訴我，要像個男人一樣，蹲低一點。

我撐起重量，雙腳微微顫抖，只見一位神祕的猛獸——如果我記得沒錯的話，他其實是半人馬——和他鏡中倒影的眼神接觸。我點頭致敬，了解到這是我在健身房還沒獲得的東西。我必須先將重量減輕，好好地把深蹲原則給學好，才能往更重的階段邁進。於是，我把重量降到大約先前的一半，並像個男人一樣深蹲。

隔天，我覺得下肢有很棒的痠痛感，所以就繼續照著這個方式訓練。我的臀部有些微成長，但還是不及學校代表隊的卡麥隆。然後，我在訓練課程加入硬舉，接著是跨步蹲。隨著我對重量訓練越來越熟練，不僅變得更強壯，臀部也變得更好看。儘管我花在重量訓練上的訓練量多又密集，但從來不覺得臀部肌肉的痠疼或疲勞是限制我去訓練的因素。反倒是其他肌群會比臀部肌群更快疲乏，臀部肌群卻從未覺得被榨乾過。

開始專攻健身

二十一歲那年，我從大學畢業，準備成為高中數學老師。儘管如此，運動仍是我的優先選項。在這段期間，我考取了 ACE 證照，成為一名私人教練。我和朋友、家人在當地的健身房健身，並會指導他們肌力訓練的方法。

我開始用自家電腦列印關於臀部訓練的文章與相關研究。直到現在，我還得要支付那時購買印表機的分期付款。我臥室的架子上，很快就出現了專屬肌力訓練器材的空間。我開始用從事教職以來的存款（這完全沒有什麼好炫耀的）來收集健身設備。幾年下來，我購買的器材已經足以湊成一間完備的健身房了，這使得我由教職轉為

全職教練這件事變得簡單許多。

二十八歲時，我離開學校，在亞利桑那州斯科茨代爾市，開了名為「Lifts」的健身房，並在這裡進行大量的臀部運動實驗與試驗。

進入臀舉的世界

我還記得自己想出「臀舉」這個訓練動作的那晚。2006 年 10 月 13 日，我在家觀看終極格鬥冠軍賽，看肯·尚拉克（Ken Shamrock）被狄托·歐提茲（Tito Ortiz）打倒。我等著看尚拉克把歐提茲甩開，但他一點都沒有想把髖部舉起，或是從歐提茲底下逃脫的意思。

這時，我已經是有美國肌力與體能訓練協會（National Strength & Conditioning Association）證照的專家，這件事讓我開始思考：為什麼這些格鬥家不做一些可以幫助他們培養爆發力的運動？這應該是從敵人底下脫困的唯一實用方法。我大腦的齒輪不斷快速運轉，便到車庫去測試新主意。

之後，我開始在健身房的客戶身上做實驗。我安排無負重的臀舉，還有單腳臀舉的課程，然後進階為負重的臀舉和臀橋。這些都可以在這本書裡的訓練課程找到。我的客戶在上課時會主動要求做這些訓練。他們說，除了我教他們的這些動作外，之前的相關訓練都沒有這樣的效果。

所有的成果都很令人滿意。從沒做過重量訓練的女性們，開始練出我未曾見過的強壯臀部。

原本僅靠著深蹲和跨步蹲訓練的女孩，發現臀橋和臀舉可以把她們的臀部帶往另一個境界。當然，總是會存在著基因上的差異。有些女性很快就會看到成果，有些則要花費久一點的時間。但是，她們總會帶著強壯又翹挺的臀部從我的健身房離開。

所有的朋友與家人，在見到我客戶的成果後，都認可了我對臀部的執著。我的家人組成一個臀部鑑賞會，就算是去雜貨店，也會注意到大多數人的臀腿缺乏線條美。你應該不太可能會遇到像我們這樣的家庭，在機場候機時，會一起分析路人的臀部形狀和大小。

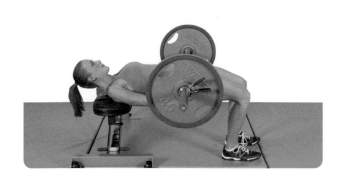

找尋證據

　　儘管我不乏客戶替我宣傳，我是如何幫助他們擁有翹臀的，但是我想了解為什麼我的訓練方法有效。在我經營健身房的最後一段期間，我從健身教練轉換跑道成為作家，並開始為我的電子書投入研究。我租了一台測量肌電圖的儀器，開始在健身房裡工作到三更半夜。由於我會開始訓練臀部，是為了自己可怕的扁臀，自然而然的，我就成了自己實驗中的最佳白老鼠。我把門都鎖上，降下窗簾，然後脫掉短褲，把電極貼在我的臀部肌肉、股四頭肌、膕旁肌，還有內收肌群。

　　我是個瘋狂研究自己臀部的科學家，把大部分的時間都花費在找尋打造臀部力量與大小的最有效方法。與我同年紀的人，大都把他們的空閒時間花在看棒球、打電動、追女生，或是跟朋友出去玩耍。但我選擇捲起自己的內褲，耗費整晚測試不同運動對臀部肌肉的強化程度。我甚至還請當地的解剖學教授幫我安排，使我可以研究大體的臀部解剖構造。

　　我的這些實驗獲得了回報，讓我的電子書《臀大肌肌力訓練的進階技巧》（Advanced Techniques in Glutei Maximi Strengthening）得以出版。我收到來自世界各地肌力訓練的教練和體適能專家的高度讚賞與肯定。而我的研究方法也被證實在其他領域，包括指導賽跑選手、接受物理治療的患者，以及運動員等，都有效。很快的，網路及實體的雜誌開始聯繫我，請我為他們的專題撰寫關於臀部訓練的文章。儘管我也喜歡研究肌力訓練與生物力學，但臀部似乎是我最擅長的領域。

　　我的朋友和同事都以為我會對自己的成就感

到滿足，但其實不然，我決定賣掉所有的資產，橫越半個地球，到紐西蘭的奧克蘭理工大學念運動科學。在這所大學裡，我很幸運地可以接受頂尖的學者、科學家及教練的指導，而更進一步地了解人體的奧祕，尤其是臀部。

翹臀曲線訓練方法

　　這本書集結了我過去十五年的研究的結果。在這段期間，我設計的課程有許多演變，尤其在過去五年，我融合了創意與最先進的科學，創造出市面上最有效的女性訓練系統。許多女性在開始做肌力訓練時，都會害怕體型變得巨大、肌肉太多又太壯，一點都不像女生。不過，本書的訓練課表會讓你在變得更強壯的同時，身形也更有曲線與女人味。

　　我的客戶們多次證明了這個訓練課表很有效。當我還在紐西蘭的奧克蘭理工大學準備博士研究時，用這套方法訓練了遠在地球另一端的女性，每一位都獲得了不可置信，甚至可說是扭轉人生的成果。其中一位在過去未曾得名的客戶，贏得了健美比賽，另一位客戶的身形在獲得不可思議的轉變後，最近也贏得了她的第一場比賽。她的自信心讓她的人生各方面都獲得改善。

　　現在，我回到亞利桑那州的鳳凰城，訓練形體與比基尼選手。我們發展出自己的一套語言。例如，訓練臀部叫做「gluting」。每位女孩的臀部肌力與成長，都持續地達到新標的。

客戶的成功經驗

在訓練二十四歲的瑞秋時，我還沒有想出負重的臀舉動作。那時，我每週安排她做大重量的深蹲、硬舉和跨步蹲。她可以做低深蹲 135 磅 20 下、硬舉 155 磅 20 下，握 30 磅啞鈴做跨步蹲 40 下。她的腿部肌肉練得很發達，但是臀部的成長卻老是跟不上。在我想出臀舉的動作後，我開始要求她做，她的臀部線條終於起飛了。很明顯的，臀舉比其他任何的訓練動作，更能強化她的臀部肌肉。

這本書之所以如此有效，是因為它不採用單一的訓練模式。沒有一項訓練方式對每個人都最有效。因此，我採取「散彈槍法」，顧及到每一個可能性，以提供最佳的成果。

你可能對高頻率中等負重的訓練反應良好，也可能對低頻率高負重的訓練反應較好。可能在這個月裡，某個方法對你比較有效，但下個月又變成其他方法比較有效。某種特定的運動或許可以在一年內為你帶來驚人的成效，隔年後，或許你要採用其他訓練以達成目標。如果可以涵蓋所有的訓練模式，那麼這整份課表就會對你有效。這是我經過多年試驗所學到的經驗。

在這份訓練課表中，除了臀橋外，其他動作也都能訓練你的臀肌。起初你可能會覺得有些困難或是不熟練，但經過幾個月之後，你將可以好好把握每個機會去用力擠壓你的臀部。

儘管這本書光是為你帶來身形的改善，就可能值回票價了，但在打造強壯的臀部同時所獲得的力量，是訓練其他肌群所無法比擬的。因為你的臀部是身體的中心，我在開始訓練自己的臀部後，發現它們幾乎參與了所有的動作。當你的臀部有足夠的力量可支持你的活動後，你會發現，背部在工作一整天之後，不再這麼緊繃，搬家具變得更容易，小孩也比較好打點。你的臀部肌肉生來就是全身最強壯的肌肉，當你建立起它們的肌力後，可以為你帶來非常大的力量！

這些全身性的訓練，是設計在最少的時間內，打造最強壯、最精實的體格。你將會使用多種不同的方式來鍛鍊臀部，以確保獲得最佳成果。這個課表會啟動你的臀部肌力潛能，你將會透過不同的方位與角度，以「大重量、低次數」與「輕重量、高次數」的模式來訓練，並在伸展時承受大重量。這是考量到所有女性朋友的狀況，所設計出的完善課表。

如何使用本書

本書充滿了女性進行肌力訓練的相關資訊。每個章節都是在說明有關課表的概念與知識，可以分開閱讀。你可以跳過前面的部分，直接看後面的運動。但我還是建議你將這本書從頭讀到尾。當你知道越多肌力訓練的知識，就越有本事變得更強壯。

本書的目標是為了提供最完整的女性訓練各個面向，讓你在追求強壯的曲線時感到有信心。本書將給你正確的訓練方式，幫助你建立肌力訓練的扎實基礎，讓你往後可以為自己設計課表。我由衷希望你不僅在這十二週的課表獲得成效，更希望你對於健身的投入能一直延續下去。

我將先深入探究，為什麼女性和男性的訓練方式應該不同。妳不一定要做不同於男性的動作，但妳的體型先天就與男性不同，無法期待用男性的訓練方式達到妳的理想。你將會了解哪兩個重要肌群可以改善生活品質，了解肌肉是如何生長及為什麼生長，還有動作品質的重要性。

本書的簡單營養指引，是受到營養學專家艾倫·亞拉岡（Alan Aragon）所影響，無論在的目標為何，內容都相當實用。書中的營養指引與運動互補，能幫助你更快達到理想。

書中有四個十二週的訓練課表，「動作檢索與說明」單元中也有許多輔助運動可供參考。裡頭超過兩百種動作，皆附有圖片示範該如何執行。

另外，凱莉在書中給予了很多很棒的建議與訣竅，指導你如何利本書來達成目標。凱莉曾經歷過你可能面臨的許多掙扎，因此，她的經驗與體悟，對即將踏上旅程的你來說，是非常難能可貴的。

我的建議是，在開始使用本書之前，你要把最終目的謹記在心，為自己設立階段性目標。我發現，如果你一直把眼光放在大而遙遠的目標，很容易就會忘記一開始踏上旅程的理由。無論你開始的起點在哪裡，都會抵達目的地。記住，努力不懈，而且永遠不要放棄自己。

我和凱莉很期待能夠知道你的旅程。我鼓勵你可以在這個訓練課表的過程中或是結束時，寫一封電子郵件給我，與我分享你的經驗。

Chapter 2
女性的身體特質

某天，我在健身房看見一位女士與丈夫一起運動，丈夫帶著她做了一系列共六種的胸部運動，接著他們就登上跑步機，在上面走了三十分鐘。每當看到這種情況，我真的很難忍住不張嘴雞婆一番。可悲的是，當女性與她們的男伴一起到健身房時，這些訓練動作都被過度濫用了。

我說得算保守了，因為我不斷看到這種狀況，即便是女生們獨自訓練時也是如此。她們將訓練課表安排得像是健美選手一般，每次的訓練只針對身體的一部分——臀部一週只練一次，而且也沒有用最好的動作來訓練。如果我現在請妳坐下來，好好釐清為何一個女生願意花一整個小時練胸肌，我猜妳大概沒辦法給出合理的理由。

當然，妳可能會想要強壯的胸肌，但妳真的想讓胸大肌增厚一寸嗎？我想這應該不是妳的目標，那麼為什麼要這樣訓練呢？你必須要改變，盡可能讓你的訓練更有效率、更有產能才對。安排所謂的「練胸日」不會是最好的方式，類似的練手日、練腿日（通常會缺少針對臀部的動作）、練肩日……等等，你應該知道我的意思了吧。但許多女生一頭栽進這樣的訓練模式，最終仍舊無法達到她們的目標。

事實上，當肌肉生長到接近極限，需要額外補強弱點時，分部位訓練身體的方式會很有用，例如：高水準的健美選手喜歡用這種訓練方式。然而，這種訓練方式大部分是針對上半身、股四頭肌、腿後肌群等，臀部鮮少在針對範圍內。有鑑於臀部肌肉對於女生們來說是最重要，也最難發展的部位，所以在這本書裡，每個訓練日都會是臀部專門日。

另一種我常見到的緣木求魚訓練方法，就是過多的有氧運動，不論是長時間的跑步機或其他種類的有氧運動。如果你進入健身房，打算做一些重量訓練，結果一不小心做了兩小時共 27 種動作，那麼其實你大概做了過多的心肺運動。

使用槓片或負重量訓練，不代表你真的就是在做肌力訓練。你可以練得很辛苦或練得很久，但這兩種情況不應該同時存在。你應該精明地設計自己的訓練計畫，以便讓訓練有效地進行。長時間過高的訓練量會使得你遠離目標，同樣地，過多的心肺運動也會。如果你真的非常熱衷於每週數公里的慢跑，或是其他長時間的有氧運動，那麼你更應該要認真地做重量訓練，以抵銷有氧運動中肌肉被分解為能量的異化效果。

同樣地，肌力訓練也必須搭配適當的營養計畫。當你訓練得越勤奮，就需要吃更多以保留肌肉。許多女生喜歡長時間的心肺運動，因為她們覺得這是燃燒脂肪獲得好身材的唯一辦法，而同時她們也會進食過少。「要讓自己挨餓才能得到好身材」的想法，在許多層面來說都是錯的。

對於減重來說，熱量短缺與挨餓之間有著很大的區隔。然而，這兩者之間的界線經常模糊不清，使得許多女生跨越了挨餓的界線而不自知，關於這部分我們會在第五章詳加說明。

蘋果與柳橙，天差地遠

如果你比較過男性與女性的身體結構，就可以了解兩者不應該用完全相同的訓練計畫。這不是在說應該用不同的動作或使用更輕的重量（相對於身體大小與結構來說）做訓練。對不同性別來說，構成訓練計畫的基本要素都是大同小異的，然而根據身體的結構及目標的不同，女性訓練計畫的設計就會與男性有所區隔。

除此之外，女性對於自己身體形象的要求，

與男性截然不同，因此女性會需要迥然不同的訓練計畫，從訓練部位的切分方式到動作的選擇、動作的順序，再到頻率、訓練量、強度及密度，都可能有所差異。

兩性對於阻力訓練的反應模式是相同的，然而就肌肉量、力量與荷爾蒙水準來說，男女之間有明顯差異。

力量的不同主要來自於身體的尺寸及組成。對比於女性，男性的身材較高大，支撐較多肌肉量，同時男性的體脂肪也較低。雖然雄性激素造就了身體尺寸及組成的不同，但是跟性激素有關的力量差異，大部分出現在上半身。以相對體重來說，女性的下肢力量近似於男性，不過男性的上肢力量則明顯較大。然而，如果比較每磅除脂體重（lean body mass，大部分為肌肉和骨骼），力量上的差距則會變得不明顯。再者，肌肉結構不會受到性別的影響，女性擁有跟男性相同的施力能力。

順帶一提，以「臀舉」這個運動而言，我發現女性單位體重的力量可以練得跟男性一樣強壯，甚至更強。到目前為止，我這裡有許多女生可以舉起 2.5 倍的自身體重呢！這可是很瘋狂的，因為我還沒認識能夠做到這種程度的男性。說到臀部，很顯然地，只要好好訓練，女人們可是一點都不比男生遜色。

通常，男生對於肌力訓練會過度自信，他們會在做各種運動時常加上過多的重量，以至於動作變形。相反地，許多女生由於對於自身的力量與動作缺乏自信，即便她們的程度已經很不錯

雪儂，一位 125 磅（56.7 公斤）的女性，一開始來訓練時，得苦苦追趕她的夥伴，但是幾個月後，我注意到她變得出奇強壯，甚至比她的夥伴還強了。我稍微調整她的訓練計畫，內容只是要她認真做某個特定動作一組，然後每週與我一同訓練兩次。不到五個月，她的力量進步到令人驚訝的地步，她能夠臀舉 385 磅 2 下，背伸展 100 磅 10 下，硬舉 203 磅的壺鈴 15 下，甚至還能跟我一同比高次數的臀舉。

身為比基尼競技選手，她精實的線條可說極為優異，而且還保有圓潤的美臀。

了。我的同事經常開玩笑說，男人在進行他們經常做的訓練動作時，應該減少百分之十的重量，而女人則應該增加百分之十。

女性想要什麼

我不像梅爾・吉勃遜有能力聽見女生們在想些什麼（這個奇怪的梗來自一部電影），但如果我擁有這個能力，我不認為當我在健身房裡四處遊走時，會聽見女生們對自己說：「要是我能把手臂練到跟脖子一樣粗就好了。」或是「我要怎麼做才能讓胸肌大一寸？」

所以，如果妳一直使用跟男伴一樣的訓練計畫，想著要達成理想目標，顯然是不可行的，就如同種下橘子種籽，然後期待長出蘋果樹一般。如果你不使用正確的運動來規律訓練臀部，你的翹臀是長不出來的，這是十分簡單明瞭的道理。如果你使用依部位分次訓練法，每週訓練五天，每次訓練只單獨針對胸部、肩部、腿部、背部及手臂的其中一個，那麼你的肌肉其實鍛鍊得不夠頻繁，將會更慢才能達成目標。

妳擁有一項贏過男性的優勢，就是妳的恢復速度。不管這是因為女性較低的力量、肌肉量，或是女性天生就擁有高效的恢復系統，總而言之，跟男性相比，妳感受到的疲勞會比較少，恢復速度也會比較快。這項優勢讓妳能夠更頻繁的訓練同一個肌肉，這也是為什麼我會將「翹臀曲線計畫」設計成每週每個肌群訓練數次。妳的下半身，也就是臀部會得到更多照料。依照這個訓練計畫，如果妳能每週訓練三到四天，臀部會變得更強壯、更圓潤、更翹挺，以回饋你對它的悉心照料。

在我為這本書寫了健身計畫後，凱莉決定為進階訓練者測試「進階翹臀女神計畫」。在每個階段結束時，她都會回饋訓練成果及一些有用訊息給我，讓我能將計畫設計得更完美，以送到每位讀者的手中。

我們之間的聯絡大部分是透過電子郵件，不過她在進行訓練計畫的第二階段時，我們碰過

面，在這之前，我有五個月沒看到她，而我未曾看過她的體態這麼棒過！我真的非常訝異，因為才經過五週的訓練，她的上半身就變得非常精實，雙腿與臀部也變得比以往更加美妙，而且她一點都沒有節食；我也相信她沒有節食，因為那時剛好是假期。每個看見她的人都不免對她的身材稱讚一番。

她所使用的訓練計畫是測試版本，所以跟本書提供的有些微不同，但基本上大同小異，也就是說，在往後的幾個章節中，你會學到一樣的方法。凱莉先前就是優秀的健身員，因此進步的速度會比較慢，所以我認為凱莉的成果可以展示：不論你的體能程度如何，這套訓練計畫都有效。不過，她在這麼短的時間內能有如此的進步，真是嚇壞我了。之後，我在紐西蘭的客戶身上試過這套訓練計畫後，也獲得驚人的成果，目前我將這套系統用在鳳凰城的客戶身上，成效都很棒。

這本書收錄了最有效的訓練課表，並且搭配可加速燃脂的飲食計畫，將以最佳的策略幫助你邁向理想中的身形。

Chapter 3
重要但鮮少人談論的肌肉

本書提供各式各樣的方法來訓練全身的骨骼肌，但我想特地用一整個章節來介紹兩個關鍵肌群，因為它們在你的成功之路上，占據了不可或缺的地位。第一個就是「臀肌」，這應該不令人意外，對吧？但是第二個肌群在女性重量訓練上，卻極少被正眼看待，那就是「骨盆底肌群」，關於這個部分，我們會在本章詳加討論。

值得你關注的肌肉

巴西辣模以她們堅挺圓潤的翹臀曲線聞名世界，這樣的翹臀經常被大眾認為是天生麗質，然而這不只是基因那麼簡單。那對完美微笑曲線背後的祕密，就是她們扎實的臀部訓練。在巴西，大家最在乎的就是臀部的曲線，健身房中也不難見到女生們花三十到六十分鐘鍛鍊臀部，把一次的訓練完完整整地貢獻給臀部，其他的什麼都不練。沒有上半身運動，沒有腹肌訓練，只有臀部。

我想她們是做對了。以我的經驗，許多女性只要專心鍛鍊臀部，就能得到理想的身形。也就是說，如果你願意的話，一份翹臀計畫就夠了。

李安卓・卡娃羅（Leandro Carvalho）的「巴西提臀訓練計畫」在數年前風行了好一陣子，他的招牌動作被認為是打造超級名模客戶體態的終極方法，但關鍵不僅僅是他的招牌動作，而是鍛鍊頻率及訓練量造就了最大的差異，這正是坊間絕大部分的女性訓練計畫所缺乏的部分。如果你看過卡娃羅的訓練影片，你會注意到幾乎都是徒手運動，雖然這也很好，但還是缺乏一些關鍵要素，例如：負重（強度）、力量（漸進式超負荷），更不用說缺乏最好的臀肌活化動作（動作的選擇）。

力量會帶來曲線，如果你永遠只用自己的體重做訓練，那麼你能走的路就不遠。舉個例子：徒手臀橋可以強化臀部 20% 至 30% 的最大活性；而我許多的進階女性客戶，能夠使用超過 225 磅（有些甚至超過 350 磅）的槓鈴來做臀橋，在這

樣的情況下，臀肌的活性幾乎被強化到百分之百。由此可見，負重動作優於徒手運動，那些施加在肌肉上的張力，打造了性感美臀。持續地讓臀部肌群接受更有挑戰的鍛鍊，是必須的，因為這正是可驅動變化的刺激。

本書敘述了訓練過程中所需的各種元素：每週訓練臀部的次數，每次使用不同的訓練量及負重，以打造最強壯、最出色的臀部。臀部訓練能有效的提高代謝率，讓你能變得更精實。鍛鍊臀部甚至還能帶動到上半身及核心肌群，例如，深蹲與硬舉會大量強化上半身與核心肌群，如果你選擇這些動作，就可以額外訓練到上肢及核心的力量，另外，股四頭肌、腿後肌群及小腿肌群也都牽涉其中。在接下來的十二週當中，你不僅會得到力量與肌肉線條的進步，還會擁有令你感到驕傲的美臀。好的，這大概能成為你的整體目標吧，無論如何，這是個非常棒的組合。

骨盆底肌群

骨盆底肌群可能是一個你會拿來跟醫師談論的主題，而且通常這時候你可能已經有了一些跟骨盆底肌無力相關的毛病了。其實骨盆底肌群應該在體適能產業中受到更多的討論，因為這確實是個重要的議題。它之所以不常被談論到，是因為我們目前對於骨盆底肌群的功能尚未全盤了解。我搜尋了許多文獻，並且與一些世界上最頂尖的物理治療師，探討有關骨盆底肌群失能的問題，但實際上能了解的真的不多，期待這部分的

學問能在未來的十年內有所進展。在未來的研究出現之前，我很樂意就現有的發現提出最好的建議。

懷孕、生產及老化，都會影響骨盆底肌群的力量。本書的目標是強化所有的骨骼肌，骨盆底肌群也囊括在內。在本章後文，我會討論到一些額外的動作以維持及建構骨盆底肌的力量，這部分是不容忽視的。

臀部肌群

現在，我們開始討論臀肌吧！我保證不會滔滔不絕講個沒完沒了的，但是，先理解一些臀部的生理學，以及明白為何這些頑固的肌肉難以成長，是很重要的。同時，你也會學習到，為何這些肌肉對於你的整體力量及身體健康，是不可或缺的。

如同你在前文讀到的，我算是稱職的臀部打造專家，雖然這樣講有點嘮叨，但我得告訴你，這不是件容易的事。即便你不是很在乎臀部該變得多翹挺（不過我覺得那種人不會讀這本書），無論你的目標是什麼，你的臀部肌群都是很重要的訓練要素。

讓我們試著完全抽離臀部肌群的美學，只看改善功能及運動表現的部分。如果有一位短跑選手跑來我這裡，表示他想要再進步幾秒，我會訓練他的臀部。如果一位棒球員來找我，期望我幫助改善他的表現，我會讓他的臀部更強壯。如果客戶背痛，我會強化臀部。要是客戶有不良的姿勢、膝蓋外翻、骨盆前傾或任何不良動作，我都會先讓臀部肌群變得強壯。

臀部在我們整體的功能及健康上扮演不可或缺的要角，一旦臀部開始不工作，你就無法如同上好油的機器那樣自由自在的運轉。是的，而且臀部會因為我們不常活動的緣故而變得失去效能。舉世聞名的物理治療師芙蘭迪米爾·楊達（Vladimir Janda）在數十年前早已注意到這點。有些肌肉相當容易受到抑制，尤其是臀部肌群。坐在辦公桌前一整天，舒適地看電視，開著車子

往返各地，這些都會讓你的臀部肌群提早退休。

學步期的幼童就是啟動臀部肌群的最佳典範，在這些小小孩肥嘟嘟的小臀部中，其實存在著很棒的臀部肌群。如果你有機會跟這些可愛的小小孩們出去晃一整天的話，好好觀察他們是怎麼將東西從地上撿起來的，這些小小孩大概會蹲得比百分之九十九在健身房運動的成人還漂亮。看看這些精力充沛的小朋友彎腰、移動，以及把玩周遭物品的樣子，都在提醒我們，他們的臀部肌群有多棒。

如果我們能經常活蹦亂跳的就像個小小孩一樣，我們的臀肌在這一生中也能常保健壯。但不幸地，隨著我們年紀漸增，活動量也越來越少。電玩、電腦及電視開始出現在所有人的房間中，缺乏活動的生活悄悄降臨在比以往更年輕的族群。當我們過著越靜止的生活，臀肌被使用的機會就越少。不像其他肌群，臀部肌群是可以變得相當懶惰的。臀部肌群不會像勞工一樣為自己發聲：「嘿！我們也需要工作。」相反地，它們真的會罷工，並且提早退休。

想想看，臀部肌群本來是被造物主設計成身體最強壯的肌肉，一旦它們不肯上班，就會讓其他肌肉必須接手沉重的工作，這樣子的代償效應會讓原本不應該承受這份負荷的肌肉過勞及磨損。你的下背部會填補最多的空缺，還有腿後肌群、股四頭肌及其他的周圍肌群，都會承受額外的負擔，久而久之，傷害就會形成。其實，只要培養出強壯的臀部，大部分的下背傷害是可以避免。

即使是最輕微的下半身傷害，都有可能使你的臀部肌群停擺，這可能跟我們原始的生存本能有關。由於臀部肌群是身體中最大且最有力量的肌肉，如果你的大腦想要保護這個受傷的區域，最好的策略就是使它們停止運作，因為這能抑制劇烈的局部動作，以避免對復原產生負面效果。如果身體有什麼部位不對勁或受傷了，你的身體就會本能地讓受傷區域的工作停擺，以進行保護。即便是最輕微的傷勢，例如腳趾頭撞傷，都有可能刺激大腦去停止臀肌運作以幫助復原，此時你就無法像往常一樣，動得又快又有爆發力。

腳趾頭撞傷或其他的傷害會慢慢地痊癒，然而停擺的臀肌卻不一定是這麼回事，除非你重新啟動臀部肌群來執行任務。以萬獸之王獅子為例，牠們是充滿爆發力、兇猛的野獸，但是，牠們經常懶洋洋地躺上大半天，直到獵物出現為止。這是因為本能告訴牠們，牠們應該韜光養晦，以便迎接下次任務的來臨。我們可以把臀部肌群比喻為人體的獅子，它們總在面臨艱鉅任務時才開始啟動。不過，臀部肌群不必像獅子一樣，為了生存而保留能量（至少就現今這個食物不虞匱乏的年代來說）。如果你越常強化與啟動你的臀部肌群，它們自然會變得更強壯、更有力。

有關懶散

臀大肌是個矛盾的肌肉。它的組成以慢縮肌為主，理論上這會讓臀大肌啟動得比較慢，同時較不易疲勞。但是，臀大肌表現得像快縮肌一樣，能夠產生巨大的爆發力。這代表著臀大肌可能是難搞的肌肉，不到最後關頭，它是不會出馬的。

日常活動，諸如：走路、上樓梯、做家事，也許就能夠讓你的其他肌肉擁有足夠的活動量，可是你的臀部肌群卻需要直接的、高負重的或爆發性的髖關節動作，才能夠被完全活化。舉例來說，徒手深蹲大約可以引起股四頭肌 60% 的最大收縮，但臀肌只會啟動 10%。因此，你就可以知道

唐娜在做臀舉時，總是感覺到股四頭肌，而非臀大肌。她能蹲舉非常重的重量，但本質上來說，她的股四頭肌占了主導地位。不管她做徒手或是 185 磅重的臀舉，總是只能感受到股四頭肌，所以我決定讓她試試抬腳式臀橋。將腳跟放在訓練椅上做臀橋，幾乎能夠完全消除股四頭肌的參與，讓所有負荷都集中在腿後肌群與臀部上。儘管這是一個簡單的動作，甚至比槓鈴臀舉更簡單，卻能夠使唐娜成功感受到前所未有的臀部燃燒。唐娜可以深蹲 200 磅、硬舉 235 磅，但僅是專注於兩組 35 下的徒手抬腳式臀橋，就足以讓她感受到臀部的活化。這樣的效應帶動其他的下半身動作，兩週之後，她的臀部就明顯變得更結實了。

為何光是日常活動就足以維持強壯的股四頭肌，但臀肌卻可以過得安逸閒適。我敢打賭，大部分辦公室人員的臀部肌群，在日常生活中都沒有受到足夠的刺激。

整天坐上數個鐘頭，會潛在地傷害臀部肌群。首先是你的髖屈肌會縮短，然後你可能失去活動度，覺得僵硬，接著你的下背、膝蓋以及最重要的髖關節，會漸漸感到疼痛。

一旦你的髖屈肌開始緊縮，髖關節會變得難以完全伸展開，臀部肌群就會開始慢慢失能，因為完全伸展正是臀部肌群最佳的活動空間。另外，緊縮的髖屈肌會透過所謂的「交互抑制」（reciprocal inhibition）複雜路徑，來抑制臀部肌群。基本上，你的臀部肌群會說：「好啊！髖屈肌，如果你要這麼無禮的對待我，我就跟你冷戰。」久坐式的生活壓迫著臀大肌，會減少局部血流與營養供應，甚至影響了神經及肌肉的爆發力。最後，就如同先前所提到的，受傷與疼痛會抑制臀大肌，避免其過度強力的收縮。

先前提過，如果臀部肌群失能，其餘的肌肉會承擔臀部肌群原先的工作，包括：腿後肌群、內收肌群、股四頭肌及豎脊肌。不妨想像一下，在一家公司裡，最能幹、最強大的同事突然放手不幹了，其餘的員工為了接下他龐大的工作量，開始遭受疼痛及傷害。大家逐一消耗殆盡，最終甚至無法滿足公司所需要的工作量。這就是當臀部肌肉虛弱時，會帶給周圍肌肉與組織的危機。

整天坐著再加上不活動，臀部肌群得不到足夠的活化，又由於髖關節僵硬，也無法獲得足夠伸展，如此集滿所有讓臀部翹挺不起來的元素，真是可悲可嘆呀！許多執業教練稱呼這樣的現象為「臀部失憶」，許多上班族及沒有經常活動的大眾，幾乎無可避免地患有此症，而且隨著年紀漸增而漸趨明顯。臀部虛弱的確是非常流行的文明病，而這本書就是要幫助你逃離臀部失憶的命運。

臀部肌群有什麼了不起？

臀部肌群大致由以下肌肉組成：臀大肌、臀中肌和臀小肌。就生理上來說，臀大肌是人體中最強壯的肌肉。以所在位置來看，你可以發現臀大肌連結你的上半身、核心肌群及下肢，中間經過骨盆、薦椎、尾椎及股骨，更別說還透過髂脛束連結著脛骨，以及透過胸腰筋膜連結著闊背肌。臀大肌是許多動作中至關重要的一環，例如：奔跑、跳躍、投擲、擺盪、出拳、變換方向及扭轉身體，你絕對不會看見一位 NFL 美式足球選手沒有一對強壯的臀部，因為臀部肌群對於他們的整體表現來說，是不可或缺的。

臀部肌群

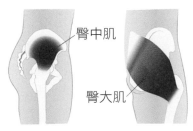
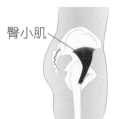

臀中肌

臀小肌

臀大肌

你的臀肌有幾項重大責任，都關乎你是否能夠正確地產生動作，包括：

★ 將大腿向後移動，也就是髖關節伸展。
★ 將軀幹向後伸展，這也是髖關節伸展。
★ 將大腿移往側邊，也就是髖關節外展。
★ 旋轉軀幹或腿部，也就是髖關節外旋。
★ 將骨盆往後旋，也就是骨盆後傾。
★ 將髖部等長穩定在上述的四個動作方向。
★ 以離心收縮的方式，吸收來自髖關節屈曲、內收、內旋及骨盆前傾的衝擊。
★ 避免膝關節外翻（膝蓋向內塌陷）。
★ 避免過度的脊椎動作（屈曲和過度伸展）。
★ 避免駝背的姿勢和下交叉症候群。
★ 減少腿後肌群的鼠蹊拉傷的機會、薦髂關節導致的下背痛、髂脛束症候群、髕骨股骨（膝關節）疼痛、使髖關節前側疼痛的股骨前滑症候群、有時會導致坐骨神經症狀的梨狀肌症候

群，以及運動型疝氣。
★ 減少身體任一部位可能的傷害發生，因為臀大肌透過許多不同的動力鏈連結到身體各部位。

你的臀部肌群也與運動表現的許多方面相關。如果你回想一下高中和大學裡那些最快的跑者，他們大概會有很棒的臀部。網球界中最強壯的發球選手、籃球隊裡跳最高的球員、最具爆發力的舉重選手、足球隊裡最殺的踢球員，以及最優秀的角力選手，幾乎都有一樣的翹臀。

好的、壞的、醜的臀部

臀部有千百種形狀及大小，但通常來說，好臀部和壞臀部之間的差別，就在於臀部的力量。在開始進行翹臀曲線計畫前，有件重要的事情得讓你知道：如果你的臀部是扁的，你當然有救，但這不代表高腳椅的薄坐墊只靠著塞棉花，就能進化成坐墊超級厚的懶人沙發。

好吧，這是個爛比喻。我的意思是：在翹臀曲線計畫中，你可以改善自己臀部的力量、形狀及線條，然而，你能進步到哪裡，最終將由你的基因決定。我曾經訓練過一位臀部力量軟弱、形狀扁平且鬆弛（這是她自己說的）的客戶，她的臀部最終進步成充滿力量、形狀美妙、讓人羨慕的狀態。但是，她還是難以跟卡戴珊相比，不過她也不在乎，因為她已經夠愛她現在的臀部了。

瑪莉是私人教練，原本身材就不錯，但她一開始在臀舉時會感到下背痛，所以我要她在執行動作時專注於骨盆後傾，在她的背痛消失後，我便增加她的臀舉重量到 105 磅。兩週後，她便進步到可以臀舉 155 磅，同時臀圍大了兩吋，而且她的體重一點都沒有增加。她的臀部原本就很好看，但是在短短的時間內，臀舉就將她帶領到一個新境界。她的訓練夥伴們不敢相信她怎麼可以進步得如此神速，甚至有人開玩笑說，她是不是去動了隆臀手術了。

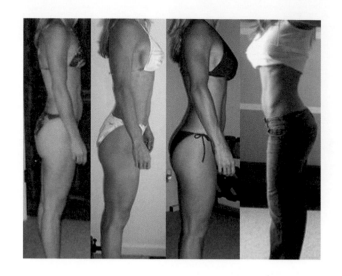

我曾有另一個客戶在短短數週內就從零進展到超級英雄臀部。這全都要仰賴你的基因，如快肌和慢肌的比例、年齡、荷爾蒙狀態、體態類型、身體頑固的部分等，這些都不是你能控制的。

請你記住這一點。但是，只要你嚴實遵循本書提供的訓練計畫與範本，依然可以獲得很棒的成果。你可以參考訓練計畫，打造自己的規則，

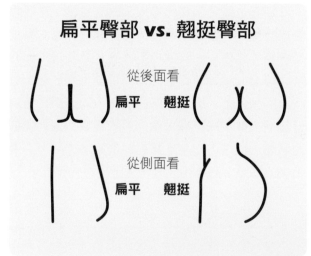

扁平臀部 vs. 翹挺臀部

從後面看
扁平　翹挺

從側面看
扁平　翹挺

改變現狀，抑或是放棄，退回你的舒適圈。

雖然我畫的圖很簡單，卻能清楚地表達強壯和軟弱臀部的區別。左邊的臀部缺乏深度、飽滿度，而且臀部有許多皺褶。右邊的臀部則是圓潤飽滿。如果你是一位雕刻大師，就會知道應該將哪些東西去掉，並且加上哪些，好讓扁平臀部蛻變成翹挺臀部。下一個問題是：「我要如何才能左邊的臀部進化成像右邊那樣，對吧？」

這兩個臀部的最大差異，就是肌肉量的不同。許多女生認為減重就是唯一的答案，但是當她們減到理想體重時，臀部往往沒有變得更好；事實上，有時候反而變得更糟。請記住，翹臀是在健身房裡打造的，你得用不同的角度來打造那些臀部肌群，以雕塑出你的臀腿曲線。

我們剛剛討論了要如何從扁平臀部變成翹挺臀部，甚至成為超級英雄臀部，但如果一開始是可怕的臀部呢？其實，你的臀部本質上不是扁平的，而是它關機太久，讓你的動作品質變得不良。我在第六章會深入講解動作品質，這是特別為了有扁平臀部的你而寫的，所以千萬別跳過喔。

其實，真正可怕的不是臀部的外形，而是臀肌失能而讓你受傷或產生不舒服的症狀。處理那些因臀部失能而導致動作不良的客戶，是我工作上的一環。這類客戶的數量絕對比你想像得還多，體適能專家通常都熟稔於訓練他們。克服這類問題的唯一辦法，就是正面對付它們。

如同先前說過的，衡量自己的能力是很重要的。如果這個動作太困難，那麼降階做簡單一點、讓自己舒適的動作，沒有什麼好羞恥的。如果你發現訓練計畫中的某個動作太困難，那麼請你參閱「動作檢索及說明」單元，找一個更適合你的動作。該單元都是依照動作模式分類，並且按照挑戰性排列，所以你可以輕易找到替代動作。

這並不代表你要就此放棄那些一開始做不來的動作，而是要把它們當成未來的目標。本書內容正是為了做漸進式超負荷訓練而設計的，我敢說你將會進步得比你想像中快上許多。每一週，你的訓練都可能有所進展，別輕易放棄，請努力不懈地朝目標邁進。

凱莉's Tip

追求翹臀如逆水行舟，不進則退。即便在休息日，你也可以趁著早晨簡單地做幾組臀橋、躺姿蛤蜊式及髖外展，然後再展開愉悅的一天。你會注意到臀部變得更結實了，而你圓潤的臀部也會感謝你的。

所以，與其強迫自己做難度過高的動作，不如好好評估自己的動作品質，降階到能讓自己順利完成動作的訓練。軟弱的臀部可能會讓你在深蹲時膝蓋向內側靠，姿勢變得歪扭，甚至可能在日常活動時下背就會痛。

別擔心，每個扁平臀部都是可以矯正的。在訓練計畫結束時，你的臀部將會充滿力量，另外，你會覺得自己的臀部塞不進牛仔褲。你的背痛也許會消失，動作姿勢會變好，你正通往更健康、更快樂的生活，這一切都要感謝臀部的強化和力量，一切都棒極了！

加足馬力燃燒臀部肌群

在這項訓練計畫中，最重要的因子之一，就是不斷地活化臀部肌群。在整個訓練過程中，你都應該要不斷保持臀部肌群的張力，不管是上半身動作或下半身動作。這個要點很難在一開始就掌握好，但跟隨訓練計畫進行兩個月之後，你就會在每一個動作中感受到臀部肌群的存在。

在休息日時，也請花個十分鐘，從書裡選擇幾個居家的臀部運動來活動臀部。小小的舉動就能帶來很大的改變。不管是走路、跑步，甚至是站立時，你都可以感受到臀部肌群無所不在。一般人鍛鍊臀部肌群的最大阻礙，就是他們無法充分刺激臀部，因為臀大肌真的是很奇怪的肌肉，它總是找得到偷懶的機會。

許多人會做一些很棒的臀部運動，卻很少人懂得如何正確啟動臀部肌群。例如：你可以依靠股四頭肌和豎脊肌，來完成深蹲及弓步蹲，你也可以透過豎脊肌和腿後肌群，來完成硬舉及臀橋。當你能夠成功駕馭啟動臀部肌群的訣竅，並且成功感受到臀部肌群強烈收縮的感覺，便能將臀部肌群大量地帶入許多下半身動作，包括深蹲、硬舉、早安運動、跨步蹲、臀舉、背伸展，甚至是棒式。

你可能會在 YouTube 影片上，看到一些強壯的女性使用大重量做臀部運動，但她們肯定不是一開始就如此強壯。千里之行始於足下，我的客戶大部分會從徒手深蹲與臀橋為起頭。我會認真地給他們提示，請他們向後坐，膝蓋與腳趾的方向平行，使用正確的腰椎骨盆力學，讓雙腳正確的傳遞力量，並讓臀部獲得均勻的啟動。當以上基本功都做好之後，我才會逐漸增加重量。經過六週的訓練後，我的客戶幾乎都會自豪地說，她們的臀部是多麼的好用，以及她們現在已經擁有過去曾視為遙不可及的力量。

麗莎是一個二十五歲的美女，擁有運動員般的身材，在我開設上一家健身房時，就跟著我一起訓練。儘管她做了許多大重量訓練、高次數訓練、爆發力訓練，以及所有人類已知的最棒的臀部運動，還是覺得在十二個月的訓練內，自己的臀部沒有什麼長進。麗莎的確減去了一些脂肪，並且長了一些肌肉，但是臀部缺乏改善，令她有點沮喪。不過，當我們對照她一年前的照片時，發現她的臀部確實有明顯的進步。我試著說服她已經做得很不錯了，但她仍舊執著於完美的臀部。

另一個相對的例子：艾莉西亞是一個十九歲身形單薄的女孩，差不多與麗莎在同一時間找上我。艾莉西亞與她的母親一起訓練，在相當短的時間內，她的臀部從不飽滿進步到十二分的飽滿。相信我，這真的令人難以置信。有一天，她媽媽對我說：「你相信嗎？艾莉西亞的臀部居然看起如此棒！」如果連你媽媽都注意到你的臀部，你就知道你成功了。我請我們健身房的一個教練仔細檢視艾莉西亞的訓練日誌，看一下她到底做了什麼。結果令人驚訝的是，艾莉西亞在兩週內，總共只做了六次的訓練，也就是十四天的期間、六小時的訓練，就能使她的身形有如此的轉變。直到現在，我還沒有看過另一個進步得如此快速的例子，這可能來自於她得天獨厚的基因。

這兩個案例告訴我們，基因對於臀部的發展是如此重要：這兩個女孩接受完全相同的訓練刺激，卻展現截然不同的成果。然而，這兩個案例也證明了，只要持之以恆，任何人都可以看到成果。麗莎後來就沒再跟著我做訓練了，但她成為更優秀的形體選手（figure competitor），並且擁有一對很棒的臀部。她一直以來都用最好的方法努力訓練著，最終獲得甜美的果實。另一方面，我在過去幾年來偶遇艾莉西亞幾次，她早已停止訓練。不用說，即便她擁有得天獨厚的基因，她仍舊失去了 C 形曲線。

當我在指導教練們的教學時，總是會給他們來一輪臀部啟動訓練，包含了仰臥、俯臥、四足及側躺的離地動作，大概會有三分之一的教練做到一半就放棄，因為他們的腿後肌群痠到快要抽筋了。這證明了大部分人都不懂得如何啟動他們的臀部肌群，甚至包括教練也是。如果你的臀部肌群太無力，其他的肌群，包括腿後肌群、豎脊肌，以及鄰近的其他肌肉，就會被迫接下臀部肌群的工作。如此一來，臀部肌群就會一直處於缺乏使用、失去作用、無法發展的狀態。

所以，在你開始翹臀曲線計畫之前，一定得好好學習如何透過不同的姿勢來啟動臀部肌群。我曾有個學生，可以從某一個姿勢成功地啟動臀肌，但是換個姿勢就完全不行；甚至是凱莉，要在直腿的動作下啟動臀肌，例如棒式、伏地挺身、背伸展，也是有困難；不過，她在彎腿的動作，例如深蹲與臀橋，就可以完全啟動臀部肌群。要從各種不同的姿勢中啟動臀部肌群，需要花一些心力，雖說萬事起頭難，但以下的運動能夠幫助你找到方向。如果你做不好以下的動作，請勿對自己太過灰心，大部分人頭一次都做不好，但熟能生巧，你最終將會打造出自己所愛的臀部。

在測量肌肉活性或稱肌電圖的研究中，我學到幾件事。首先，客戶們會表示，在不同的動作模式下，他可以感受到不同的臀部狀態。這是有肌電圖研究證實的，進行某些動作或是運用某些技巧，的確可以獲得較多的臀部肌電活性。例如：有些人在做臀橋時，將雙腳腳尖朝外，可以產生較多的臀肌活性。肌電圖研究也幫助我釐清，為什麼我的進階客戶們總是喜愛在做背伸展時曲圓他們的上背，因為這麼做可以幫助骨盆後傾，且大幅度強化臀肌。第二件事，那些比較矮的客戶們，通常深蹲蹲得比較好，而且在做深蹲和跨步蹲時，會傾向啟動較多的股四頭肌及較少的臀部肌群。事實上，我最會深蹲的學生在深蹲時，臀肌大約只產生最大自主收縮（maximum voluntary contraction）15% 的活性！

凱莉's Tip

我必須先聲明，我沒有要做任何恐懼行銷或暗諷的意思。儘管我看起來很精實，但大多數人看到我進入健身房時，可能會預期我走進瑜伽教室。某一天，我正用翹臀曲線計畫進行訓練，做著槓鈴臀橋。我的對面正好是一票職業級的男性健美選手，我猜我的臀橋動作吸引了他們的關注，其中一位跑過來問我，他能否試試這個動作。那位男士可是奧林匹亞前十強的選手，他在五週之後也有另一場比賽。我開玩笑的警告他，這個動作沒有看起來這麼簡單，我可是花了很多時間才進步到這個重量的。那時，我用的重量大約是 355 磅。當然，我 128 磅的身材完全比不上這個前臂比我的腿還粗的怪物。

他在做準備動作時，甚至難以讓槓鈴滾過他的大腿到達髖部，因為他的股四頭肌實在太巨大了。當動作正式開始後，他的額頭不斷冒汗，甚至發出嘶吼聲，然而槓鈴仍然不動如山。他無法用髖部將重量舉離地面，因為他的臀部肌群不夠強壯。他在健身房一週的訓練時數，可能比我一個月加起來的還多，但是他的訓練方式無法為髖關節帶來力量。事實上，許多健美選手都用了不適當的方式在訓練臀部。

在他羞辱性的挫敗後約莫二十分鐘，他想出了幾個小把戲，並認為我就是用這些方式才能將槓鈴舉離地面。不過，無庸置疑地，我沒有耍任何小手段，我有的只是良好的訓練態度、正確的規畫、學習過如何正確啟動臀部肌群，所以我臀部肌群的尺寸和力量是並行成長的。我真為他感到可惜，我的臀部就這麼剛好在這個動作上比他強。

測試運動

請你的臀部離開椅子，到地板上開始做運動。以下的動作都是單腳的，請你一腳做 30 秒，雙腳總共約一分鐘。

側姿髖外展

側躺並讓身體呈一直線，使用你的臀部將腿抬起，避免身體往後傾斜。在動作期間，你應該摸摸自己的臀部上緣，感受到它們的收縮。因為這個動作應該要由臀部上半所主導。

側姿蛤蜊式

側躺屈曲髖關節約 45 度，雙腳腳跟碰在一起。臀部收縮，將腿部外旋打開。動作時，不應該扭轉脊椎或駝背，同時你應該感受到臀部有充足的收縮。

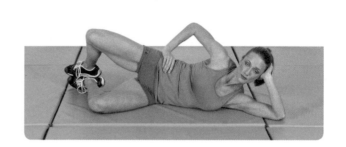

臀橋

仰躺，雙腿彎曲，以腳跟踏地，將髖部抬向空中。在這個動作中，你應該會做到髖關節完全伸展，你可以摸摸臀部肌群、腿後肌群及豎脊肌，臀部肌群應該是最用力的，而不是腿後肌群或豎脊肌。腰椎不應該過度弓起（過度伸展），骨盆不應該向前旋轉（骨盆前傾），動作主要應發生於髖關節。

四足跪姿髖伸

四肢著地，彷彿四足動物一般，將一隻彎曲的腿向上舉。動作大部分發生在髖關節，脊椎和骨盆參與得不多。臀部應該是主要的驅動肌群，而非腿後肌群或豎脊肌。

（接下頁）

鳥狗式

四肢著地，把右手舉起，同時左腳向後踢，接著換邊做一次。雖然舉的不是同一邊的手腳，但你應該保持核心穩定，脊椎中立，不應該讓軀幹旋轉。

單腳臀橋

仰臥，單腳踏地找好重心，將骨盆推向空中，一開始就懸空的那隻腳，可以保持跟身體一直線或彎曲。動作過程中，你的下背不應該彎曲過多，骨盆不應該前傾，同時軀幹也不會旋轉。這個動作對臀大肌來說應該會很吃力，但你的下背或薦椎區域不應該感到疼痛。

做完了，你現在覺得怎麼樣？如果你覺得全身發熱，那很正常。如果你的臀部快抽筋了，感到痠疼無比，那就太棒了！因為這代表你的臀部知道如何正確運作，你正順利地往強壯又圓潤的臀部邁進。

但另一方面，假設你感覺到腿後肌群和下背緊繃，那麼你得要每天練習這些動作，直到你熟悉臀部施力的感覺。想像一下我們的後側鏈──豎脊肌、臀肌及腿後肌群，接受來自大腦的電流，而這三個肌群就是大腦電流的分流，許多人分流給豎脊肌、腿後肌群較多，給臀部肌群的卻不足。在進行翹臀曲線訓練計畫一段時間後，你將能夠循循善誘你的大腦，把多一點電流分給臀部，少一點給豎脊肌和腿後肌群。就本質上來說，你會為自己的動作模式架起新的線路。

如果你在做這些動作時會感到疼痛，這是不好的徵象，例如：有些臀肌無力的人在做單腳臀橋測試時，下背會疼痛。可以的話，盡量避免會讓你立即感到不適的動作，如果會痛，就別做，你一定可以找到其他不會痛的替代動作。一旦你變得更強壯之後，就可以慢慢地挑戰更難的動作，但是你一定得讓自己的臀肌更有力，讓薦椎區域保持緊繃，並使脊椎與骨盆在適當的位置上，以避免傷害。

如果你是新手，臀部缺乏鍛鍊，這些動作都可以做為不錯的起點。每天花個十分鐘，將這些臀部啟動運動做個一回或兩回，那麼你很快就可以成為翹臀大師。

凱莉's Tip

其實我每天都會找一些機會用不同的動作來活化臀部，例如：在我煮菜時，就會做側抬腿或後抬腿；一早起床時，我也會靠著床做單腳臀舉。除此之外，我在做任何運動時，都會盡可能讓臀部肌群保持張力，即便是上半身的動作。只要你持續做這些動作幾天，就會感覺到你的臀部有很大的不同。

個人化時間

你應該很少聽到體適能專家在探討骨盆底肌群，我不確定是這個主題太冷門，或是一般場合很少談論的緣故。我必須承認，儘管我訓練過數以百計的女性客戶，但沒有一個人跟我問起過骨盆底肌群。

我覺得，可能是因為我是男生的緣故，但我的女性同事也面對同樣的情形。當我開始要讓客戶建立穩定核心時，骨盆底肌群就會成為學習的一環。我通常不會談論得太過深入，但我想要對本書的讀者仔細講解這個部分，因為某些難以啟齒的問題的答案就在其中。

一般說的核心肌群，會包括較大的肌肉群，例如：腹直肌、腹內斜肌、腹外斜肌及豎脊肌；還有較小的肌群，例如：腹橫肌、多裂肌、橫膈膜及骨盆底肌群。這些核心肌群會在你的下背部、髖部及腹部形成類似束腹的結構；你的骨盆底肌群也會在尾椎骨到恥骨之間，形成類似吊床般的結構。

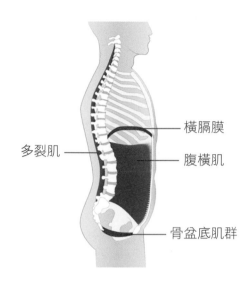

多裂肌

橫膈膜
腹橫肌
骨盆底肌群

骨盆底肌群由深部與淺部的肌肉層所組成，這些肌肉將骨盆腔內的器官維持在正確位置，讓這些器官正常運作。無力的骨盆底肌群可能會造成許多問題，包括大小便失禁、分娩困難、性事不愉悅、停經後陰道乾澀及子宮脫垂。據統計，世界上大約有兩百萬名女性會因為骨盆底肌群無力而困擾於尿失禁；約三分之一左右生產過的婦女，會經歷應力性尿失禁。應力性尿失禁指的是當進行身體活動時，例如：咳嗽、跳躍、打噴嚏或其他運動時，尿液會不受控制地排泄出來。生產過的女性或是停經婦女，也可能因為鬆弛的緣故，造成性事愉悅感下降，或是因為陰道乾澀的緣故而出現交媾疼痛，這些都跟骨盆底肌群無力有關。

不管是醫療人員或體適能教練，對這些話題經常難以說出口，以至於許多女性蒙受這些症狀痛苦多年卻無法獲得緩解。這些問題的解決辦法，其實需要從多方面著手。大部分的醫療專家與體適能專家都同意，做一些能夠活動到骨盆底肌群的運動，能夠幫助預防及治療這些問題。雖

然骨盆底肌運動可能無法解決所有的病痛，但它們的確是解決問題的正確方向。骨盆底肌群的張力與長度不佳，大部分是因為骨盆周圍的肌肉群緊繃或無力所造成，通常會伴隨一些激痛點（肌肉中特別容易誘發出不適的點，又稱為「節點」）與錯誤的呼吸模式。強化骨盆底肌群可以為將近百分之八十的婦女減少症狀，但並非所有人，也並非所有症狀都能改善，也就是說，要獲得最好的成效還是需要由多方（藥物、物理治療、手術等）著手。

柔軟度訓練

有時候，骨盆底肌群會因為骨盆周圍的肌肉緊繃而變得過於僵硬，例如：緊繃的內收肌、髖屈肌及腹肌。一般的伸展及肌力訓練（必須是全活動度），可以幫助延長肌肉，並減少一些造成骨盆底肌僵硬的刺激。

但相對的，有些治療師相信骨盆底肌鬆弛可能是因為臀肌無力，使骨盆底肌缺乏來自薦區的反饋拉力，於是骨盆底肌形成的吊床就鬆掉了。透過強化臀部肌群，便能夠將吊床拉緊，讓骨盆底肌能夠保持最適當的運作長度。雖然這個理論還沒有被完全證實，但是請放心，翹臀曲線計畫會用盡一切來改善骨盆底肌群的問題。

激痛點治療

如果骨盆底肌群鬆弛的話，做凱格爾運動或許能有幫助。但是，許多女性的骨盆底肌群其實是長期的縮短，並且偶爾會出現痙攣，在這樣的情況下，凱格爾運動反而會加劇問題。許多女性的骨盆底會出現一些激痛點，有些治療師發現進行肌肉筋膜自我放鬆術（self-myofascial release, SMR）或許有幫助。SMR 是一種按摩手法，操作者可以獨立完成。你可能也會在大腿內側、下腹部、臀肌上部，以及骨盆底肌發現激痛點。要如何對骨盆底肌操作 SMR？只要你將一個網球置於

地面，身體適當擺位，讓會陰部——也就是肛門到陰道之間的區域壓在網球上，就可以進行。

如果你有骨盆底肌群相關的症狀，我建議你每天做骨盆底 SMR 五分鐘，讓骨盆底肌群好好放鬆。一開始可能會很不舒服、很痛，但慢慢地，你會開始習慣。

腹式呼吸

呼吸失能經常伴隨著骨盆底肌失能，由於橫膈膜與骨盆底肌分別構成了核心肌群的屋頂與地板，這兩者都要發揮功能，才能讓我們有正確的生物力學。所以，你必須確保使用橫膈膜呼吸，核心肌群才能夠正常的運作。**以下是幫助你建立良好呼吸模式的方法：**

1. 舒適地坐著或躺著，並穿著寬鬆的衣服。
2. 將一隻手放在胸口，一隻手放在上腹部。
3. 緩慢地從鼻子吸氣約四秒鐘。
4. 當你吸氣時，將腹部往外推，並且用手感受你上腹部向外擴張。你的腹部應該會在吸氣的頭一、兩秒鐘擴張，接著才是你的胸部，大約兩秒鐘。
5. 噘嘴吐氣，用著跟吸氣相反的順序——胸部先下降，接著才是腹部。注意，吐氣的時間要比吸氣久。

透過學習正確的呼吸，再加上以激痛點治療來放鬆骨盆底肌群後，骨盆底肌會變得更容易再教育，這時候你可以引入凱格爾運動，讓骨盆底肌學會如何正確運作。

骨盆底運動

骨盆底運動搭配上翹臀曲線訓練計畫，可以透過增加血液循環與肌肉活化，讓骨盆底肌群的功能變得更強健，更能夠支撐骨盆裡的器官。**以下是強化骨盆底肌群能改善生活品質的原因：**

★ 強化直腸與尿道附近的肌肉，可以幫助預防失禁的情況發生。

★ 無論是自然產或剖腹產，媽媽們於生產後從事骨盆底運動，可以幫助復原。

★ 運動可使血流增加，幫助陰道潤滑，減少性交疼痛。

★ 牢固的骨盆底可以緊實陰道壁，讓性事變得更愉悅，因為此處有無數的神經末梢。

★ 運動能減少骨盆內器官脫垂的風險，例如：子宮脫垂。

每天做骨盆底運動只打贏了戰役的一半，專家發現，即便女性將骨盆底訓練視為例行公事，她們還是有可能不知道如何正確啟動恥骨尾骨肌（骨盆底的主要肌肉之一）。失禁治療中心裡，受過專業訓練的物理治療師，會使用生理回饋監測儀，來教導婦女如何正確運動骨盆底肌群，並探測婦女骨盆底肌的問題所在。

你不必特地跑去失禁門診訓練骨盆底肌群，但是你必須好好了解當你在做這類運動時，訓練到的是什麼。研究顯示，為數不少的婦女不了解該如何主動收縮她們的骨盆底肌群，許多人會不正確地收縮到臀部或其他肌群，而在那些懂得如何啟動骨盆底肌群的女性當中，也有許多人的方式錯誤，她們會將骨盆底肌群往外推，但正確的方式應該是讓這些肌肉收縮，產生拉進來的感覺。懂得正確收縮肌肉的方式，才能讓這件事成為自然習慣，這是極其重要的。

凱莉's Tip

骨盆底肌運動很好上手，但也很容易忘記，許多女生頭幾天還會記得練，但是過一週後就荒廢了，妳千萬不要這樣。設個鬧鐘去提醒妳做這項運動，就像上健身房一樣，會更容易抓到訣竅。

雖然肌力訓練（尤其是翹臀曲線計畫）是改善全身力量最好的方法之一，但你的骨盆底肌群在全身性訓練中，能獲得的進步有限。翹臀曲線計畫中有許多動作會需要核心肌群的穩定功能，能夠訓練到橫膈肌、骨盆底、腹橫肌及多裂肌。核心肌群的排列就像汽缸一樣，它會向內產生壓力——也就是腹內壓，來維持軀幹穩定。腹內壓主要會在你大口吸氣舉起重物時產生。強壯的核心肌群在你舉起重物時就像是天然腰帶，能夠保護你的脊椎。

然而，核心肌群跟臀部肌群一樣，需要特別的訓練來針對它們，啟動它們。不只是女性需要這些訓練，男性也一樣，事實上，訓練骨盆底肌群對於動過攝護腺手術的男性來說，相當重要。

對於那些困擾於骨盆底肌失能相關問題的人，我建議一天做三回十次品質良好的骨盆底肌收縮。這花不了你多少時間，而且幾乎隨時都可以做。在頭幾回。你可能會需要多花點專注力，但之後就可以很輕鬆地完成它了。

以下是幾個小訣竅，可以幫助你在做凱格爾運動時啟動骨盆底肌：

★ 想像一個情境：這是一位大學教授教我的，想像你要參見總統，你應該不會在總統面前尿褲子或放屁吧？所以你必須憋尿和忍住不放屁。如果這樣沒有效，試著把尾椎骨向恥骨牽引，或是想像把會陰部從內褲抽回。以上聽起來很奇怪，但要是你不熟悉如何啟動骨盆底肌，一開始得做些想像來幫助你開始這個運動。

★ 許多女性發現臥躺踩地時（類似臀橋的起始動作）做凱格爾運動，最容易抓到感覺，不過你也可以試著坐著或站著時做做看。

★ 當你在做凱格爾運動時，應該要做到讓他人看不出來你在做的地步。你的臀部與腹部肌肉不應該移動，你應該把骨盆底肌分離出來運動。

★ 試著在做的時候不要憋氣，一開始可能有點困難，因為你要專注在骨盆底肌上，但久而久之就可以做得很自然了。

★ 每一下的收縮之間要完全的放鬆，你甚至可以每一下之間都休息十秒。

★ 要記得質比量更重要。好好做幾下，比起半吊子做幾十下要好多了。堅持下去，就像學習硬舉、深蹲和臀橋一樣，終究會越來越上手。

Chapter 4
打造渾圓的臀部肌肉

人們之所以會放棄訓練和營養計畫，最常見的原因就是期待太高。他們一開始在心中就有既定目標，並且想要在一定的時間內達成──就如同課程設計者所承諾的那樣。但是在經過幾週的訓練後，他們發現自己無法達到目標，在這種時候，與其修改訓練計畫並尋找什麼對他們最有效，忘記初衷似乎容易多了。

到目前為止，研究者還沒發明任何有辦法評估對每個人而言什麼最有效的指南。就像你的髮色、瞳孔顏色、身高和膚色是獨一無二的，你在實行訓練計畫後的反應也是如此。所以，雖然你們都遵循同樣的「翹臀曲線計畫」，也不會得到和其他人完全一樣的成果。但如果你做了我吩咐的每一件事，將能獲得成功。

要讓任何健身或營養課程奏效，你必須學會評估自己的需求，並且了解你的身體。我知道說的比做的容易，但這就是為什麼我們必須隨時保持開放的心態，並且了解那些深夜購物節目所提醒的：「結果可能因人而異。」但這不表示你無法減掉任何脂肪或增加任何肌肉，事實並非如此。我可以保證，等你完成本書中任何一個十二週的計畫，將會變得更精實、更強壯，而且更有自信。只是別忘了還有許多因素，例如：基因、年齡、生活型態、身體結構、新陳代謝、一開始的狀況及整體的健康情形等，都會影響成果。

當我在評估新客戶時，會於當天想出最好的計畫，以符合她的需求和目標。只是隨著時間過去，她的需求可能會有所改變。她可能在某個月對某項特定訓練計畫反應不錯，但到了下個月說不定就會遇到瓶頸，或是仍持續進步。

因為我無法陪在你身旁一起訓練，所以我只能仰仗你去注意自己在訓練計畫中的變化。永遠要記得，你的身體有能力快速適應新的刺激，所以要親自試驗你的課表，以達到最佳成果。

專注性策略 vs. 廣泛性策略

在每日的生活中，我們常發現採取專注性策略比廣泛性策略來得好。專注性策略是指：你專注在單項活動直到結束，才會進行下個任務。如果你選擇廣泛性策略，則會游移在各個項目間，反倒讓計畫無法完成。

然而，根據過去的研究和實作經驗，我反而喜歡採取廣泛性策略來設計訓練課表。身為一名精準的狙擊手，即使我設計一個橫跨許多領域的計畫，仍然心存相同的目標：讓你變得更精實且強壯。如果像其他計畫一樣，你採用專注性策略來運動，依金字塔的順序，一次專注於一個目標，那麼，對運動新手而言，首先可能要先訓練穩定性與耐力，接著是肌力，最後才是爆發力。

採取專注性策略時，最大的問題在於，你的身體通常很早就已經準備好要面對這些壓力了（例如運用力量和爆發力的舉重）。若採用專注性策略，你要好一段時間才能抵達那個階段。如果我告訴你：「我們現在要打安全牌，所以一直要到第二十四週時，才會看到臀舉出現在你的課表中。」你不會對我的指導有太多信心，而且很有可能你每個月只會看到一點點進步。那不是你想要的，也不是我想要在這個計畫中給你的。

廣泛性的訓練策略可以讓你一次滿足所有需求，而不必有過多的猜測。舉例來說，對特定肌肉來說，什麼運動最佳？哪個動作的重複訓練對肌肉生長的效果最好？關於這些問題，研究者都尚未有定論，所以我們必須依賴重量訓練者之間

交流的資訊。如果你問不同的人，可能會得到各種不同的答案。

除了加入各種不同的運動、訓練次數及強度外，我也發現到高頻率的訓練會讓訓練課表的變化性更大。你會精通許多不同的技巧，並且知道什麼最適合你的身體，但要記住，這是會隨著時間變化的。

我在這本書中所使用的範例，可以滿足所有需求，讓你的穩定性、肌耐力、肌力和爆發力同時進步，能讓你用較短的時間就變得更強壯、更精實且更有曲線。

肌肉生長（肌肥大）

接下來是關於科學部分的內容。當我在設計這本書的內容時，便將我的朋友布萊德‧尚菲爾德（Brad Schoenfeld），著名的肌肥大專家，教導我的大量知識記在心裡。我想，可能沒有其他人會比布萊德更懂得肌肥大。但別擔心，我會盡可能將這些知識轉化成簡單的文字介紹。

你的肌肉通常會透過三種主要的刺激而生長。儘管肌肉生長（肌肥大）有許多機轉和生理反應路徑，但大致可以分為三類：

1. 肌肉損傷
2. 代謝壓力
3. 機械張力

肌肉損傷

肌力訓練會對肌肉組織帶來傷害，當肌肉被拉長（離心）時，所造成的傷害最大，例如在一個動作的下降部分會伸展到肌肉，使整個肌肉細胞都受到創傷。細胞的外在結構、肌肉的收縮構造，以及細胞周圍的支持性結締組織，都會受到微小的撕裂。

當細胞膜遭到撕裂，讓鈣離子外漏，破壞了細胞天然的平衡時，身體就會做出和受到感染時一樣的反應：免疫細胞中的中性球會移向受傷的

組織，並釋出更多的化學物質，吸引巨噬細胞和淋巴球，以幫助清除細胞的殘骸和維持細胞的結構。於是，各種細胞激素和生長因子被製造出來，活化了肌母細胞和衛星細胞（通常蟄伏在細胞外，被活化時可細胞分裂）。這會讓肌肉細胞製造出更多材料，進而使肌肉長得更大。

雖然創傷可以引起肌肥大，但這不表示我們在訓練時需要盡可能地製造損害。你要的是刺激，不是摧毀。大部分的重量訓練者享受訓練後幾天的痠痛感，但是極度的痠痛卻是不理想的，因為它反而會阻撓你突破個人紀錄和變得更強壯的速度。

在「翹臀曲線計畫」中，包含了引發肌肉創傷的最佳運動和方法，這些主要是全關節活動度、主動伸展肌肉的動作。在大重量下讓臀部有最大延展量的運動，例如跨步蹲、保加利亞分腿蹲、全蹲，都是引發肌肉創傷的極佳動作。但是，就如同先前提及的，你不會想要因為肌肉損傷而在接下來的訓練中分神。如果你訓練後的隔天，痠痛到無法從椅子起身，就像是被驢子踢到一樣，就可能是訓練過度了。只要你有越來越強壯且能夠持續締造紀錄的話，適度的痠痛沒有大礙。不過，如果你痠痛到走路都一拐一拐的話，是無法突破任何紀錄的。我的進階女性客戶有時候訓練量相當密集，內容包括大重量的訓練，這對身體的負擔非常大。為了不讓她們的肌肉過度痠痛，我也是循序漸進地訓練她們。

「翹臀曲線計畫」提供足夠的動作變化，讓你的身體保持疑惑。因為有個現象叫「重複訓練效應」，會保護肌肉免於重複刺激受到的連續傷害。意思是，你第一次做某個動作時可能會很痠痛，但是接下來的一段時間，尤其是下一次，就不太可能有這麼多的痠痛感，因為你的身體已經準備好要面對可能會反覆發生的挑戰了。藉由改變、交替訓練的方式，你可以持續擁有理想的痠痛程度，而無損力量表現，你還是可以完成良好的動作模式，例如深蹲、跨步蹲、髖關節鉸鏈及臀橋的動作。最後，本書中有足夠多的單腳訓練動作，根據經驗可以造成更多的臀部痠痛，而痠痛（理論上）是肌肉創傷的指標。

代謝壓力

在肌力訓練中，肌肉細胞處在高度變化的代謝環境。事實上，有些研究學者相信，對肌肥大而言，代謝壓力引起的代謝物累積，比高度力量（張力）還來得重要。但我和布萊德仍然相信機械張力是最重要的。代謝壓力的重要性，有助於解釋為什麼健力選手的肌肉儘管常處於較高的張力環境，但肌肉量卻不如健美選手。

高重複次數的訓練配合短的休息區間，可引起強大的代謝壓力，而其背後有好幾個因素。首先，高重複次數的訓練，主要依賴無氧醣解以製造能量，並累積代謝物，包括乳酸、氫離子、無機磷酸鹽、肌酸。其次，當肌肉處於張力下的時間增加，會使缺血、周圍荷爾蒙濃度和細胞腫脹的情形增加。容許我再以淺顯的文字解釋一遍。

這意思是說，藉由針對代謝壓力的訓練，肌肉的血液循環將會被部分阻斷，並且缺氧，進而引發許多機轉而造成肌肥大，包括增加衛星細胞的活性（前頁曾提及，它是細胞外的肌肉幹細胞，當被活化時，會貢獻細胞核給肌肉細胞）。同化性激素的濃度也會升高，理論上，也會造成更多的肌肥大效應。最後，它會讓肌肉充血。然後，藉由數個機轉增加肌肉量，其中之一是肌肉感知到威脅後，會加強細胞結構並擴大細胞。

「翹臀曲線計畫」包含了可引起最大代謝壓力的最好方法。首先，有讓肌肉充血且引發強烈燃燒的運動，當你學會如何以我們建議的方式正確臀舉和髖伸時，你將會驚訝於臀部深處的燒灼感和泵感（充血感）。接下來，我們偶爾會利用中高重複次數的訓練，並以各種不同的角度和方向，做不同的臀部運動，這兩者都會增加肌肉處於張力下的時間，進而增加代謝壓力。

除此之外，我們也會以特殊技巧來增加組數的強度；停息法能夠延長每一組，讓我們執行更多的動作次數；等長維持法能引發最大量的細胞腫脹（讓你的肌肉有滿滿的泵感）以及缺血（限制血流和氧氣）。

最後，我們也透過這個訓練計畫讓同化性激素的效果最大化，例如睪固酮、生長激素、類胰島素生長因子－１（在肌肉中會轉變成機械生長因子，可引發強效的肌肥大效應），使其發揮功效以改善身體組成。這就是為什麼我們要以適當的速度移動、做到力竭、以足夠的強度訓練，並且控制你待在健身房的時間在一個小時內或更短。

機械張力

我把機械張力留在最後說明，因為我認為它是肌肉生長最重要的要件。機械張力，發生於肌肉收縮或伸展時。結合全活動度的離心和向心動作（收縮及伸展），你將可以得到更佳的張力成效。機械張力會透過許多不同的機轉造成肌肥大，包括增加生長因子和細胞激素的釋放，活化衛星細胞，以及 mTOR 路徑（為肌肥大的起源路徑）。

越多的張力會伴隨越多的神經驅動，而神經驅動可以活化數個肌肥大的路徑，並且影響基因表現。然而，研究顯示：高張力、低重複次數，並沒有比中度張力、中重複次數的訓練更有效。由此推估，處於張力下的時間似乎也具有影響力。

透過肌電圖，可知肌肉的活化、肌力、機械張力等因子，與肌肥大之間有一定關聯。這些數值越大，肌肥大的效果就越好。在本書中，當然會囊括能產生大量肌肉張力，並引起肌肉最大活性的運動。

我們偶爾會做局部關節活動度的運動，以負荷更大的重量（理論上），讓肌肉承受更大的張力。研究顯示，臀大肌對於髖關節的運動有力矩上的優勢，而且在髖伸展的末端會比在屈曲範圍內獲得更多的神經驅動。換句話說，你的臀部肌肉在用力縮緊時（如做臀橋和臀舉）可以獲得更多啟動，而非被拉伸的時候（例如早安運動和深蹲）。因此，像是槓鈴臀橋就是訓練臀部的絕佳運動，因為你處於穩定的位置，髖部的關節活動度小，可以專注在髖伸展的末端，活化最多的肌纖維，而且槓鈴就直接放置在髖部上方，讓你的

臀部肌肉可以做大部分的功。

本書的課表含有較長抗力臂的運動，例如反向髖伸及背伸展，可以增加對肌力的要求。最後，我們教導一些需要結合臀大肌多重功用的技巧，例如適當的全蹲（結合髖伸展和髖外旋）和美式硬舉（結合髖伸展和骨盆後傾）。臀部肌群陣容龐大，而這些技巧可以啟動較多的肌肉，並製造範圍較大的張力。

關於肌肥大的共識

最大化的肌肥大要透過適當且巧妙結合這三種肌肉生長的主要機轉，才能達成。這就是為什麼我們要不遺餘力的利用廣泛性訓練方式。你的臀部值得接受我所想到的、最棒的訓練計畫，我不會讓你的臀部失望的！

一個我常見到的大錯誤，就是舉得太重而讓動作跑掉。這非但不會增加肌肉的活性，反而會讓你的能量流失，並且把壓力強加在關節而非肌肉上。

我總是在健身房看到這樣的情景，但也只能搖搖頭，不能做些什麼。如果張力可以增加肌肉的大小和力量，為什麼你要跳過它？我不明白，但是我希望你在學會正確的動作模式和啟動肌肉前，先不要舉大重量，尤其是臀部。你應該從「翹臀曲線計畫」中選擇適合你程度的課表開始，並且學會正確的動作模式，在熟稔之後，再考慮舉大重量。

當你的肌力提升並增加負重後，應該要繼續維持良好的動作模式。如果在動作過程中出現不標準的姿勢，請試著減少重量，直到動作接近完美，並且感受到你的肌肉在動作過程中有確實施力。以上就是幫助你變得更強壯的方式，而增強肌力正是打造肌肉最重要的關鍵。

我想，我們都認識這樣的人——她年復一年地勤奮跑健身房，當你第一次見到她時，可能會羨慕她的身材，但隨著時間過去，你的想法變成「嗯，她看起來還可以。」這是因為她看起來和三年前一樣。

她每個星期都舉同樣的重量、做同樣的運動。但是，隨著你越來越精通你的訓練時，她的訓練效果反而變得沒那麼吸引人。因為你已經掌握到祕訣：那就是透過強度的增加以及訓練內容的變化，讓肌力隨著時間增強。

用同樣的重量持續進行重量訓練，或許可以幫助你變得更精實，但這不會增加肌肉大小或改變形狀。我們剛才提到的這個虛構人物，可能有著小小的扁臀，以及細細的鬆弛手臂。肌肉可以幫助人們打造夢寐以求的曲線，但是她的訓練計畫卻永遠沒辦法達到這個成果。擔心訓練的動作次數範圍該是多少，是件好事，但我認為你該關注的是更遠大的目標：如何增加肌力，舉起更大的重量，還有突破個人紀錄。

現在聽起來，這或許不是大問題。但是當你第一次做到了不起的成就時，例如：負重跨步蹲、做數次大重量的深蹲，或是用槓鈴硬舉起和你體重相當的重量十下，你將會感到非常歡欣愉悅。

為了正確的運用肌肉張力，首先你必須學會如何啟動肌肉。目前的學者使用肌電圖來估算肌肉的力量大小。儘管它在動態收縮或肌肉疲累的狀態下並不是十分精確，但是對於測量肌肉在特定動作下的狀態，仍舊是目前最實用的方法。幾年前，我曾熬夜做肌電圖實驗，結果顯示，不同的動作會運動到不同區域的臀部肌肉。

有些動作會平均訓練到整個臀部，有些針對下臀部多一點，有些則是上臀部訓練得比較多。

無論學者或訓練者，都不知道最佳肌肥大的精確公式，而且肌肉生長的最佳方法要視不同情況和個體而定。這是我在寫這本書時謹記在心的，所以我盡量涵蓋所有可能的方法。我想要寫出所有肌肥大的元素，因此這些課表將盡可能地網羅能製造最多張力、啟動最多臀肌的運動。你將學會善用一些策略去增加代謝壓力，例如，使用高組數、高密度的訓練，停息法及等長維持法。

> 如果你需要動作指導，我有一個 YouTube 頻道，裡面有許多示範影片可以引導你。只要在 YouTube 的搜尋引擎鍵入「BretContreras1」就可以找到。

為了引發肌肉創傷，你將會做能讓肌肉被拉伸且承受大負荷的訓練，例如反向跨步蹲。除了針對多關節的運動外，也會加入單關節的運動。你將會從不同的角度和方向，鍛鍊臀部肌肉的各關節活動度。透過不同的重複次數，讓每次訓練中的張力、壓力與創傷扮演不同的角色，同時也以許多不同的阻力模式，來提供新的刺激，避免你的肌肉適應了訓練。簡單來說，最終你的臀部不得不變得更強壯、更有肌肉。

下面的表格顯示數個熱門的髖部肌力訓練動作的平均臀大肌活化程度：

大肌肉恐懼症

我知道妳在想些什麼。這些在講怎麼打造肌肉和增進力量的說明，通常會讓女性卻步，轉向有氧課的懷抱，因為她們不想變得太壯、太大隻。但事實上，如果妳沒有使用任何藥劑來幫助肌肉成長，並不需要擔心妳的肌肉會長得像阿諾・史瓦辛格一樣。

就生理而言，要讓妳像男人那樣長肌肉，會困難得多，因為妳的睪固酮濃度比較低。然而，儘管女性的睪固酮比較少，透過肌力訓練還是可以促進肌肉的生長合成。

臀大肌的平均肌電圖表

	上部	中部	下部
徒手臀橋	29.1	13.1	17.3
徒手單腳臀橋	53.9	24.8	45.2
徒手側姿髖外展	54.9	7.2	5.4
徒手側姿蛤蜊式	70.6	8.2	6.7
徒手全蹲	27.8	7.0	30.5
徒手後跨步	36.4	9.5	43.3
徒手保加利亞分腿蹲	32.3	14.7	56.7
徒手單腳箱上蹲	54.4	17.7	37.2
徒手高登階	72.0	15.4	37.0
徒手背伸展	34.0	12.1	29.6
徒手俯臥髖伸	66.9	27.2	51.7
徒手 45 度俯臥髖伸	43.9	13.9	31.7
徒手臀舉	39.6	17.9	47.5
徒手單腳臀舉	66.9	27.5	60.8
槓鈴全蹲	59.0	25.4	71.1
槓鈴硬舉	81.5	37.0	85.6
槓鈴臀舉	134.0	62.6	72.9
坐姿彈力帶髖外展	93.9	24.5	24.2
滑輪髖旋轉	83.9	55.7	51.7

體組成再構（也就是增肌減脂）的專家艾倫‧亞勒岡（Alan Aragon），設計了一個模型以評估肌肉成長的速率，在匯集受監測的客戶數據一段時間後得到結論。他的實驗模型顯示，對女性而言，每年每磅體重的肌肉增加平均量，會隨著時間越來越少，尤其經過四年的合適訓練後，是最難長肌肉的時期。要注意，這是在有妥善訓練下的結果，有些人在訓練四年之後，甚至連一磅肌肉都沒長。根據他的研究模型，第一年在妥善的肌力訓練和營養支持下，一位女性可以獲得10到12磅的淨肌肉量。第二年，約可以增加五到六磅的肌肉量。而第三年增加兩到三磅。第四年只能增加不到一磅，小到可以忽略。在四年間，妳最多只能增加21到22磅的淨肌肉量。這是妳的極限所在。當然，年齡、生活習慣、營養和基因等因素，也會限制妳的潛能。我必須再次強調，要有適當的訓練搭配最佳的個人因素，才可能有這樣的最佳結果。有些人在訓練數年之後都沒有進步，因為他們的訓練課表沒有經過妥善設計，也沒有進行正確的訓練。

現在，如果妳對於在一年內增加12磅的肌肉感到很失望，就忽略了妳可以減去的東西。肌肉能讓妳的身體更有效率的代謝。所以，妳的肌肉越多，能燃燒的脂肪就越多，持續進步的肌力訓練，可以確保妳的代謝能維持高速運轉。

妳可能在一年內增加10磅的肌肉量，但考慮到減脂的速率是增肌的兩倍，妳可能同時減掉20磅甚至更多的脂肪。妳越勤勉、越聰明的訓練，就能燃燒越多的脂肪。妳吃得越好，就能燃燒越多的脂肪，而這些都是與打造肌肉、讓身形更有曲線同時進行的。簡言之，重點在於妳的臀部不會因為肌力訓練而長得太大。

這裡有段我與女性客戶的經典對話：

布瑞特：「妳害怕明天一覺醒來就會有大臀部，是嗎？但是，肌力訓練不是像魔法那樣能產生驟變的。如果是的話，我恐怕早就沒工作做了。打造肌肉需要花費時間，尤其是臀部。假設按照我的方式訓練妳兩個月，而妳對大臀部的擔憂也是正確的話，會不會剛好有個時間點讓妳的臀部看起來相當完美？像是第四個星期？」

客戶：「對耶，聽起來很有道理。」

布瑞特：「那我們來談個條件。一旦我們把臀部練到妳覺得完美的時候，就不要增加肌力，只要維持體態就好，好嗎？」

客戶：「好！就這麼說定了！」

猜猜發生什麼事？她從未滿意過。當然，她的臀部變得更圓更翹，但她在受到大量讚美後，就進一步激勵她更努力的嘗試，以期得到更棒的收穫。我所要做的，是一開始要讓客戶克服肌肉會長得太發達的恐懼，接著他們就會步上軌道。我從來沒有遇過客戶對我說：「布瑞特，我覺得我的臀部已經很完美了，我不想要再變得更圓或更翹。我們別再試著把臀舉練得更強了。」

偶爾，會有一些女性的臀部真的長出很多肌肉。但就我過去幾年訓練許多女性的經驗來說，我從來沒有遇過誰的臀部真的長得太大的（不過我還是訓練出一些最棒的臀部），這一點在客戶瘦下來時尤其明顯，因為未曾有體脂減到很低的女性客戶，向我抱怨她臀部的肌肉太多。

客戶的成功經驗

金，四十四歲，兩個孩子的媽，因為害怕她的臀部越來越大而來找我協助。她拒絕做任何大重量的臀部運動。我花了很多時間說服她，並且幫助她了解臀部肌肉和脂肪的差異性。

她以為，讓臀部肌肉長大，代表臀部會變得更寬。但是相反的，當她開始訓練後，臀部變得更圓、更翹且更豐勻。但是，她沒有馬上承認。有幾個星期，她練得不是很賣力，所以我必須要強迫她更努力、做更多下。我告訴她，我的訓練課表對她有效，但是她否認，要說服她真的是一件很傷神的事，就如同在鬥智一般。

不過，我終究比較高明。有一天，在沒有我的強迫督促之下，她創下一個很了不得的臀舉紀錄。我決定戳破她，我說：「發生什麼事了，金？過去幾個星期，你都譴責我強迫妳破紀錄，而現在妳如同羅傑‧費德勒（Roger Federer），像個瘋子一樣瘋狂破紀錄。一定是妳開始收到很多讚美了，對吧？」笑聲充滿了整個房間，接著她的臉變成蘋果糖的紅色。顯然的，她在訓練上贏得了「鋼鐵臀部」的綽號。

一旦這些讚美開始湧現，我就知道自己再也不需要費力去說服客戶追求更高程度的肌力。

儘管我們已經用盡各種辦法去打造及維持臀部肌肉，大部分女性還是希望臀腿曲線能更明顯，所以，儘管放心。我藉由讓每位女性客戶的臀舉越來越強以達成這個目標，在這方面獲得極大的成功。臀部越強壯，線條就越美。

多方位的訓練

多數教練設計的運動或是受歡迎的健身書籍課表，都是讓你在同樣的幾個基本方向運動。如果一個課表專注在練深蹲、跨步、臥推、滑輪下拉及捲腹，基本上，你只是上、下、前、後的移動而已。那聽起來似乎還可以。但側邊移動或是旋轉的動作呢？

這些方向稱為「力的向量」，在你的課表中最好能針對各個不同的向量進行訓練。你可以藉由肌肉本身的功能來做動作訓練，並且以不同的方式強化你的肌肉。

臀大肌被用以伸展髖部，讓骨盆後傾，並且外展、外旋髖部。若要以臀部肌肉本身的多種功能進行訓練，課表內容要包括：往前及往後移動軀幹、髖部和骨盆的運動；將大腿往內及往外移動（側移）的運動；內旋及外旋扭轉髖部。換言之，除了上下移動髖部（深蹲和硬舉），往前往後（臀舉和背伸展），以及側邊位移（側姿髖外展、站姿彈力帶髖外展）外，你還要做將髖部前後旋轉（滑輪髖旋轉）以及讓骨盆前後傾（俄式平板撐體和美式臀舉）的運動。

只做深蹲和跨步，沒辦法讓你達成目標。「翹臀曲線計畫」能讓你每週都訓練到這些向量。如此一來，你可以藉由各種方向的運動強化你的臀大肌，還能避免因為臀部缺乏肌力所導致的受傷風險。

質勝於量

品質差的動作充斥於我們的周遭。只需要花一天到購物中心，觀察身旁的人們，就能明白這點。注意他們是怎麼行走，如何從座位上起身與坐下，以及他們的站姿與坐姿。人們經常是彎腰駝背、動作不穩且僵硬。這是由於長時間坐著工作以及過於靜態的生活模式所導致的。

大部分的動作問題與三個因素有關：活動度、穩定度和動作控制。你很有可能把其中一個因素掌握得很好，但其餘兩者仍然有問題。知名的物理治療師格雷・庫克（Gray Cook）已經討論過這個問題好幾年了。例如，某人膕旁肌的柔軟度足以讓他做出姿勢正確的硬舉，但一旦加重後，他的姿勢就垮掉了。在此例中，這個人沒有活動度的問題，而是穩定性或動作控制出了問題。這三種因素導致的狀況是可以被修正的。矯正訓練，像是滾筒按摩、拉筋伸展、活動度訓練及啟動訓練，應該成為訓練課表的一部分，一直到動作姿勢達到理想，才不需要再執行。

許多的矯正動作會在暖身時執行，以達到事半功倍的效果。在進行大重量的舉重之前，需要先提高體溫（也就是暖身的主要目的），但是為什麼一定要透過騎腳踏車或走跑步機來達成目的？這些活動無法讓你的關節有全範圍的活動，其中的關節液也無法暢流。至於這些矯正動作則能幫助矯正功能障礙、活化沉睡的肌肉，能幫助維持良好的姿勢，同時也透過全關節活動度活動肌肉。在進行那些動作後，便可以讓身體組織溫度升高，同時神經系統也做好準備。這便是我與知名肌力運練專家，如麥可・波以耳（Mike Boyle）和馬克・沃斯特根（Mark Verstegen），發展了數年的動態暖身所使用的策略。

活動度

人們經常在身體的髖部、腳踝和胸椎（上背）等部位失去活動度。你的髖部需要多個方向的移動，包括外旋、內旋、屈曲、伸展、外展和內收。坐著一整天，會讓髖屈肌縮短，因為你的活動度受限了一整天。當你髖部的活動度減損時，就無法適當的執行大動作訓練。

較差的踝關節活動度，尤其是踝關節背屈

（將足部往小腿方向移動的動作），會讓深蹲和跨步出問題。如果你的腳踝超過特定角度後就無法繼續移動，你就無法做全蹲，背部必須為此過度代償。也就是說，你會因此圓背且過度彎腰。

儘管這聽起來不是什麼了不得的事情，但較差的踝關節活動度，可能會讓你的足部、膝蓋、髖部、下背，甚至是肩膀出問題。缺乏踝關節活動度，最常見的原因出在你的腓腸肌－比目魚肌複合體，也就是小腿肌。如果你的小腿肌緊繃，會導致踝關節的活動度下降。幸運的是，這很容易矯正。另外，緊繃的關節囊、疤痕組織以及舊傷，也都有可能限制活動。

當深蹲及舉起重物時，你需要維持抬頭挺胸。如果你無法做到，表示胸椎的活動度可能很差，這通常是整天坐在桌子前的結果。下背及脖子痠痛、旋轉肌群的急性疼痛，以及旋轉或扭轉時總是會疼痛，都與胸椎的活動度相關。我們在許多人身上看到長期的肩膀無力下垂，也與缺乏活動度脫離不了關係。聽到這裡，有沒有讓你坐得挺一點？

伸展、旋轉及側傾上背部，是你隨著年紀增長，也必須努力維持的功能。許多人在舉重、彎腰或旋轉時，會使腰椎（下背）過度代償，導致下背疼痛與受傷。如果你不活動髖部和胸椎，下背部就要遭殃了。

穩定度

身體的核心部位是由腰椎（下背）、骨盆及髖部所組成，合稱「腰椎骨盆－髖關節複合體」（lumbopelvic hip complex, LPHC）。LPHC 的失能會牽連到許多骨頭、肌肉和關節，並大大影響上下肢。若你的上下肢出現失能，可能會同時影響到 LPHC 的功能，反之亦然。

以踝關節活動度不足為例：如果你無法在深蹲時彎曲腳踝，你讓自己蹲得更低的唯一辦法是圓下背，你也有可能需要墊起腳尖、將你的重量轉移到前方一些。這將會對你的腰椎造成極大的壓力。

如果你在硬舉時沒有足夠的髖屈曲，就必須要圓起你的脊柱，以舉起槓鈴。這不是安全的練習，尤其是當你越練越重時。我的肌電圖實驗顯示，當你在深蹲時前傾太多，或是硬舉時背太圓，你的臀大肌就無法完全活化。動作的品質不良，將會限制臀肌的發揮。

但是，較差的動作品質並不總是源自缺乏活動度。例如，或許你有能力做出完整的關節活動度的動作，但是因為你的穩定度（而非柔軟度）差，以至於你的身體不允許你這麼做。身體很聰明，會想辦法避免你受到傷害。在運動時，力量與柔軟度總是互補。瑜伽看似需要很好的柔軟度，但也必須具有令人驚訝的穩定度，才可以做出適當的動作。

要做全活動度的深蹲其實並不容易。如果你觀察健身房裡的健美選手，會注意到他們許多人會加很大的重量在槓子上，然後最多就深蹲到比平行還稍高一點的位置而已。經過多年的訓練，他們已經無法做全蹲了。事實上，上健身房的人大多都有這個問題。或許這不是因為多年的健美訓練所導致，而是因為他們的生活模式，例如整天坐在辦公桌前。

從地面上硬舉起重量，需要大量的核心穩定及膕旁肌柔軟度。重量訓練室裡的背部傷害，大多來自於硬舉時的意外。如果你的核心穩定度差，就會試著圓背以代償不足的肌力，讓你的下背處於風險之中。

腰椎、骨盆和髖部在做單腳的運動時，也需要極佳的旋轉穩定性。當我第一次將單腳的訓練加入客戶的課程時，他們通常會跌倒。但別擔心，

因為我第一次做這些運動時也是如此。即使是頂尖的重量訓練者，在建立起一定的穩定性之前，這些訓練也是相當有挑戰性的。一旦你可以正確的執行這些動作後，很快就會建立起適當的穩定度。在做單腳的動作時，你的膝蓋應該要沿著中腳趾的趾頭方向移動，以避免膝蓋疼痛。

動作控制

動作控制，指的是你的大腦將各個要素組合在一起，並協調地運用穩定度和活動度。通常來說，動作控制不良是因為缺乏相關知識而無法正確的執行動作。

背伸展（back extension，又譯為髖伸）是一個基本的例子。或許是因為這個命名的緣故，人們在做這個動作時，經常會過度啟動下背或豎脊肌。一旦訓練者學會正確的動作，啟動更多的臀部肌肉，並且以髖關節（而非脊椎）為樞紐，他們的動作控制能力就會進步。然而，如果你的臀部肌肉很弱，豎脊肌可能會持續地做代償，一直到臀部的力量進步為止。

做這個動作的另一個問題，可能是膕旁肌柔軟度太差。當訓練者持續地增加活動度及加強臀部的肌力後，這個運動就會變得更有效率。

許多訓練員及教練相信，不良的姿勢是由於特定肌肉的肌力或柔軟度太差所導致。解決的方法通常只需要一再重複正確的姿勢，直到變成自動化的動作為止。所以，有人建議正確的動作需要重複上千次，才能讓記憶根深蒂固。也就是說，「熟悉不一定能夠生巧」，要完美的重複練習才可以。

直接學習正確的動作姿勢，要比矯正錯誤姿勢來得簡單。所以，一開始就要好好花心力在你的動作上，否則日後要矯正的話，將會非常困難。

活動度和柔軟度，穩定度和肌力，以及動作控制之間，都是相互關聯且交互合作，以形成完整的基本動作模式。多數的新客戶在這三個面向都會有所缺乏，但是在同時訓練這三種能力的情況下，他們很快就會精通。一旦他們的核心肌肉變得更強壯，大腦就會知道用多一點活動度來做動作是沒關係的。這是因為核心的穩定度提升了，骨盆可以維持穩定。接著，髖伸肌在被伸展的狀態下增強肌力，又可以增加活動度。最終，動作變得協調又自然流暢。這樣一來，又能再進一步地強化力量和柔軟度。

著手解決問題

在這本書的暖身運動部分（第 11 章），你將會找到許多選擇，包括肌肉筋膜自我放鬆、靜態伸展、活動度訓練、肌肉啟動訓練。我鼓勵你在每次肌力訓練前都可以使用這些暖身方法。雖然肌力訓練可以大大提升你的穩定度、活動度及動作控制，但這些暖身的技巧將可以改善身體組織的品質，並且讓你的身體為訓練做好準備。若你現在具有良好的功能性動作模式，一定不會想要失去它們。花幾分鐘去強化特定的肌肉，並且在執行整個活動度的動作時，好好控制你的關節，將可以避免身體在年老之後停止運轉、失去功能，這樣的投資是很值得的。

Chapter 5
滋養你的翹臀曲線

我對於飲食的複雜程度，以及我們對飲食的了解有多麼侷限，總是感到很驚訝。儘管我們對於學者們尚未探究的許多領域還很陌生，你仍應該要對餐盤上食物的好壞有個基本認知。

在過去，烹調和飲食只要合理就好。我們的祖父母與曾祖父母們之所以會吃那些食物，是因為它們種植在土地上，是因為它們可以給予一整天需要的能量，而不是在意食物的生化組成。你覺得你的曾祖母會了解哪個食物的抗氧化物最多，或者碳水化合物消化得是快是慢嗎？她只要留意當季哪些食物新鮮、哪些可以買得到就好。

隨著食品科學的進步，我們更清楚哪些食物對人體有益，以及特定營養素能給人體帶來什麼好處。但是，食品產業也同時學會如何操作食品，讓它們看起來既健康又便宜，更不易腐敗。結果，我們反倒以為那些不營養的食物對自己有幫助。例如有些穀片，其原本的營養成分被抽掉，取而代之的是合成的替代品。還有一些營養強化的產品被當成健康食品來販售，但事實上，它們對於健康的益處是很有限的。

在食品市場上，這些產品已經過度氾濫，你可以買到貼著「有機」、「全天然」、「全食物」標籤的垃圾食品。當這些標籤貼在經過包裝的加工食品時，其實是讓真正營養的食物之營養價值被低估了。難怪我們會這麼疑惑，因為一袋洋芋片本來就不該和果園鮮採的蘋果貼有同樣的健康標籤。

在你開始本書的營養計畫之前，必須先拋棄過往的錯誤觀念。脂肪對你沒有壞處；碳水化合物對你沒有壞處，這兩者都不是讓你變胖的元兇，攝取過量的卡路里才是真正對你的健康有負面影響。就像沒有一個健身計畫適用於每一個人，完美的飲食計畫也同樣不存在。

設定一份引導你前往正確方向的指南，便是我在這一章要做的事。不過，你也要知道，適度的自我調整可以讓你的營養計畫更有效。無論如何，可以肯定的是，不管你採取的是高碳水化合物低脂、低碳水化合物高脂，或是中碳水化合物中脂的飲食，都需要攝取各種營養的食物。

另外，你一定要忘記「餓瘦」這件事。你每天都需要從正確的食物吃進適當的熱量，以達成你想要的身形，也就是圓潤並充滿運動線條的肌肉；而不是軟到幾乎沒有肌肉，只有肥油在骨頭上，這就是餓瘦會得到的身形。

為什麼你需要進食

你的目標決定了你一天該攝取多少熱量。如果你想要減肥，就需要製造出熱量短缺──吃進較少的卡路里。如果你的目標是增重或增肌，就需要有熱量盈餘──吃進更多卡路里。如果你只是想要維持體重，同時改善身體組成，需要的就是熱量平衡。無論是維持、減少體重或增肌，都需要為了改善身體組成而持續努力。

為了簡單起見，我們將身體組成大略分成兩個部分：脂肪組織及非脂肪組織。脂肪組織指的是全身的脂肪，非脂肪組織則是其餘的部分，包括肌肉、骨骼、器官、其他組織以及水分。

一般來說，改變身體組成的目標是，在不減少非脂肪組織的情況下，慢慢減去脂肪組織。想要降低體脂肪比例，減少脂肪會比增加肌肉來得容易。不僅是減脂對於身體組成的影響較大，減脂也比增肌容易得多。增加五磅肌肉的時間，是

燃燒五磅脂肪的五倍。這很重要，因為當你達成
理想體重時，你可以快速地減去脂肪，但是增肌
速度卻會緩慢許多。

　　所以，一旦你達到理想體重後，想要同時增

肌減脂就開始變得困難棘手，這段過程需要耗費
一點時間，你需要耐心等待。當凱莉第一次以客
戶的身分來找我時，她剛好正處於自己的理想體
重。我們花了數個月的時間來增肌減脂。

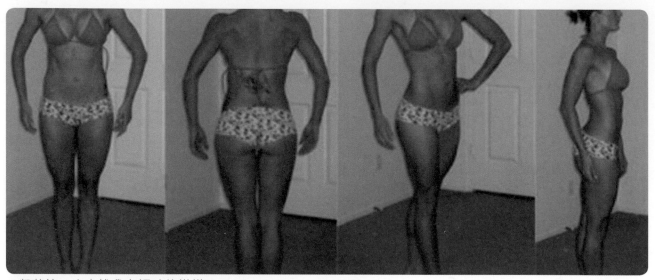

▲凱莉第一次來找我上課時的模樣

▲上課十八個月後的凱莉

　　成果很驚人，在十八個月內、
體重不變的情況下，凱莉增加了將
近八磅的肌肉量。這意謂著她同時
減了八磅的脂肪。請注意，她來找
我之前，已經透過減重有著很好的
身材了。自從她和我一起訓練後，
便花費了非常多時間雕塑身形，同
時維持體重。在未來的日子裡，她
仍會持續這麼做，並且增進她的肌
力、肌肉的成熟度，以及肌肉品質。

充足多樣的食物選擇

你的飲食內容可以被分為三種主要的巨量營養素（蛋白質、碳水化合物及脂肪），再加上維生素、礦物質和其他微量營養素。關於巨量營養素部分，儘管每一種都有其爭議點，但在這本書裡，基於各自的理由，它們都很重要、不可忽略。

我並不打算爭論說，你應該吃高、中、低，甚至是不吃碳水化合物或蛋白質。就像運動一樣，營養學也分很多流派。我想要給予你的是一份指引，可以幫助你決定每日正確的食物攝取量，以達到你想要的體態和肌力目標。該如何調整每種巨量營養素的攝取量百分比，決定權在你。這些是一般性的指引與想法，可以引領你往正確的方向。在我們開始討論你每天該吃多少才能達成目標之前。我想先簡短的敘述每一種巨量營養素，以及概述它們對你的身體的作用。

蛋白質

蛋白質存在於你身上的每一個活細胞。這些蛋白質經常被分解及取代。有些是非必需蛋白質，意思是你的身體會自行製造。而另一些則為必需蛋白質，得從飲食中才能獲得。

植物及動物來源的食物中都存在蛋白質。動物性蛋白質被視為完全蛋白質，因為它們含有所有維持每天正常生理機能的必需胺基酸。植物性蛋白質則為不完全蛋白質，因為其中有些的必需胺基酸含量很少。因此，素食者必須吃進更多的植物性蛋白，以及攝取更廣泛的食物種類，才能滿足其營養需求。

蛋白質存在於紅肉、豬肉、家禽、魚類、野肉（打獵所獲得的肉）、蛋、堅果、豆腐、豆類、乳製品及植物（含量較少）裡。有很多成人的蛋白質攝取量沒有到每日需求，很大的原因是因為攝取了太多加工食品。吃完整的食物，可以確保你得到高優質蛋白質，因為大多數天然的全食物，都含有必需與非必需胺基酸。再看一次含有蛋白質的食物列表，你就會明白我所說的。

在決定攝取蛋白質的來源時，要考慮四個主要因素：消化率、品質、胺基酸組成，以及是否含有（或缺乏）其他營養素。消化率指的是蛋白質在血液中被消化及吸收的情形。越容易消化，你的身體就越容易利用這個營養素。品質則是評估蛋白質在體內的利用情況。消化率與胺基酸組成，對蛋白質的品質扮演了重要角色。

如果蛋白質是房子，胺基酸就彷彿是建造房子的磚瓦。胺基酸一共有十八到二十二種，每一種在各個食物中的含量比例不盡相同。胺基酸的組成也會影響你的身體如何運用這些蛋白質。除了胺基酸外，你食用的蛋白質可能也會提供其他營養成分。這些營養成分的存在與否，與你的飲食有重大關聯，舉例來說，草飼牛肉及多脂魚類富含 omega-3 脂肪酸，而其他蛋白質來源可能就比較缺乏。

因此，最好的方法是，吃進多樣的食物，並變更各種食物種類的攝取量。如果一年三百六十五

天都吃雞胸肉和蛋白，不只會讓你味覺疲乏，同時也可能會讓你缺乏重要的營養素。你攝入的飲食越多樣，就越可能得到正確分量的營養素。

飲食中的脂肪

就如同蛋白質和碳水化合物一樣，並非所有食物中的脂肪都是相同的。飲食中的脂肪又稱「膳食脂肪」，主要可分成兩種：三酸甘油酯和膽固醇。請別把它們跟血液中的三酸甘油酯和膽固醇搞混，這是全然不同的東西。還有少量其他種類的食物脂肪，但因為這兩者占人們飲食中的最大宗，所以接下來主要介紹這兩者。

有關脂肪的錯誤觀念，起因於把血中的脂肪與食物中的脂肪給弄混。故事發生的時間點，大約在 1970 年代末、1980 年代初期，那是個奶油被從餐桌上排除、蛋黃被丟進垃圾桶的時代。但事實上，你的肝臟自行製造的膽固醇，可能比你一天吃進的量還多，你的身體會隨著膽固醇的攝取量，自行調整製造量。

飲食中的三酸甘油酯，比膽固醇對你血中膽固醇的影響要來得大。更重要的是，你吃進的三酸甘油酯種類最具關鍵性。三酸甘油酯含有三條連接甘油骨架的脂肪酸鏈。不同的三酸甘油酯以脂肪酸鏈的長度、飽和程度及化學結構為區別。當大多數人談到飲食中的脂肪時，其實指的是三酸甘油酯而不自知。

三酸甘油酯主要被分為四類：
★ 反式脂肪
★ 飽和脂肪
★ 單元不飽和脂肪
★ 多元不飽和脂肪

反式脂肪在過去幾年的名聲不大好，而大多數的罪名都是應得的。反式脂肪主要為植物油，或是添加在加工食品中以延長保存期限的人造油脂。儘管有些反式脂肪少量存於自然界中，但我們該顧慮的是來自工廠的反式脂肪。試著拒吃已知含有反式脂肪的加工食品。

至於飽和脂肪就是另一個故事了。有好一段時間，飽和脂肪被怪罪為讓慢性疾病率往上攀升的兇手。而近幾年，開始有反對意見指出，飽和脂肪並不會帶來健康上的風險。但是真正的事實，可能介於這兩個極端之間。飽和脂肪會造成一些健康威脅，但這些威脅可能與飽和脂肪的種類和攝取量、每日碳水化合物和總熱量攝取、身體的活動程度及基因，更有關係。

飽和脂肪（主要存於動物性脂肪，但椰子油和棕櫚油裡也有），可以再被分為數個種類，每一種都對身體有不同的影響。有些是負面的，有些沒那麼糟。一般來說，對一個精瘦、吃足夠的全食物，且每天都有嚴格運動的人來說，增加飽和脂肪的攝取，並沒有什麼傷害。但相反的，對過重、不運動、壓力大，且（或）飲食習慣差的人而言，飽和脂肪就沒有這麼友善了。整體需考量的事項很多，因此我無法下定論說這些脂肪到底是好是壞，或是中性的，這都要看情況。

至於單元不飽和脂肪就相當中性。其中一個很棒的來源是特級冷壓橄欖油，當你想要攝取更多的膳食脂肪時，可以考慮。如果你不喜歡橄欖油的味道，高油酸的紅花籽油也是不錯的選擇。

多元不飽和脂肪，常被稱為是 omega-3 脂肪酸和 omega-6 脂肪酸。α- 亞麻酸就是 omega-3（ω-3）脂肪酸，而亞油酸是 omega-6（ω-6）脂肪酸。當你充足攝取這兩種脂肪酸時，身體可以有效地將 α- 亞麻酸轉換為「二十碳五烯酸」（eicosapentaenoic acid, EPA），你不需要攝取任何其他種類的膳食脂肪，也可以存活。當然，有些飽和脂肪特別有價值，因為它可以被用來製造膽固醇，形成重要的同化性激素的骨架，例如睪固酮。但是，飽和脂肪並非必需脂肪酸。

由於 α- 亞麻酸、亞油酸的代謝，你的體內會發生很多不可思議的事情。細節相當複雜，我就不多提了。現代飲食中，亞油酸（ω-6）的比例高於 α- 亞麻酸（ω-3）。由於這兩種脂肪酸的代謝效應，當 α- 亞麻酸（ω-3）太少且亞油酸（ω-6）太多時，就有可能出現問題。

我們平常吃 omega-6 的量遠多於 omega-3，

目前相關研究顯示，這可能會導致一些健康問題。為了確保你在飲食中攝取到足夠的 omega-3 脂肪酸，我建議每天可以至少補充 500mg 的 EPA ／ DHA。如果你有吃足量的多脂魚類及各式的肉類，應該就有攝取充足。如果沒有，500mg 差不多相當於每天兩顆魚油膠囊，對於飲食平衡來說是不錯的補充。

碳水化合物

碳水化合物指的是包含碳、氫和氧的一大類化合物，包括單醣、寡醣（2 至 10 個分子），以及多醣（長鏈，例如纖維素）。

關於碳水化合物的爭議，已經延燒了數十年，你可以發現有許多不同流派的飲食建議。但就如同其他的巨量營養素，我沒有選邊站，只是要提供你相關的知識。飲食中，關於碳水化合物的攝取，有許多需要考慮的因素，但有個不變的真理就是：你對於醣類沒有絕對的生理需求。

有關必需營養素，例如胺基酸，考量的重點在於它們是否可以被身體製造，或是對於生存來說是否為必需。雖然你的大腦及其他器官需要依賴葡萄糖生存，身體組織也需要少量的葡萄糖，但你的身體可以自己製造出它所需要的量。事實上，令人驚訝的是，葡萄糖可以由乳酸、丙酮酸（葡萄糖代謝）、甘油（脂肪代謝）和胺基酸（蛋白質代謝）所轉換。換句話說，就算你不吃碳水化合物，你的身體仍會用脂肪或蛋白質自己製造出來。

用以製造成葡萄糖的胺基酸，究竟是從飲食或肌肉組織獲得，取決於你是否有進食。只要你的蛋白質攝取量足夠，就不需要太擔心會犧牲掉你的肌肉。

你每天所需的碳水化合物量，並沒有一定的規範，因為這取決於你的需求、本身的活動程度，以及你的身體機能在有無碳水化合物下是否正常等許多因素。我有些朋友平常吃很少或幾乎不吃碳水化合物。但是，我也認識不少人，沒有碳水化合物就無法正常工作。

本書中的營養建議對於碳水化合物的攝取量保持中立。建議你先以書中提供的計畫開始，然後再進行調整，其中一個是否需要調整的判斷根據，是你的精神狀態。如果你在某餐吃進碳水化合物後，立刻開始打呵欠，你可能比較適合高脂低碳水化合物飲食。另一方面，如果你攝取低量碳水化合物後，整天覺得懶洋洋的，就可以試著增加碳水化合物的攝取量，並減少吃進的脂肪。

就如同我沒辦法陪在你身旁當私人健身教練，因此我需要你成為自己最大的支持者。不斷地調整飲食，直到你找到可以幫助你達到目標的甜蜜點，但要小心處理與卡路里相關的困難和誘惑。一開始先給自己四週的時間好好調適。

女性需要更多的時間才能決定飲食調整是否有效，因為她們的荷爾蒙在一個月的週期內會波動。如果在四週之後，你仍然沒有看到任何的改變，試著微調碳水化合物和脂肪的攝取量。你的蛋白質應該要在一開始時就設定好，確保你有充足的能量可以在健身房裡破個人紀錄。如果沒有的話，你就無法打造強壯的曲線。

設定你的巨量營養素

既然你已經充分了解哪種巨量營養素對飲食很重要，接著就要了解你每天將要吃些什麼。大多數減肥或健康飲食的食物選擇很侷限，很多人在幾週內就會覺得膩了。甚至對有些人而言，只要過幾天，就連狗飼料看起來也很可口。這樣的飲食方式會讓食物控制住你的生活。如果你曾經有機會與形體或健美選手在登台的前幾天聊天，只要時間夠久，你就會得到一長串他們下了舞台後想吃的食物清單。而且他們大多數真的會吃完清單上的所有食物。

坦白說，這是一個險坡，我一點都不希望你滑倒，從飲食不足變成食物成癮這樣的極端。我希望你能與食物建立起健康的關係，食物是生活的燃料，而「吃」是一件令人享受的娛樂。一天當中，你只有幾次機會可以好好的往後坐、放鬆、好好照顧自己，所以，請善用這段時間，讓它發

揮最大的價值。

更重要的是，許多健美、形體及比基尼選手劇烈的飲食和運動方式，長期下來可能弊大於利。我算不清到底有多少我訓練過的形體及比基尼女性選手，身體因此長期受損，導致新陳代謝低下、甲狀腺功能異常，還有其他毛病。其實並不需要這樣。

你的食物選擇可以分為三個巨量營養素。依據你每天所需的卡路里，計算各個營養素所需要的公克數，以達到你的目標。

蛋白質

雞胸肉、雞絞肉、深色雞肉、肌肉罐頭、新鮮鮪魚、鮪魚罐頭、火雞絞肉、火雞雞胸肉、火雞絞肉、深色火雞肉、瘦牛肉、牛排、山羊肉、羔羊肉、白魚、鮭魚、罐頭鮭魚、豬肉、火腿、野豬肉、鹿肉、野牛肉、蛋類、乳清蛋白、大麻籽蛋白質粉、豆腐、鴕鳥肉等。

油脂

橄欖油、奶油、芥花油、堅果油、酪梨、生堅果、堅果醬、椰子油、起司、全脂牛奶、鮮奶油、希臘優格、種籽、克弗酒（kefir）、冰島發酵凝乳（skyr）、茅屋起司等。

（＊注意，優格、茅屋起司和牛奶同時也是蛋白質來源。）

碳水化合物

莓果、蘋果、杏桃、桃子、瓜果、櫻桃、香蕉、梨子、葡萄、芒果、鳳梨、無花果、其他水果、水果乾、胡蘿蔔、山藥、冬南瓜、糙米、白米、全穀類、馬鈴薯、地瓜、燕麥、南瓜等。

這份清單是讓你開始的第一步。要注意，非澱粉類的纖維性蔬菜，對於你的每日飲食很重要，儘管它並不屬於這三大營養素之中。我建議你每天攝取兩到三杯的蔬菜。但要注意「蔬菜不含卡路里」的這個概念，因為這可能會讓你跑到錯誤的道路上。雖然你不應該害怕攝取充足的蔬菜，但如果你開始吃一盤又一盤過量的蔬菜時，就需要考慮減量了。更要注意的是，在烹調蔬菜或吃沙拉時，也要算進使用的油脂或沙拉醬的卡路里。我曾經有客戶的身形停滯不前，就是因為他們的每一餐裡使用太多油了。

富含纖維的蔬菜

所有葉菜類	蘆筍
（萵苣、菠菜、羽衣甘	青花菜
藍、芝麻菜、蒲公英、	黃瓜
小白菜、綠葉甘藍、芥	大蒜
菜等）	蔥類
所有椒類	四季豆
朝鮮薊	番茄
所有芽菜類	櫛瓜
（苜蓿芽、球芽甘藍、	胡蘿蔔
豆芽菜等）	

那你可以吃對你不好的食物嗎？當然，只要你把熱量和碳水化合物量計算好，偶爾吃是沒有問題的。但要記得，節省地使用這些額度，大約一週兩到三次且少量就好。一旦你開始吃全食物，可能會對甜點失去興趣。所以，如果你沒有想要大吃的衝動，就不太需要瘋狂地計算卡路里。

凱莉's Tip

每天都吃各式各樣的水果和蔬菜，以及各種顏色的食物。用蛋、新鮮的肉類，還有充足、健康的脂肪來補充能量。食物是讓你達成理想身體組成的最佳朋友。不要奪走你身體吃進這些珍貴營養的權利。

禁止你吃喜愛的食物，可能會讓你想要直接衝到冰淇淋的冷凍櫃前。雖然你想要把點心加進飲食計畫中，但這麼做千萬要小心。垃圾食物雖然很美味，卡路里密度卻很高。光是甜甜圈，一份就高達五百大卡。一盤新鮮的蔬菜、一份地瓜附餐，再加上一份雞肉的熱量，也差不多是這樣。想一想當你把這些食物吞下肚時會發生什麼事。

甜甜圈大概可以填滿你胃容量的四分之一。另一方面，一盤美味的全食物，幾乎可以塞滿你的胃又滿足你的口腹之慾。我這麼說，並不是要你完全遠離美食，而是在面對這些誘人的食物時，也要把我的建議放在心上。獎勵自己的同時，也要記得這是點心不是正餐。如果你想在餐後吃一塊蛋糕，正餐的碳水化合物和脂肪就不要吃那麼多。在你的飲食中做一些小小的妥協，有助於讓你維持正軌，避免過度放縱。

你需要多少卡路里？

有些女性對吃進去的食物很有自覺，不需要計算卡路里的公式。但也許你會需要一個系統來幫助你達成目標。如果你非常厭惡計算卡路里、測量食物、記錄自己吃了哪些食物的話，跳過這些也沒關係。但要是你似乎無法控制自己的飲食習慣，請繼續閱讀下去，有些技巧可以幫助你。

記住你的身體是獨一無二的，這個公式可能需要微調，但這依然是很好的開始。一個決定熱量攝取的絕佳方法，就是使用哈里斯－班尼迪克公式（Harris Benedict Equation）。這個公式可以計算你的每日總消耗熱量（total daily caloric expenditure），以及靜止代謝率（resting metabolic rate, BMR）。靜止代謝率代表你身體每日執行基礎功能所需，例如組織修復、循環系統、大腦的活動及消化等，若再加上你運動和活動消耗的熱量，就是每日總消耗熱量。

靜止代謝熱量 **+** 運動消耗卡路里 **=** 每日總消耗熱量

第一步：計算靜止代謝（RMR）熱量

這個公式是專為女性所設計的：

將你的體重（磅）除以 2.2，換算成公斤。將身高（吋）乘以 2.5，換算成公分。如果你體重 130 磅，身高五呎六吋，年齡 35 歲，則你的 RMR 為：

體重：59.1 公斤 ×9.6= 567.27
身高：165 公分 ×1.8 = 297
年齡：35 歲 ×4.7 = 164.5
RMR ＝（655 ＋ 567.27 ＋ 297）－164.5 ＝1,355 卡路里

身為前數學老師，這個公式對我來說很簡單。如果你覺得有困難的話，這裡有個線上計算機可以幫你計算：www.bmi-calculator.net/bmr-calculator.

> **快速計算法**
>
> 如果你不喜歡用這個複雜的公式來計算你的卡路里，這邊有個快捷的方法。如果想要維持體重，將體重（磅）乘以 14。這是依據每天活動一小時，每磅體重可以燃燒 14 卡路里而定。如果你想要減重，將現在的體重乘以 11 或 12，好讓你燃燒的卡路里大於攝取的。

第二步：依現在的體重，計算出足以維持日常活動的卡路里

除非你是睡眠臨床研究的研究對象，否則不太可能整天躺著不動。所以，下一步就是要估算你的活動程度，以及你需要多少卡路里以支持那樣的活動量。但接著就是尷尬的部分了，因為沒有人願意承認他們實際上有多缺乏活動。

我日常的工作大多是閱讀和寫作，所以花很多時間坐在椅子上，埋首敲打鍵盤。這不是很理想，但大多數人都是如此：花大量時間坐著、從事文書工作。

將本書的訓練計畫加入你的每週計畫，有助於彌補你坐在椅子上的幾個小時。所以，你每週使用這個訓練計畫越多次，就會越好。哈里斯－班尼迪克公式可依據你每天的活動量，計算所需的卡路里。

為了決定你每天所需的卡路里，將你的靜止代謝率乘上以下的活動量指數：
★ 靜態（極少或沒有運動）RMR×1.2
★ 輕度活動（輕度運動／每週 1 至 3 天）RMR×1.375
★ 中度活動（中度運動／每週 3 至 5 天）RMR×1.55
★ 高度活動（劇烈運動／每週 6 至 7 天）RMR×1.725
★ 劇烈活動（高強度運動、從事勞力工作或一天訓練兩次）RMR×1.9

現在，你可能會被歸類於靜止或輕度活動者，因為你還沒有開始本書中的任何運動計畫，而且沒有從事其他激烈運動。然而，我會希望你依照自己將採用的課程來計算所需熱量。我習慣

將我從事文書工作的客戶活動量訂為中度活動，若是訓練從事文書工作的業餘運動員，我會訂為高度活動。賽季中的專業運動員，則歸類在劇烈活動。

如果我們繼續以一位體重 130 磅、身高五呎六吋的 35 歲女性的 RMR 為例，假設為中等活動程度，則她所需要維持體重的卡路里計算如下：

1,355 卡路里 ×1.55 ＝ 2,100 卡路里（每天）

我認為，要使用哈里斯－班尼迪克公式決定正確的活動量，是很困難的。如果她想要維持體重，我們可以簡單地用 130 磅來乘以 14 卡路里。

130 磅 ×14 卡路里 ＝ 1,820 卡路里（每天）

我發現後面的這個公式雖然比較簡單，卻也精準，可能是因為它是根據每日卡路里需求，而非估計活動程度。活動程度會隨著每天運動時間長短、做哪種類型的運動而變動。

為減肥製造熱量短缺

製造熱量短缺，可以是每天減少攝取定量的卡路里這麼簡單。例如，你可以在計算自己現在吃進的熱量前，減去 500 大卡。但這不是永遠管用，因為你原本攝取的熱量可能太多或太少。假設一名女性每天吃進 2500 大卡，即使她減少攝取 500 大卡，仍舊吃太多了，無法製造熱量短缺。為此，你可能會希望熱量缺口再大一點，你可以將體重（磅）乘以 11 或 12 來計算應攝取的卡路里。

關於飢餓感的金玉良言

當你減去體重且變得更強壯時，飢餓感會隨之增加。你必須抵抗想吃更多食物的慾望，以維持紀律，讓體重往正確的方向前進。飢餓，是你的身體在告訴你，它在更有效率地使用能源。不要認為這是你可以盡情享用三餐的指標，而是你更接近自己的目標了。要知道，飢餓感會隨著你的代謝下降而逐漸消退。這可能會在一週內或更久後才會發生，但最終飢餓感會自然消失。

舉例來說，一名體重 155 磅、身高五呎六吋的女性，希望減掉 20 磅的體脂，為了製造正確的熱量短缺，就要這樣計算她每日該攝取的熱量：

155 磅 ×11 卡路里 ＝ 1,705 卡路里（每天）

計算巨量營養素

既然你知道自己每天需要多少卡路里，接著就是計算這些熱量該從何而來了。根據阿德華特因數（Atwater Factor），蛋白質和碳水化合物每一公克含四大卡，而脂肪每一公克含九大卡。這些估計是一個世紀前研究大量食物後所得的數據，因此一點也不絕對，但算是提供了良好的基準點，可供你安排營養計畫。如果你需要公式來設定巨量營養素，可以這麼算：

蛋白質＝體重每一磅需攝取 0.8 至 1 公克，意即「體重（磅）×0.8~1」可算出每日應攝取的蛋白質公克數

（注意，在嚴格的飲食控制下，也可能會吃到體重每一磅攝取 1.5 公克的蛋白質。減重時期會需要攝取更多的蛋白質，而非維持期或增重期。有些女性會發現，當她們體重每一磅攝取的蛋白質超過 1 公克時會便祕。在這樣的情況下，要確保補充纖維素，以及吃足夠的高纖蔬菜。）

脂肪＝除脂體重每一磅需攝取 0.3 至 0.5 公克

碳水化合物＝由每日所需卡路里減去蛋白質和脂肪提供的熱量，接著除以四，就會得到每日所需公克數。

如果以一名體重 130 磅、每日需要 1,820 大卡以維持體重的女性為例，她每日的飲食大約會是這樣：

總熱量＝ 1,820 大卡

蛋白質＝ 130 公克或 520 大卡

脂肪＝ 65 公克或 585 大卡

碳水化合物＝（總熱量－蛋白質的熱量－脂肪的熱量）÷ 4（公克）

（1820-520-585）÷4 ＝ 715÷4 ＝ 179 公克或 715 大卡

因此，她每天應該要吃進 130 公克的蛋白質、65 公克的脂肪及 179 公克的碳水化合物。

你也可以考慮你每天會消耗多少卡路里。因為每一天的活動程度都不盡相同，因此卡路里的計算永遠不會是精確的。這就是為什麼在執著於這些數字的同時，也不要對自己太嚴苛的原因，因為我們無法每次都精確滿足每日所需，在安排飲食時，首先，你必須決定自己一天要吃幾餐。

儘管有個著名的少量多餐理論，但每天吃五到六餐並不是標準原則，就如同你不需要經常添加柴火才能讓火持續燃燒。如果你覺得每天吃三餐外加一小份點心比較舒服的話，就這麼做吧。如果你想要把所有的熱量集中在兩餐，也沒有關係。只要確保你的選擇對你而言方便且符合生活習慣就好。你可以由自己的食慾得知你要的答案。如果你的胃口很好，就繼續每天吃三到四餐。如果

食物裡有多少公克的營養素？

接著就是將這些數字應用到你的飲食計畫中了。這是營養計畫中最困擾人的部分。以下是速查表，提供常見食物的估計量：

蛋白質來源

（食物分量／每份幾公克）
4 盎司雞胸肉／30 公克
一支棒棒腿／10 公克
一大顆蛋／6 公克
4 盎司牛絞肉／26 公克
4 盎司牛排／28 公克
4 盎司山羊肉／29 公克
4 盎司羔羊肉／30 公克
4 盎司魚排／24 公克
4 盎司鮪魚／26 公克
4 盎司里肌豬肉／29 公克
3 盎司火腿／19 公克
1 杯全脂牛奶／8 公克
1/2 杯茅屋起司／15 公克
1 杯全脂固形優格／8 公克
1/2 杯老豆腐／10 公克

脂肪來源

（食物分量／每份幾公克）
1 湯匙橄欖油／14 公克
1 湯匙椰子油／14 公克
1 杯酪梨油／35 公克
2 湯匙花生醬／16 公克
2 湯匙杏仁醬／18 公克
1 盎司生腰果／12 公克
1 湯匙奶油／11 公克
1 個大蛋黃／5 公克
1 盎司切達起司／9 公克
1 杯低脂茅屋起司／2 公克
1/2 杯茅屋起司／5 公克
1 杯全脂牛奶／8 公克
1 杯全脂固形優格／8 公克

碳水化合物來源

（食物分量／碳水化合物含量公克數）
一顆中型的新鮮蘋果／21 公克
一顆中型的新鮮香蕉／26.7 公克
3 顆中型的新鮮杏桃／11.8 公克
1/2 杯新鮮藍莓／10.2 公克
1/2 杯哈密瓜／22.3 公克
1/2 杯新鮮櫻桃／12 公克
1 顆小無花果／8 公克
1/2 中型葡萄柚／17 公克
1 杯新鮮葡萄／15.8 公克
一顆中型的新鮮芒果／35.2 公克
一顆中型的柳橙／15.4 公克
一顆中型的西洋梨／25.1 公克
1/2 杯新鮮西瓜／5.7 公克
1/2 杯豆子（黑豆、腰豆、鷹嘴豆等）／17~19 公克
1/2 杯煮過的扁豆／20 公克
2 個中型甜菜根／16.3 公克
1 盎司豆薯／2.5 公克
1 個烤過的小型馬鈴薯／29.3 公克
1 個中型番薯／31.6 公克
1/2 杯南瓜／10.1 公克
1 杯橡實南瓜／14.6 公克
1 杯胡南瓜／16.4 公克
1 杯煮過的大麥／41.6 公克
1 杯煮過的義大利麵／42.6 公克
1 杯煮過的糙米／44.8 公克
1 杯煮過的白米／35.1 公克
1 杯煮過的野米／35 公克
1/2 杯煮過的燕麥片／27 公克
1 片全穀麵包／16 公克
1/2 杯茅屋起司／3 公克
1 杯全脂牛奶／11 公克
1 杯全脂固形優格／12 公克

你是小鳥胃，一天五到六餐可能比較適合你。最重要的是，將這些熱量分配到你的飲食中。我的朋友艾倫·亞拉岡引用許多研究文獻破除「少量多餐的迷思」，也就是，無論你如何少量多餐，都無法提高新陳代謝。

你也需要將一部分的飲食安排在訓練的前後時間，以便擁有足夠的能量。我的意思並非你在訓練前後一定要吃東西。但是在你訓練前的兩到三個小時，以及訓練後的一個小時進食，是對你有益的。例如，如果你一大早在空腹的狀態下訓練，結束後吃些優質的蛋白質和碳水化合物，將有助於復原。

以剛才舉例的女性來說，她每天需要 130 公克的蛋白質。如果她一天要吃四餐，就需要把蛋白質分為四份：

第一餐：3 顆全蛋＝18 公克蛋白質
第二餐：6 盎司的雞胸肉＋1 杯全脂牛奶
　　　　　＝53 公克蛋白質
第三餐：1/2 杯茅屋起司＝15 公克蛋白質
第四餐：6 盎司的魚排＋1 杯固形優格
　　　　　＝44 公克蛋白質

你可以看到，即使她的攝取量比每日攝取目標多了一些也沒關係，因為她隔天可能會少吃一些。卡路里的計算從來都不是精確的科學。只要維持在一定的範圍內，就可以得到成效。然而，如果你的蛋白質攝取量一直超標或太少，就需要重新檢視自己的食物選擇，並做出調整。

接著，我們來計算她一天飲食中的脂肪組成（目標—65 公克，實際攝取—66 公克）
第一餐：3 顆蛋黃＋一湯匙的橄欖油＝29 公克脂肪
第二餐：1 杯全脂牛奶＝8 公克脂肪
第三餐：2 湯匙的花生醬＋1/2 杯茅屋起司
　　　　　＝21 公克脂肪
第四餐：1 杯固形優格＝8 公克脂肪

她食物中的碳水化合物為：（目標—164 公克，實際攝取—171.2 公克）

第一餐：1/2 杯新鮮哈密瓜
　　　　　＝44.6 公克碳水化合物
第二餐：1 個中型番薯＋1 杯全脂牛奶
　　　　　＝47.4 公克碳水化合物
第三餐：1 根中型香蕉＋1/2 杯茅屋起司
　　　　　＝29.7 公克碳水化合物
第四餐：1/2 杯煮過的野米＋1/2 杯煮過的扁豆
　　　　　＋1 杯固形優格＝49.5 公克碳水化合物

為了讓每一餐的營養素更完整，你只需要加上 2 到 3 杯富含纖維的蔬菜。最終的飲食計畫會長的像這樣：

第一餐：3 顆全蛋＋用一湯匙的橄欖油烹飪＋
　　　　　1/2 杯菇類＋1 杯菠菜＋1 杯新鮮哈密瓜
第二餐：6 盎司的雞胸肉＋1 杯全脂牛奶＋
　　　　　1 個中型番薯＋1 杯綜合蔬菜
　　　　　（含甜椒、洋蔥、番茄）
第三餐：1/2 杯茅屋起司＋1 根中型香蕉＋
　　　　　2 湯匙的花生醬
第四餐：6 盎司的魚排＋1 杯固形優格＋
　　　　　1/2 杯煮過的野米＋1/2 杯扁豆

以上只是給你一個每日菜單的範例。每一餐的內容都可以隨著你的喜好做調整。如果你想要隨心所欲地飲食並吃些點心，在展開本書訓練計畫的頭四週，建議你先試著以這些全食物為主。如果你的目標是減重，在四週過後，每週可以有一次隨意餐，直到達成理想體重。接著，你可以增加到一週兩到三次的隨意餐。隨意餐的熱量應該要和你的一般餐相同，只是改成吃任何你想要吃的食物。然後要記得，我說的是「隨意餐」，而不是「隨意日」！

如果你開始這個計畫時的目的是想要維持體重，在一開始的頭四週同樣要拒絕點心和隨意餐，直到你的身體能夠適應，並且找到碳水化合物和脂肪比例的平衡點。一旦你可以掌握自己身體的需求，並且能有效率的達成目標，就可以隨意安排你的隨意餐。任何時候，如果發現你的飲食開始失控，就要回到一開始沒有任何點心的飲食計畫。

翹臀曲線的營養補充品

我不是營養補充品的愛好者，而且大部分的營養補充品我都不會推薦給客戶。但如果被問及這個問題，我會好好的教導客戶該如何選擇，而不是將他們的意見置之不理。在這本書中，我只推薦魚油膠囊、維他命 D3，以及高品質的綜合維他命／礦物質。

你也可以將乳清蛋白當作攝取巨量營養素的來源。以我自己來說，我喜歡乳清蛋白，是因為它可以讓我達到每日蛋白質的攝取量，又可以避免熱量超標。我也喜歡它和脫脂牛奶搭配在一起的味道。然而，我發現大多數的女性喜歡天然的食物勝過乳清蛋白，還有一些女性覺得乳清蛋白不太好消化。

我的建議是：如果你每週沒辦法至少吃到兩次新鮮的魚，那每天至少要攝取 1,200mg 的優質魚油。

我也強烈建議，即使你的飲食中富含水果和蔬菜，為了保險起見，你每天也要吃一顆綜合維他命／礦物質。多年來的開發使得我們的土壤慢慢貧瘠，植物所含的維生素和礦物質已不若以往多了。

如果你有遮陽的習慣，我建議你每天除了綜合維他命／礦物質外，還要額外攝取至少 800IU 的維他命 D3。（如果你嚴重缺乏的話，甚至需要更多。）

所有這本書裡沒有提到的東西，都不是達成你目標的必需品。就算沒有燃脂劑、支鏈胺基酸、麩醯胺酸、肌酸，或是其他市面上價格昂貴的產品，你一樣可以有很好的體態。研究顯示，其中的一些產品或許有助於運動表現，但是在體態加強方面，你的錢最好還是花在優質食物上。

記錄飲食日誌

即使你不是很喜歡記錄你的進步過程，我仍然建議你在使用本書的第一個月做飲食記錄。你的營養情形，與肌力、減脂的進展息息相關。如果你的熱量攝取不充足，你在訓練的過程就會感受到，體重刻度上也看得到。當你感到活力充足的那天，留意一下你吃了什麼。同樣的道理也適用於活力低落時。清楚掌握你身體的運作情形，是成功的關鍵。

讓大伙陪你一起入坑

一旦你選擇了一個健康的生活模式，將會面對來自朋友和家人的各種評論。多數人會支持你，但有些人會提供一些背道而馳的意見。你可以選擇面對或忽略他們，但是千萬不要妥協。他們早晚會看見你的新生活習慣，以及不同以往的活力、體態、健康、自信和態度，然後很快就會來詢問你相關問題。

開始這個計畫後，你家中的廚房可能會大改觀，在你把家人最愛的點心清空之前，要先給他們一點心理準備。你們可以一起討論一週的菜單。與你的伴侶和小孩一同列採購清單，並且協助他們找出喜愛的點心和餐點的替代品。

你可以為小孩做的最棒的事之一，是請他們一同到賣場幫忙。給他們採購清單，買東西時，讓他們參與一些決定。讓他們和你一起準備餐點，尤其是做要帶到學校的午餐時。家人參與你的健康生活的程度越高，你就會由他們身上得到越多的支持。

消化道健康和翹臀曲線有什麼關聯

儘管你可能不太想花時間思考消化道的內在功能，但消化道的健康對你健身和健康的目標很重要。我們出生時，消化道是無菌的，但隨著時間推移，微生物在裡面繁衍，形成一個驚人的多元生態系。

某些飲食中的特定元素和生活習慣，會誘發不健康的平衡，讓你的消化功能失去控制。你可能不會將其中一些症狀和自己的消化健康做連結，例如：瘦不下來、無法增肌，甚至是起床時覺得狀態很差。事實上，你的消化道確實在全身扮演驚人的角色。

我曾經遇過飽受胃疾之苦多年的女性，而且她們接受了每天都會不舒服的事實。她們很快就了解到食物會如何影響自己的身體，並開始消除可能的罪魁禍首。一旦她們找到了誘發不適的食物，身體在幾天內很快就復原了。察覺特定食物造成健康問題的女性大多也發現，一旦去除這些食物，她們很快就能減去多餘的體重。某些妨礙消化的食物或過敏原，可能會讓你儲存額外的脂肪和水分。

如果你的日常生活受到一些不適干擾，試著拿你的飲食做實驗。首先該限制的是精緻的糖類，接著是穀類，包括麵粉、小麥、大麥、燕麥，以及各種含麩質的食物。然後是乳製品。要確保你一次只去除同一個種類的食物，並且追蹤你的感受。如果在除去第一個種類的食物後，沒有感受到明顯的進步，就換下一個可能會引發症狀的食物種類來實驗看看。

一旦你找到食物中的罪魁禍首，先持續兩到三週不吃它，然後再用一餐做實驗，把它加進你的餐點裡。多數有食物不耐症的人，會立刻注意到老毛病又出現了。如果發生這樣的情況，試著再也不要吃那類食物。這會讓你在邁向健身目標的路上更健康。

消化功能是在打造美麗的體態與維持理想體重的路上，最常被忽略的一個面向。你的消化系統負責將養分運送到血液、器官及組織中，以維持健康的身體機能。不良的消化道功能可能是身體沒有收到維持適當功能的養分，所以你應該要好好留意自己消化道的運行。

你的肌肉、體態以及全身都仰賴它。如果你有脹氣、腹脹、便祕、拉肚子、胃痛、痙攣的症狀，學會如何處理這些事就很重要，因為這和你的身體如何吸收養分直接相關。千萬別忽略這些症狀，因為它們未來可能會導致更大的問題。儘管這個主題對這本書的內容來說有些離題，我仍然強烈建議，如果在除去潛在的誘發食物後，這些症狀仍然存在，可以找當地營養專家諮詢。你的生理與心理都會感謝你的。接著，無論你是否有需要列入黑名單的食物，都要考慮將兩個重要的補給品加入飲食中。

消化酵素

酵素在整個消化過程扮演重要角色，所以，如果你有在上個段落中提到的任何症狀，每餐試著吃一些消化酵素或許會對你有幫助。但如果你有特定的疾病，例如胃潰瘍，還是要諮詢醫師以找出最佳的解決辦法。

講到消化酵素，你有三個主要的選擇。首先是胃酸補充劑（Betaine HCl），是一種類似維他命的物質——甜菜鹼，與鹽酸的組合。有時會被用來當作治療胃酸過少或是胃食道逆流的處方。第二種為多重酵素的產品，可以在消化過程中強化酵素的功能。第三種是單一種的酵素，會鍵結於特定的蛋白質、醣類或是其他的大分子。如果你知道某個營養素造成你的胃腸不適，那麼這種酵素對你會很有效。最好能諮詢你的整體健康照顧者，以找出最適合你的酵素組合。

健康的腸道菌叢

除了消化酵素外，你也要考慮把優良的益生菌加進飲食中。有足夠的科學證據顯示，這麼做有機會增加腸內的益生菌。吃大量的蔬菜是改善腸內菌的一個方法，吃益生菌也是。藉由和緩修復因菌種不平衡而受損的腸內菌叢，幾乎具有立即的功效。

重新平衡腸道菌叢有助於：

★ 加強對特定蛋白質和糖的吸收。

★ 可以加速吸收某些礦物質，例如鈣、鎂及鐵。

★ 調控脂肪的適當儲存量。

★ 避免脹氣、腹脹，以及其他消化相關症狀。

★ 製造維生素 K 和維生素 B。

★ 消耗可能會成為入侵細菌的食物的養分。

★ 分泌壞菌無法忍耐的酸。

★ 加強腸道內壁的屏障，以幫助隔絕危險的病原體和過敏原。

★ 增加 T 細胞，製造天然的抗生素／抗黴菌素，以幫助刺激免疫系統。

★ 代謝及回收荷爾蒙。

吃富含纖維素的食物有助於健康細菌的生長。試著每天至少吃兩杯的纖維性蔬菜，並將水果、豆莢類、種籽類及全穀類食物（如果身體可以耐受的話），融入每日的飲食中。發酵食品，例如優格、克弗酒、味噌和德國酸菜，也有助於遠離壞菌。自製的醃漬品也有幫助。要限制精緻糖類、酒精和精製麵粉，因為壞菌喜歡吃這些食物。

八個簡單的飲食原則

如果你看完了這整個章節，並且對於計算卡路里、控管巨量營養素覺得卻步的話，你或許可以先試試看由麥可・波倫（Michael Pollan）在《食物無罪：揭穿營養學神話，找回吃的樂趣！》（*In Defense of Food: An Eater's Manifesto*）中所採用的八個簡單原則。

許多女性在一開始訓練時，對自己的營養狀況控制得非常嚴格，但在獲得了絕佳的成效後，她們常變得貪心而鬆懈。她們可能會開始每天吃「低碳水化合物布朗尼」，或是其他偽裝成健康食物的東西。常理告訴我們，我們應該遠離這些食物，因為「健康的布朗尼」實在是太理想且不合常理了。在這樣的案例中，她們很快就會停止進步，然後自己也想不出為何會這樣。

這些原則將能幫助你走在正確的道路上，也希望你能將它們融入你的生活。

原則 **1**：盡量在超級市場以外的地方購物

到農民市場購買當地種植的食物，是你可以為自己的飲食所做的最棒的事。當地農夫種植當季農產品，以蔬食餵養牲畜，而且讓他們的牲畜到處走動。吃當地的農產品，可以確保食物永遠是新鮮且當季的，而且你的開銷也有助於當地的經濟。

原則 **2**：少吃點，在你感到飽之前就停止進食

許多研究都顯示，在動物身上，熱量短缺會延緩老化過程。而有些研究者也相信，這是預防癌症唯一最普遍的關聯。你不需要把餐盤裡的食物全部吃光，最好是留下一些。

原則 **3**：吃那些不吃就會腐爛的食物

「長保存期限」這個字應該在你家被禁止。黴菌和細菌天生就會跟你搶食物。你的食物之所以會有保存期限，是因為這些微生物不願意接近它。也就是說，你的食物對於黴菌和細菌都不夠好，同樣的，它也對你不夠好。

原則 **4**：吃自然甜的食物

如果你需要額外添加糖才能讓食物變甜，就別吃它了。大自然中充滿了本來就甜的食物，所以，當你想要滿足自己對糖的渴求時，以那些為優先考量。

原則 **5**：吃由人類所準備的食物

無論你自己在家煮或是外食，你的餐點最好是由人力所準備，而非工廠。同樣的道理也適用於連鎖餐廳。大部分的餐廳為了增加口感，添加了過多的鹽、糖，還有其他添加物。在當地提供優質食物的餐廳用餐，或是在朋友家、自己家用餐。

原則 **6**：一開始就把正確的食物分量放在餐盤上

了解一餐所需的分量，並且一次全部放到餐盤上。然後不要再回頭夾更多。一旦你盛第二次，通常會比預期吃得多很多。如果你的腸胃告訴你該停止，就不要再吃了。

原則 **7**：你的食物吃什麼，你就是什麼

吃以健康蔬食為主食的動物。草飼牲畜，或是以綠色蔬果為養的牲畜，通常其 omega-3 脂肪酸較高。吃蔬食的牲畜通常含有較多營養，而且過得比較人道。同樣的道理也適用於農產品。吃在地的農產品，可以確保它是在足以支持生長的土壤長大，而不需要化學物質加速熟成。

原則 **8**：避免吃號稱自己有益健康的食物

蘋果果農不需要告訴你要吃蘋果，因為它們本來就對你的健康有益。如果有某項食品需要編造某個理由讓你吃它，那就是你不該吃它的第一個線索。永願追隨你腸胃道的直覺，因為你知道什麼對你有益、什麼沒有。那些聲稱「低卡」、「低脂」、「營養強化」的商品也同樣如此，這其實是對於它們不怎麼營養的委婉說法。

Chapter 6
這些怪動作是怎麼來的？

身為一名對訓練動作目光敏銳的人，我對自己在商業健身房裡所見的景象感到驚恐，我並不期望每個踏進健身房的人都能夠專精深蹲和硬舉的動作（儘管這是好事）。讓我感到困擾的是，某些具有證照的專家竟會強迫他們的客戶，以糟糕的姿勢舉起過重的重量。我必須再次強調這個重要性：建立各種基礎動作，例如深蹲、跨步蹲、髖關節鉸鏈及臀橋的正確姿勢非常重要。你或許會發現，在增加負重之前，必須先加強你的活動度、穩定度和（或）動作控制的能力。例如，在使用槓鈴負重之前，必須先熟悉徒手訓練才行。以錯誤的方式做正確的動作，不僅無法雕塑臀部，還會造成疼痛或傷害。

評估你自己的動作模式

動作模式是打造肌力的基礎，好的姿勢對於你能否成功使用本書及進行往後的訓練，是很重要的。在第一堂課，我通常會以一連串的訓練去評估客戶的活動能力。了解你是如何活動、弱點在哪裡，以及該從何加強你的弱點、矯正失能狀況，除了可以避免嚴重傷害外，還能大大增進你的肌力和改善動作模式。

如果你對自己運動的姿勢不太有把握，我鼓勵你可以在住家附近找一位具功能性運動檢測（Certified Functional Movement Screen, FMS）認證的專家，請他評估你基礎動作的活動度、穩定度和（或）動作控制能力，你可以到 FMS 的網站搜尋相關資訊：http://functionalmovement.com/。

記得，不要在你剛展開「翹臀曲線計畫」之際，就嘗試突破自己的極限。雖然把動作降階，聽起來像是退步，但實際上，這會增進你的肌力，並且在你負荷大重量前，藉由修正弱點，讓你可以更快突破個人紀錄。

經過評估後，你或許會發現，在穩定度改善之前，你可能會需要先把重量降為無負重的徒手訓練，或是手持啞鈴做高腳杯式深蹲。如果你踝關節背屈的能力很差，也許需要先由箱上深蹲開始練習，直到你有充足的活動度。雖然深蹲聽起來似乎是個再簡單又自然不過的動作，但一個適宜的深蹲動作，需要許多條件的配合。你的膝蓋必須沿著腳趾的方向移動，脊椎維持自然的弧度，骨盆保持些微的前傾，身體要落在雙腳正中間，且重量要平均分布在髖關節和膝關節間。這些條件在半蹲時或許不難，但是全深蹲又是另一回事了。

此外，許多女性無法做出正確的棒式和伏地挺身。我常發現許多女性客戶伏地挺身的姿勢錯誤，必須使用架高的槓鈴來輔助，將之慢慢移往地面，直到她們的姿勢正確為止。

關於有氧運動的爭論

本書並沒有包括心肺運動課程，但你會發現，你不需要踏上跑步機或心肺訓練的機器，「翹臀曲線計畫」的運動就可以大大改善你的心臟肌力、耐力，以及心血管的健康。然而，如果你喜愛有氧運動，或是認為那有助於你的減重效果，就儘管將這類運動加進你的每週訓練計畫吧。每週兩到三次 20 到 30 分鐘就已經足夠，不需要耗費太多的時間。

即使你把心肺運動加入訓練中，依舊需要維持適宜的飲食與營養。多了額外的訓練量，不代表你有隨便吃的藉口。舉例來說，30 分鐘的中強度橢圓機訓練，對一位體重 130 磅的女性來說，大約只燃燒了 210 大卡。而一個藍莓口味的甜甜圈，可能就有 500 大卡，這不是很不划算嗎？

記得，要優先把訓練專注在你的目標上。例如，短跑選手要以衝刺為優先考量，接著才是進行肌力訓練。至於你的話，要以肌力訓練為優先考量。因為當你變得越強壯，體態就會越好看。

如果你將有氧運動加進課表，要確保「翹臀曲線計畫」的訓練為優先順位（除非你是為了運動表現而訓練的）。這表示，當你在設計課表時，將會先進行肌力訓練。如果你想要每週排入三次20分鐘的跑步，可以在肌力訓練結束之後，或是在沒有訓練的那一天進行。這可以確保你能盡全力做重量訓練，讓有氧運動成為你消耗精力的次要運動。

如果你只能在晚上到健身房，而且只有在早上才有時間快走，也不要為了符合翹臀計畫而犧牲你的快走。我希望你能盡量實踐「翹臀曲線計畫」的課表，因此我將它設計成能彈性隨你的需求做調整。

除了「翹臀曲線計畫」的內容外，還有一些活動可能是有些女性希望參與的，包括：

步行、心肺運動器材、複合式訓練、高強度循環訓練、跳繩、慢跑、皮拉提斯、增強式訓練、騎腳踏車、休閒性運動、跑山坡、拖雪橇、飛輪課、階梯有氧、游泳、高強度的間歇訓練、瑜伽、衝刺賽跑

心肺運動並不能雕塑你的身形，只有肌肉變得越來越強壯才能達到這個目的。太多的心肺運動會阻撓你變強壯，這個觀念值得多次強調。如果你想要讓臀部更圓更翹，必須要能越舉越重。臀部越強壯，外形就越美。肌力可以幫助打造外形，而你的飲食習慣則能幫助減少脂肪的囤積。

如果你是健身新手，我建議你可以額外增加一點活動，例如每週三次在傾斜的跑步機原地走15到20分鐘。如果你是進階的重量訓練者，每週兩次15分鐘的山坡衝刺訓練，對你的體能有益，且無損訓練後的修復。

我再強調一次，這些額外的活動並不是「翹臀曲線計畫」成功的必要條件。但心肺及有氧運動可以讓你更快達成目標。只是要記得不要過度，多不一定就代表好（是的，接下來你將一直受到提醒）。

注意你身體每天的感受是很重要的。每天起床後，評估是否有任何痠痛或不舒服的地方，然後判斷這和你前一天的活動有無相關。是因為你進行了一個新的特定動作？還是你的身體在告訴你要減慢進度，不要過度訓練？如果你覺得太緊繃或太痠，就應該要降低訓練的密度和量。而且，為了促進修復及降低受傷風險，每週至少要有一天休息日。即使是專業運動員，也會休息一天。假設你的體重維持不變，隨著「翹臀曲線計畫」的進度，你的臀舉、深蹲、硬舉將越舉越重，這

克莉絲塔在高中及大學時代是運動員，她在停止運動數年之後，來到我在亞利桑那州的工作室。她的體態維持得很好，卻有我見過最嚴重的膝蓋外翻。我認為膝蓋外翻就像是融化的蠟燭。疲弱的臀肌和髖旋轉肌在深蹲時，無法協助維持正確的姿勢，造成股骨內收和內旋，對側的骨盆垮下來（當練習單腳深蹲的訓練時），且足部旋後。基本上，她的整個動作都會向內塌陷。

我把克莉絲塔的所有動作都錄下來，並且在該組做完後立即觀看。這可以讓她了解，她剛剛做得怎樣，並且能快速改進。我示範了她在深蹲時膝蓋是怎麼向內塌陷，在單腳訓練時動作是多麼不對稱。她習慣用槓鈴，但是我要求她使用啞鈴做高腳杯深蹲，以及在兩張訓練椅間做全蹲。我將手放在她膝蓋的外側，所以她在做動作時就必須專注地把我的手往外推，如此能避免膝蓋往內。這大大改善了她動作控制的情形。

我也在她的膝蓋外繞一條彈力帶，讓她做坐姿彈力帶髖外展、X形彈力帶側走、側棒式、彈力帶抗旋轉，加強她使用到上半臀部的「感覺」。她每週都會在膝蓋外繞彈力帶做徒手深蹲，透過深蹲的動作模式，來增加髖外展肌和外旋肌群的肌力及穩定度。除了我們採取的其他下肢訓練外，這些策略讓她可以獲得快速的進步，每次訓練時都可以突破先前的紀錄。

克莉絲塔非常在意她的身形。在和我一起訓練之前，她曾上過另外幾名教練的課，但他們無法達到她的要求。她常常讓教練感到挫折，因為她下半身的動作項目都沒有進步。經由我的矯正運動，她的深蹲在短短八週內由90磅進步到155磅，更讓我驚豔的是，她的硬舉進步了90磅，來到275磅的新紀錄。藉由修正她的舉重技巧，讓我們更有進步的空間。這個故事告訴我們什麼？絕對不要單為了破紀錄而犧牲掉你的姿勢！

將會比跑了數英哩而肌力沒有任何進步，要來得更有收穫。

過度訓練及訓練過量

肌力訓練是體能訓練最重要的一個面向，它在燃燒脂肪的同時，也塑造並強化肌肉。肌力訓練也帶來許多健康上的益處，包括增加骨質密度、促進心血管健康，並增加動作的經濟效益。但是，在有益的運動和過度運動之間，有著細微的差距。健身的最大迷思之一就是：為了看到更好的成果，必須連續不停的訓練數個小時，彷彿就像住在健身房一樣。但這和事實天差地遠，不停歇的訓練，無論是對肌肉的生長或是改變身體組成，都是不必要，甚至是很不理想的。

我無法告訴你，到底有多少次我的新客戶在第一次見面時會向我大叫：「我不想要把生活全部奉獻給健身！」這通常還會伴隨：「我就是沒有時間或精力『住在健身房裡』！」我可以很誠實地告訴你，除非你是專業運動員，生活基本上要仰賴巔峰的體能，不然沒有任何人可以做到這種程度。你沒辦法，我也沒辦法，我的任何一位客戶都沒辦法。但是，我的客戶有能力一週只花數個小時在健身房或在家訓練，就可以成功達到他們的目標體態，同樣的，你也可以。

接著，我要透露許多健身產業的人士不想讓你知道的祕密。我的許多同事出於真誠關心你的健康，會告訴你真相，但健身產業的大多數人，為了讓你失敗，會故意讓你以為，如果你沒有奉獻所有的時間來控制飲食和運動，就永遠無法達成你的目標。但即使你增加更多運動，訓練更多時間，甚至是一週七天都做「翹臀曲線計畫」訓練，都無法讓你得到更好的成果。若是在「翹臀曲線計畫」外，每週額外增加數小時的心肺運動，或是嚴格控制卡路里，讓攝取量遠低於本書所建議的，也同樣無法讓你得到更好的成果。

事實上，如果你實行其中一項，甚至是以上提及的全部錯誤觀念，你將會感覺更糟，因為你的身體會開始反抗。人體有個內建的生存機制，當你面臨重大壓力時就會被啟動。經常過度訓練及吃太少，會不斷地傳送壓力訊號。最終，你的壓力荷爾蒙會導致免疫系統混亂。到頭來，你反而會覺得衰弱、疲累、暴躁易怒、抑鬱，而不是有動力且強壯。如果你的內在是這樣，想像一下你的外表看起來將會如何。

你可以做的其中一件事，就是聽從我的建議，並且絕對不要掉入圈套。不要過度訓練，也不要讓你的身體缺乏營養。同樣的，也不要因為你覺得這個新的運動可以抵銷多餘的熱量就暴飲暴食。如果你跟隨「翹臀曲線計畫」裡的營養與健身法則，有朝一日，將可以達成想要的完美體態。如果你決定私自調整我強烈建議的這個計畫，失敗時就不要憤怒的寄電子郵件給我。

你必須要有「少即是多」的概念，並且謹記以下三個階段：

1. 出現在健身房，並且努力訓練。

2. 聰明的訓練，而非刻苦的過度訓練。

3. 吃得營養。

尋找有助於目標的事項

當你將心肺運動加進「翹臀曲線計畫」時，維持一定的計畫就很重要了。雖然許多新興的健身潮流宣稱「肌肉混淆」是快速獲得成果的最佳方法，但我對此持保留態度，原因有以下幾點。回想一下你學習新事物的過程。例如，你學騎腳踏車時，不需要每四週就學一次。一開始在每天放學後，當你爸把你推向馬路，你可能很不情願的把腳踩上踏板，或許你會跌倒，而且磨破膝蓋，一直到你熟悉騎腳踏車的技巧。很快的，你學會騎一直線，卻不知道怎麼停下來。一旦你學會如何停止後，也就漸漸會轉彎了。

經過數小時、數天或甚至數個月的熟悉，最終你和鄰居的小朋友一起騎著腳踏車，動作之熟練彷彿你生來就會了一樣。同樣的道理也適用於健身訓練。起初，你可能會覺得有些動作做起來很笨拙，讓人覺得厭煩，甚至是不可能做到的，有些還可能讓你覺得愚蠢甚至不屑。我對於自己

做了好幾年而漸漸愛上的訓練，一開始也會有這種感覺。唯一能夠讓你逐漸享受訓練的方法是：持續地將這些訓練融入你的課表，並在每次練習時讓你的姿勢與力量持續進步。

你可能對「翹臀曲線計畫」中的某些運動早已熟悉且專精。或你可能聽過其中的某些運動，但從未想過要嘗試。剩下的或許你連聽都沒聽過。但相信我，所有運動都值得加入你的課表。在「翹臀曲線計畫」中，我鼓勵你在同一個階段選擇同樣的動作持續訓練。如果出於任何理由，你無法做課表中某個特定運動，就從「動作檢索及說明」單元中選擇替代方案，並且在接下來的整個階段好好持續訓練。

由於這攸關到你的神經肌肉系統的適應能力，所以前述觀念很重要。或許你不知道，但在運動時，若要讓大腦告訴你的肌肉該如何動作，需要極複雜與細緻的溝通。如果你是第一次做這個動作，對大腦而言就更有挑戰性了。你的大腦對這個動作越熟悉，就越容易和肌肉連結，並能做出正確的動作模式。經由連續的訓練，你的身體會越來越適應，也才能夠接受新的挑戰，以持續獲得進步。這個過程被稱為「漸進式超負荷」。基本上，你是藉由加重、增加重複次數或是減少組間休息的時間，讓肌肉突破它適應的範圍。

例如，你的課表有安排深蹲，但是你已經四週沒有練習了，大腦就必須要重新協調。假設你在四週內，每週都練習一次深蹲，協調能力就會大幅進步，深蹲的能力也會變好。要記得，你的大腦在形成「動作記憶」前，需要先經過上千次的反覆練習。

當你完成「翹臀曲線計畫」內一到三階段的訓練，就可以自由的探尋新技巧，嘗試「動作檢索及說明」單元中不同的運動。我提供的範本可以適用一輩子，而且本書中也列舉出廣泛的動作可供選擇。一旦你覺得自己的大動作都已經做得相當好了（例如：深蹲、硬舉、分腿蹲、臀舉，以及推與拉的動作），就可以更常變換你的課表。在更進階之後，你可以增加更多變化，並且更頻繁的變換訓練動作。但前提是，你必須先精熟這些動作模式，由於下肢運動有部分的相似性，你

所有的動作便能夠維持強壯且協調。例如，雖然深蹲、硬舉、臀舉和背部伸展，看起來動作模式各異，但它們都牽涉到髖伸的動作。只要你做的動作類似深蹲（雙腳或單腳）、硬舉或臀橋，都沒關係。這就是所謂的「同中有異」的道理。例如，一名客戶在某個星期做臀舉、全蹲、45度背部超伸，下個星期做槓鈴臀橋、前蹲、相撲硬舉。這樣的課表也同樣有效，因為她都是利用完整的動作模式，卻有足夠的變化，能避免乏味。

有氧運動也同樣適用這些指引。如果你星期六踢足球，星期二上飛輪課，並持續下去，這將對你的訓練有所助益，因為你持續地使用同樣的動作模式，每次的課程都會增進你的協調性。但如果你星期一上森巴課、星期三上拳擊，下個星期卻翹掉這些課，改成慢跑，再下個星期跑去攀岩，嗯，你應該可以料想到會發生什麼事了。「持續」是成功的關鍵，沒有了它，你終將只是在這些新的運動間掙扎徘徊，永遠無法精通任何一項。此外，你可能會感到持續的疲痛，因為你的身體無法為這些活動做好準備。隨著訓練一段時間後，你可以每週變換心肺運動，但我的建議是，在一段時間內試著固定做某項運動，並逐漸適應強度，以避免過度疲痛。

再次強調，我強烈建議你能自己規畫每一週的課表，並仔細安排你的訓練量。如果你有加入排球隊，每週訓練兩次，每次一個小時，且週末比賽一個小時，這些活動量都要估算在內。在這個例子裡，你不會想要每週做肌力訓練五次，而完全忽略了身體對休息的需求。把每週的訓練降至兩到三次，直到你的身體適應或是等到賽季結束。千萬不要落入過度訓練的陷阱，因為一旦你落入，就很難回頭了。

遇到停滯期時該怎麼辦

如果你是肌力訓練的新手，在起初的幾個月就會看到很明顯的進步。這幾乎會發生在所有人身上。眼看自己越舉越重，且體脂又逐漸下降，實在非常激勵人心。起初幾個月，你會逐漸習慣：

和前一個星期相比，對於同樣的重量，你可以做更多下；或是同樣的次數，你可以做更重的重量。但隨著時間過去，你會發現自己越來越難突破紀錄，只是想要再多做一下，或是再加個五磅都很有挑戰性。

這發生在我許多的長期客戶身上。但我發現，一旦舉到進階程度，他們一點也不在乎自己到底舉多重，因為他們早就已經超越其他百分之九十九的人。

為了讓你更了解這個概念，我以更明確的例子來解釋。假設你每週都可以進步五磅，一年下來總共是 260 磅。即使你每個月只進步五磅，也相當於一年進步 60 磅。以常理推斷，我們都知道這種事不可能常常發生。換個方式想，如果你每週都能多做一下，你一年就可以增加 52 下，即使每個月只進步一下，一年也有 12 下。也就是說，如果你現在 135 磅的深蹲可以做一下，一年之後，同樣的重量你可以蹲到 13 下。這當然是不大可能的，尤其是在你經過多年訓練之後。

在你訓練六個月之後，就差不多結束新手的甜蜜期了。你必須更加努力才能持續進步。你要知道，某些經驗豐富的健身老手，努力訓練了一整年之後，肌力只進步了一點點。舉個例子，老手經過十二個月的訓練，臥推或許進步 15 磅，而深蹲和硬舉只能進步 30 磅。所以，不要因為遇到瓶頸就感到挫折，因為我們每個人都會遇到。這同時代表你快要到達自己的極限了，也算是一種成就。

在程度進階後，不只有你的力量會遇到瓶頸，你的體重變化也會越來越小。為了避免過度沮喪，你要了解肌力、減重及身體組成的進步幅度，並非與時間呈線性關係。進步與停滯的時期將會交錯出現。我曾經訓練過許多女性，在第一個月減了 25 磅，但在接下來的十一個月卻只減了 5 磅，一共減了 30 磅。當然，這些女性看起來是不可思議的健美，因為在我的課程規畫之下，她們的肌肉將取代體脂肪，持續專注在改變體組成，而非體重刻度上的變化。我建議你每個月都可以在同樣的地點，以同樣的燈光與攝影角度，拍一張穿著比基尼的照片，這些照片將會比那些數字刻度更能看出你的改變。

當遇到瓶頸時，試著遵循以下的建議，以持續獲得進步：

★ 集中火力在你的飲食調整上（攝取正確的量及種類正確的食物），儘管你的力量停滯不前，但體態還是會往正確的方向邁進。

★ 專注在新的肌力目標，例如以更高的組數範圍或是新的訓練動作。例如，訂下 100 個連續跨步蹲，或是硬舉 135 磅的重量 20 下為目標。

★ 減量訓練一週，包含刻意降低訓練的強度，輕鬆訓練一週。這樣會加速復原，並讓力量回升。在這個情況下，你訓練的強度大約是平常的 50% 到 80%。就心理層面來說，要在離力竭還有一段距離前就停止，其實不大容易。例如，要你臥推 85 磅，一組五下，但你平常對這個重量都習慣一組推到十下。不過，一整週都以這樣的方式訓練，將會得到新的收穫：良好的恢復，以及讓荷爾蒙達到平衡。有些女性減量訓練的成效良好，但有些卻沒有。減量訓練的方式有很多種，例如僅做一或兩組，而非三、四組，維持強度但減少訓練量。面對瓶頸時，最重要的是：不要停止嘗試，也不要放棄，或是有被擊敗的感覺。

如果你在一個人潮較多或是器材有限的健身房，可能沒辦法完全依照「翹臀曲線計畫」訓練。不要因此而灰心，因為我有提供足夠的替代運動可以選擇，讓你專注地維持在軌道上。我鼓勵你，除了主要訓練分類裡的動作（訓練課表中的頭四個動作）外，至少記下一種替代動作，這樣當你無法做主要動作時，還有其他選項。

凱莉's Tip

如果你遇到瓶頸太久，請檢視一下你的飲食，確保你有吃進足夠及正確的卡路里。如果你的飲食不及格，身體會藉由精力和運動表現下降，來告訴你。

例如，你到了健身房後，發現深蹲架出現一排排隊人潮，可改以高腳杯深蹲或保加利亞分腿蹲，取代箱上深蹲。如果缺乏某些特定的器材，例如 45 度髖超伸，可改用抗力球做俯臥髖伸，在鎖定的位置好好擠壓你的肌肉，並停頓三秒，以增加難度。如果你對於健身房可能出現的各種突發情況先做好萬全準備，將會對自己的訓練充滿自信。

同樣的，對於你無法從事的訓練，也要運用這個法則。如果你有生理上的限制，以至於你無法做某項訓練，就翻到「動作檢索及說明」單元，找尋適合你的程度和能力的替代運動。記得要把這件事記錄在運動日誌中，在前往健身房前，先好好了解這項運動。有疑問之際，就帶著你的《強曲線‧翹臀終極聖經》，以獲得額外的協助和資訊。準備得越周全，你就會越成功。

給懷孕女性的翹臀曲線計畫

運動是在孕期對妳和寶寶最有幫助的其中一項活動。雖然懷孕時要規畫自己的運動課表，可能會讓人有點卻步。但了解懷孕時可以做哪些運動，對於妳正在改變中的身體，與成長中寶寶的健康及安全，是很重要的。在「翹臀曲線計畫」中有多種動作可以融入妳孕期的日常生活。當然，在從事任何活動前，都要先諮詢醫師，並得到健康證明。如果沒有任何禁忌症，每週三次的肌力訓練有助於孕期的健康，並讓產程順利。

在孕期從事肌力訓練的好處

因為許多研究並沒有區分有氧和無氧運動，讓目前對於孕期運動研究的解讀有點模糊，但可以確知的是，在孕期加入肌力訓練，有助於增進妳的整體健康，也有助於產後的復原。以下是在孕期採用調整過的「翹臀曲線計畫」後，可能會獲得的益處：

★ 體重控管：研究指出，女性的體重增加絕大多數是在生育年齡（二十五到三十四歲），但藉由懷孕期間規律的肌力訓練，可以控制過度的體重增長。研究者發現，在懷孕時維持規律肌力訓練的孕婦，比那些沒有運動習慣者，體重增加的幅度平均少 20%。

★ 降低懷孕的併發症和相關疾患：孕期的肌力訓練被證實可以降低一些併發症的風險，包括下背痛、妊娠糖尿病、子癲前症和憂鬱症。

★ 促進胎兒生長發育：在不久之前，由於害怕胎兒發育不良，女性才被建議避免在懷孕時進行肌力訓練。但幸運的是，這些迷思已經被破除。事實上，運動已被證實對寶寶的發育有正面的影響。

★ 分娩：孕期的重量訓練有助於減輕產程的負擔。研究指出，懷孕時有做肌力訓練的婦女，產程較短，並且具有較低的剖腹產率。

★ 流產的疑慮：值得一提的是，多數害怕肌力訓練的女性擔心會增加流產的風險。但研究指出，和沒有做肌力訓練的女性相比，有做訓練的孕婦族群，其流產的風險並沒有比較高。

孕期的翹臀曲線訓練指引

在孕期從事運動時，安全永遠是第一考量。妳應該維持合理的訓練強度，而非一味的求重求強。我們的目標是維持健康，而不是為了破個人紀錄（除非妳本來的體態就不標準，而且是健身新手）。一旦妳分娩完，且醫師也確認沒有其他問題，不必再回診後，妳就可以重新回到健身房，再度舉起大重量，但是在懷孕時這麼做，並沒有什麼意義。

我的意思並非妳在這個時期不應該充滿活力的運動，而是妳應該把安全考量擺在第一線。在

懷孕階段，妳的關節會變得比平時還要鬆弛，而且在第一孕期後，妳的重心有相當的轉移。這些改變需要一段時間來適應。

在孕期從事全身性、包含核心的肌力訓練，對妳將有大大的好處，但是在組間要有充分休息。本書的設計是：每週訓練三次，每次訓練之間都有休息日。如果妳是肌力訓練的新手，我建議一開始先一個動作做一組。如果妳比較熟悉肌力訓練的話，每個動作可以做到三組。就如同我先前提到的，妳的關節在懷孕時比較鬆弛，所以高重複次數，例如一個動作十下或以上的訓練，對妳比較有益。使用的重量大約會小於最大肌力的 70%。在妳的第一孕期，可能會出現噁心、嘔吐、倦怠、頭痛和頭暈的症狀。根據身體的反應來調整妳的健身課表，是很重要的，以避免誘發這些症狀。

在第三孕期時，針對妳身體的改變，我們必須加入一些限制。嘗試傾聽妳身體的聲音，並且根據身體的回饋做調整。如果覺得有哪裡不對勁，就不要做。我們有夠多的替代運動可供選擇，選擇那些讓妳覺得舒適的。避免那些需要平躺的動作，因為這個姿勢會阻礙到子宮的靜脈回流。

妳也要捨棄髖部或腰部需要過度前傾的動作，因為這會讓妳的下背承受過度的壓力，而導致頭暈或是胸口有燒灼感。然而，我認為，不必害怕徒手的臀舉或相撲深蹲，因為許多從事這些運動的懷孕婦女，都給予正面的回饋。

孕期時的翹臀曲線訓練課表

在第一孕期時，妳可以採用調整過的「新手豐滿臀部計畫」。如先前所提，如果是健身新手的話，我建議妳把每個動作先降到一組。在第九到十二週時，把計畫Ａ中的「槓鈴臀舉」改為「徒手臀舉」。

在第二和三孕期時，改為「居家徒手塑臀計畫」，或是利用「運動檢索及說明」單元，把「新手豐滿臀部計畫」內的一些運動替換掉。

我建議妳繼續維持初階的課表，然後提高訓練的重複次數，而非進行大重量、低重複次數的訓練。當然，如果妳覺得不舒服或是有不適症狀，就要立即停止訓練。

Chapter 7
快來看看翹臀曲線計畫

我在這本書中提供了三個不同訓練模式，你可以依據自己的體能程度做選擇。除此之外，還有「動作檢索及說明」單元可供你參閱，不管是套入已經搭配好的訓練計畫，或是拿來設計你全新的訓練計畫，都會很好用。無論你是使用翹臀曲線的新手模式、進階模式、徒手模式，或是臀部限定模式，都將會依照相同的基礎範本。這個範本可是我經過多年的研究、肌電圖測試，並且實際試驗在客戶和運動員身上，才得以設計出來的。這樣的範本能讓最多的女性獲得最大的成果，不論她們的目標是什麼。這是一個你可以終生使用的範本，能做為你所有訓練計畫的基石。一旦你完成了一或兩個十二週翹臀曲線計畫，就可以開始依據這個範本設計自己的訓練計畫。在「動作檢索及說明」單元中，我做了一些空白範本，你可以依據喜好填上空缺。不過，我鼓勵你最好能夠先完成一項本書的訓練計畫，再去延伸設計自己的課表，即便你可能已經很熟稔於設計課表了。

在我開始高談闊論這個範本的結構前，我需要先澄清幾個重要規則，以讓你們知其然，並知其所以然。再次重申，這個範本就是翹臀曲線計畫的唯一基石，你的成敗將會決定在你如何使用這個範本。

曲線要何時打造？
又要多常打造？

一週四天的訓練量會是最理想的，課表 A 每週練兩次，課表 B 和課表 C 每週各練一次：

第一天：課表 A
第二天：課表 B
第三天：動態休息
第四天：課表 A
第五天：課表 C
第六天：動態休息
第七天：休息

雖說一週練四次最理想，但你也可能發現一週練三次或五次反而對你最好；也或許你的行程只能讓你一週練兩次，總而言之，在這個訓練計畫中，一週訓練兩次到五次，都是可接受的。但比起什麼都不做，每週訓練一次還是好多了。不過，我不太希望你花辛苦錢買了這本書之後，結果一週只訓練一次。另外，我也不建議你一週非常勤奮的練到六次、七次，因為你可能會因為過度訓練而導致成效下降。

假使你打算一週只訓練兩次，那麼請確保

每週的其他活動是妥善安排的，這樣你才能規律的訓練。我在職業生涯中已經訓練過上百位女性客戶，每位客戶都有她們自己的工作排程與生活模式，我會思考該如何將訓練計畫融入她們的生活，如此她們才能持續進行我給的訓練計畫，以獲得令人滿意的成果。

你或許可以一板一眼地按照計畫執行訓練，但也一定要想辦法融入你的日常行程，就算再忙也不要輕易放棄訓練。如果你有時間看電視、打電動、讀小說，或是與朋友聚會，那麼你應該就有時間可以運動。這不是說你沒有權利享受人生，但是你必須優先考慮完成訓練。

讓訓練變得更輕鬆、更愉悅

如果要你重新開始一段新的職業生涯，你會怎麼樣？

假使你原本是有多年歷練的藥師，現在要沒有修過任何教育學程的你突然轉換跑道，成為一名幼稚園教師，你的反應會是如何？再加上你要面對這些橫衝直撞的小怪獸們，我想你大概會焦頭爛額。這便是你的肌肉在面臨全新的訓練方式時，會產生的反應。

現代人經常過著揮霍的生活，享受著物質文明、豐盛的食物，但也伴隨著過勞工作，也就是說，我們經常從各方面過度刺激身體。類似的情況也出現在運動與訓練上，許多人經常在缺乏準備及體能不足的情況下，給予身體過多的負荷，這可能會導致過度的痠痛、精神萎靡，甚至是受傷。偶爾我會聽到一些人在談論運動過後是多麼的痠痛，以至於連走樓梯、坐下都有困難。嘿！這一點都不是進步的好方法，如果你的訓練已經嚴重到影響肢體活動了，那你隔天要如何在工作或訓練上拿出最棒的表現來？

這本書會循序漸進地將訓練計畫融入你的生活，能夠讓你的身體適應新的訓練壓力，並且快速地發展出足以負擔訓練的能力，這便是我在寫訓練計畫時使用漸進式超負荷的最主要原因，因為我是真切地希望你能成功。

如果你從來沒有肌力訓練的經驗，請每個動作以中強度做一組就好，然後今天就到此為止。剛開始時，用輕一點的重量、不必全力訓練，這沒有什麼錯，反而可以讓你了解身體對於新的動作有什麼反應，而且你也能知道在之後的訓練中能將自己逼得多緊。你將會隨著時間變得更加強壯。還有很重要的一點就是，想要獲得力量，並不表示一定得在訓練過後承受大量的痠痛。

每當我開始訓練新客戶，目標就是在數個月的課程中，運用良好的動作姿勢，將她們鍛鍊成強壯又有曲線的女人。我曾經看過一些女生即便從來沒有嚴重的痠痛，也能獲得非常驚人的力量進步，當然，合理範圍的痠疼是不可避免的，因為這是訓練的本質。

我必須承認，在頭次執行一個新的訓練計畫後，我會期待有著些許的痠疼，因為這表示我的確有鍛鍊到肌肉。但是，我還是要提醒你，過多的痠痛反而會影響訓練成效，所以不用刻意追求痠痛。高頻率的訓練可以大大地減少痠疼，在第一週的訓練過後，你會發現狀況越來越好，訓練後的痠疼會逐漸變少。

成為訓練強度的操控專家

如果在某些日子裡，你覺得自己比較疲累、無力或痠痛，那麼最好在暖身過後重新評估一下自己的感受。有時候，暖身過後會讓你的肌肉感覺好一些，讓你完成一次有品質的訓練，有時甚至可以意外打破你的個人紀錄；不過，有時在暖身之後，你可能反而感到更加疲累，這時你應該好好調整這次的訓練，以免糟糕的事情發生。千萬不要有「沒有痛苦，就沒有收穫」的想法，這可能對陸戰隊有效，但不適用於我們的翹臀曲線計畫。

一旦你變得更強壯，可能會將自己的身體逼向新的極限，連續兩個月每週都創下新紀錄，但是你得知道，身體終究還是需要一些休息。提醒一下，你的力量不會連續好幾年都線性成長。力量是會浮動的，有時候你的力量或許可以進步得特別快，然而有時候卻會停滯不前。你的體能會受到許多因素的影響，包括：上次的訓練內容、睡眠的品質、營養、生活壓力、荷爾蒙狀態，以及免疫系統的健康。

請聆聽你的身體，並做出適當的調整。如果你的下背部覺得緊繃，那麼就先不要做硬舉或早安運動，或許可以先改成單腳的臀舉、弓步蹲、高次數的背伸展，或是坐姿彈力帶髖外展。如果你的內收肌很痠，就先別做任何單腳的動作或深蹲，或可以選擇槓鈴臀橋、箱上深蹲、架上硬舉或站姿彈力帶髖外展。

如果你覺得全身疲累，可以減少當天的訓練強度，避免力竭，且專注於使用良好的動作模式。通常在幾天後，你會發現力量恢復了，甚至可能更勝以往。這個計畫最重要的地方，就是你要不斷地增進力量，如果你反覆受傷、過度痠疼，或總是過度訓練的話，是沒辦法持續進步的。所以，請聆聽你的身體，聰明的訓練。

要練就練全部

先不要管我為什麼反對女性使用各部位分開訓練的方式來打造體態，我們直接來看看為什麼全身的訓練才是你最佳的選擇：

★ **每個肌群可以得到更多的訓練頻率**：使用全身訓練，你可以每週鍛鍊到主要肌群數次。當你給予肌肉越高頻率的刺激，它就會長得越多。假如你想獲得最佳的體態，那麼一週鍛鍊數次臀部肌群，是不可或缺的。在這份計畫的每次訓練中，我都會讓你的臀部肌群感受到十足的活化與燃燒。

★ **消耗更多卡路里**：由於全身性的訓練必須驅動更多的肌肉，所以單次的訓練可以消耗更多的熱量。這代表你可以免於節食挨餓，翹掉不喜歡的有氧課程，然後增加肌肉且不長脂肪。而且你甚至還可能會消去一些脂肪。

★ **刺激更多的荷爾蒙**：當你一次運動大量的肌肉時，血液中的同化性荷爾蒙會暫時地上升。雖然這個現象在男性身上比較顯著，但長期而言，或許對於女性的肌肉生長還是有幫助。

週期化訓練的原則

首先，最重要的就是能大幅刺激臀部的動作，這類動作可能是臀橋或四足動作。這類動作可以讓你的臀部力量獲得最多的進步，事實上，你可以在槓鈴臀橋發現自己的臀部肌群劇烈收縮，製造出強大的力量，甚至讓你覺得臀部快抽筋了。如果你達到這種境界，那麼你絕對已經將臀部肌群活化到極限。不過，為了避免受傷的風險，請記得在真的抽筋之前就停止這一組動作。如果你現在還不了解啟動臀部的訣竅，那也別擔心，你會慢慢體會的。

我想，你可能會有這樣的疑問：「可是，布瑞特，我不是應該先做深蹲或硬舉嗎？」雖然在深蹲或硬舉前就讓臀部肌群疲勞，確實有損於你在這些動作的力量表現，但請你記得，這個訓練計畫是為了審美（跟身材目標有關）而生，而非健力（一種比賽力量的運動項目）的力量。有些訓練者會發現當他們開始將臀舉或臀橋動作排入訓練課表時，他們的硬舉或深蹲重量會下降大約10%，不過，也有些人發現先做臀舉並不會影響其他動作。我認為你不用煩惱這些，因為你正在打造理想中的臀部。所以，儘管先做臀橋吧，這會是一個最明智的策略。如果深蹲或硬舉的力量減少，那麼你可以些微降低深蹲或硬舉的訓練強度，這是沒關係的。如果無論如何你都想展現最強的深蹲或硬舉的力量，那麼你可以先做一組深蹲或硬舉，或許也可以創下一個新的個人紀錄。但我覺得，許多人對於力量的表現太過執著了，不過這通常見於男性，而非女性。

所以，我現在給你一個挑戰：每次訓練時，都以大重量的臀舉為開始。隨著你的臀部肌群開始有良好的反應，我保證你會逐漸愛上這樣的全新訓練方式。

這就引導出另一個問題，為什麼世界上有女人一週只鍛鍊她的臀部一次？藉由我所有學員的成效，我可以很勇敢地說，一週鍛鍊臀部數次，絕對遠遠比只鍛鍊一次還要有效。臀部肌群需要高頻率的刺激以獲得最佳成長。在使用這套訓練計畫後，你再回頭看看過往的訓練課表，就會知道為什麼以前你的臀部都鍛鍊得不好。

這套訓練計畫不僅尋求最理想的刺激，還具有訓練的多樣性，以防止一些會讓人停滯不前的舊習慣重新捲土而來。不過，你不必特地為了追求多樣性而讓訓練變得複雜，訓練計畫中的動作模式都是照著一定的範本，只是動作會有些許的不同。在每次訓練課程之間，你可能會變換重複次數，或是從雙邊動作變成單邊動作。舉例來說，你可能某天會做低次數的硬舉和深蹲，而下個訓練日你會做高次數的弓步蹲和單腿背伸展，這些都是類似的動作模式（深蹲、弓步，以及髖關節鉸鏈），但強調不同的關節動作範圍。你將會使用不同的站距、足部外旋、抬升、關節動作範圍、負重的姿勢，以及使用器材來做動作，但無論如何，你都是在整合這些針對臀舉、深蹲、跨步、推與拉的動作。至於上半身的訓練，在某些日子

你將會做水平推，某些日子做垂直推，某些日子做水平拉，而某些則是垂直拉。

翹臀曲線全身訓練範本

以下是你每個訓練日會使用的範本：

1. **臀肌主導的動作：**
   二至四組，5 至 20 下（參見 193 頁）
2. **水平拉或垂直拉的動作：**
   二至四組，5 至 20 下（參見 264、280 頁）
3. **股四頭肌主導的動作：**
   二至四組，5 至 20 下（參見 209 頁）
4. **水平推或垂直推的動作：**
   二至四組，5 至 20 下（參見 272、287 頁）
5. **髖關節、直腿髖關節主導或腿後肌群主導的動作：**
   二至四組，5 至 20 下（參見 231、248、259 頁）
6. **臀部輔助訓練：**
   一至二組，10 至 30 下（參見 204 頁）
7. **線性核心動作：**
   一至二組，10 至 20 下，或 30 至 60 秒（參見 292 頁）
8. **側向或旋轉核心動作：**
   一至二組，10 至 20 下，或 30 至 60 秒（參見 300 頁）

翹臀曲線臀部限定範本

這套範本相當完美，比起全身性訓練，更多女性偏好這套訓練，因為她們對於發展上半身的肌肉實在是興趣缺缺。

1. **臀肌主導的動作：**
   二至四組，5 至 20 下（參見 193 頁）
2. **股四頭肌主導的動作：**
   二至四組，5 至 20 下（參見 209 頁）
3. **髖關節、直腿髖關節主導或腿後肌群主導的動作：**
   二至四組，5 至 20 下（參見 231、248、259 頁）

4. **臀部輔助訓練：**
   一至二組，10 至 30 下（參見 204 頁）

進化為臀部燃燒戰隊

是的，我又要再次囉嗦這個話題了，但啟動臀肌對於你將來的成功而言，實在至關重要，因此我覺得應該再次提醒你。在整個訓練當中，你將會在每一個下半身動作專注於臀大肌的強化，不過，一開始時，你很有可能沒辦法好好感受到臀部肌群，反而是下背、腿後肌群、股四頭肌作用得更多。對於這樣的情況，你不能善罷甘休，應該要好好的專注於臀部，強迫它們在動作中貢獻力量。如果你花越多心思在啟動臀部肌群，神經系統就會遞送越多的神經衝動給予臀部肌纖維。在經過幾次的訓練後，你一定會有那種「啊！就是它了」那種臀部肌群奮力運動的感覺。你的臀部肌群將會更有力，其他的肌肉也會停止代償你原先虛弱的臀部。

在開始訓練計畫的兩個月內，你會逐漸感覺到自己的臀部肌群在做各種臀部運動時奮力燃燒，包括深蹲、硬舉、背伸展、弓步蹲、早安運動及臀舉。請記住我的話：在做背伸展、早安運動和硬舉時，你會感覺到收緊的臀部將軀幹拉起。在深蹲與弓步蹲時，你會感覺到臀部肌群施力將你抬升。在做臀橋與臀舉時，你的臀部肌群會劇烈燃燒，這便是你有在使用臀部肌群的最佳證明。

每當你在進行訓練或其他活動時，我也要你將意念集中在臀部肌群，這可能聽起來有點瘋狂，但的確可以造成很大的改變，不久後，你可能連遛狗時都能注意到，你走每個步伐時臀部肌群都有在收縮，這會成為自然而然的事。你越懂得收縮臀部肌群，臀部看起來就會越棒，你也會獲得越多自信。

器材：

以下就是本書所使用到的器材清單，大部分是從 www.Elitefts.com 或 www.PerformBetter.com 所購得。與其向你說明我工作室裡的所有器材，以及它們的使用說明，不如談談如何從零開始，如何從有限的預算開始購買，以打造一個居家健身房，以下就是我首先會購買的器材：

系列一	系列二	系列三
軟墊	框式健力架或舉重平台	競技型臥推椅
奧林匹公克長槓（Pendlay Bar）	（其上有單槓橋、雙槓訓練握把、	斜板臥推椅
深蹲架	起重高度設定工具、箱上深蹲專	坐姿軍式肩推椅
槓片	用箱）	羅馬椅
Airex 的平衡墊或深蹲護肩	雙滑輪多功能訓練機	45 度斜台
（這是為了包在槓鈴上做臀舉或槓	（其上有滑輪下拉機、繩索握把、	俯臥髖伸機
鈴臀橋）	單邊握把）	地雷管訓練組
有氧踏板與八片增高墊	德州健力槓	
（這是為了讓你能夠用適當的高度	槓片	
與難度進行臀舉）	啞鈴組	
彈力帶	庫克槓	
大重量的壺鈴（要做壺鈴擺盪）	（一種能用在雙滑輪多功能訓練機	
TRX 懸吊訓練套組	的直槓）	
可調整的訓練椅	六角槓	
抗力球	健腹滾輪	
Iron gym 門框健身器	硬舉助換架（能幫助讓你換槓片）	
止滑粉（可以大大增加握力）		

千萬別因為這一長串的器材而感到慌張，一般人確實很難備齊。不管你是居家徒手訓練或是能夠負擔設備充足的健身房，都可以實行翹臀曲線計畫。這只是要告訴你，將來可能需要做哪些動作，以及翹臀曲線計畫可能的變化形式。

訓練多年下來，我逐漸對於上商業健身房感到厭倦，如果你有額外的空間與預算，我認真推薦你試著打造一個居家健身房，這會是一個漫長的過程，會花上許多時間，但是最終你能夠擁有專屬於自己的最佳臀部訓練器材，可以放自己喜歡的音樂，在任何時間進行訓練，也不用排隊等器材，這些都是難以比擬的優點。

不合常理卻行之有理的方法

當你初次看到這份範本，大概會覺得它很簡單，但你得知道我花了許多時間與努力，才有了這套訓練計畫。

這裡頭涵蓋了正確訓練量的推與拉動作、水平與垂直動作、身體的後側與前側、上半身與下半身、核心與四肢肌群，以及任何你可以想得到的對稱性。這對於運動傷害的預防來說是相當重要的，不受傷才能夠練得久，並且不斷進步。

這份範本能夠確保你的動作模式不會變成以股四頭肌主導，也就是說能夠防止大腿前側與後側的肌力失衡。在有健身經驗的女性身上，經常出現大腿前側過度發達的現象，因為她們經常進行一些鍛鍊腿部多於臀部的動作，例如：腿伸展機、腿推舉機、撐靠式深蹲機器，以及任何要你坐著進行的機械器材，所以你應該發現了，這個訓練計畫裡沒有任何這類腿部主導的機械器材。

我所選擇的動作，都是以臀部肌群為最優先考量，臀部肌群用得越多，成效自然越佳。事實上，我認為由髖關節主導且需要大量臀部肌群的動作非常重要，所以我在翹臀曲線計畫安排了更多髖關節主導的動作（臀舉與羅馬尼亞硬舉），其分量是股四頭肌主導動作（深蹲與弓步蹲）的兩倍。

對於上半身運動來說，請維持你一整週內水平與垂直推拉的訓練量是均衡的，假設你正在執行一個一週練四天的計畫，那麼請你一週練水平推拉兩次，垂直推拉兩次。但要是你一週的訓練天數是奇數，那麼建議你多做一點水平的動作。假設一週練三天，那麼兩天做水平推拉，一天做垂直推拉；如果一週練五天，那麼三天做水平推拉，兩天做垂直推拉。這麼做可以確保你的肩關節能發展均衡的力量與穩定性。本書的訓練計畫都有遵循這些原則，如果你將來想要設計自己的計畫，不妨做為參考。

你現在可能搔頭不解，為何我要告訴你這些繁瑣的事，但其實我是在把私藏的訣竅告訴你，我希望你在試過本書的訓練計畫後，也能創造出專屬於你自己的，然後邁向成功。

我花費數年的時間埋首於研究之中，不是為了要將我所獲得的知識藏為己用。我想要你嫻熟於設計與創造課表，讓你不管走進哪家健身房，都有自信能夠搞定訓練。我認為，教練們應該教導客戶捕魚的方式，而非餵魚給他們吃，否則久而久之他們會失去獨立的能力。所以我希望你能夠逐漸具備能力，並且充滿自信的、在沒有我指引的情況下，將自己的力量提升到新的境界。

該休息嗎？

其實，休假出遊不代表你就得中斷運動，你住的旅館裡可能就有運動設備，你可能會在旅行中健行，或者你可以將運動融入其他活動，並同時逃離忙碌的生活。但是，有時候你真的需要暫停運動一陣子，偶爾休息一下其實很好，你的力量甚至在休息過後可能會意外的成長。不過，我們會為每次的休息做一點準備，用的方法是「計畫性超量訓練」（planned overreaching）。那麼你該如何執行呢？你需要漸漸增加訓練量（組數與次數），大概每個動作多做一、兩組，或是額外多做一、兩種動作，以及漸增訓練強度（辛苦的程度），每組動作都比以往更逼近力竭，然後直到你休假開始。在這之後的幾天，你可能會感覺

到有點疲累，但你的臀部肌群會持續成長，所以請好好享受你的假期，充電幾天後，你又可以重新開始運動了。

假如你還是想在休假出遊時做訓練，那麼請你帶上這本書，「十二週居家徒手翹臀計畫」會很適合你。你可以從這個計畫的第一週開始，或是從你原先使用的計畫接續上去，例如，你原本的計畫已經做到第五週，那麼你就可以換成做「十二週居家徒手翹臀計畫」的第六週。

堅持計畫，但創造變化

隨著訓練經驗的成長，你會更了解自己的身體，並為訓練範本做些調整。每個人的生理與解剖構造都有些微的不同，因此，訓練計畫也勢必要有些許差異。我提供的這些訓練方式可以做為你的起步，但我希望你能夠學會根據你對訓練動作的反應，來調整計畫。

你可能會發現你比較喜歡多做或少做某些種類的動作，或是某些動作你會偏好做高次數或低次數，甚至只是改變動作的順序，也能讓你獲得更好的成效。一旦你完成了本書的任何一個計畫，你可以對自己做個實驗看看。別害怕，有了新的嘗試才能找出什麼方法是最適合你的。不過，我還是建議你不要偏離我原始的範本太多，畢竟這是一套經過千錘百鍊的訓練計畫，值得你遵循。

再者，你應該好好地享受訓練並愛上你的計畫，因為這樣的心態是決定成功與否的關鍵。如果你知道某個動作的效果很好，但是一想到這個動作就頭痛，那你應該妥協，跟自己談判看看，要是你能夠做得比先前的最佳紀錄還要好，那麼這個動作可以做一組就好。假設啞鈴跨步蹲對你來說很痛苦，那麼你就想辦法比上週的紀錄次數再多做幾下，然後今天做完這個動作就結束。要記得，與其半吊子的對待這個動作，你更應該要用正確的動作、適當的強度來完成它。

根據我的個人經驗，我無法承受高重複次數的深蹲與硬舉，而這正好是訓練下半身肌肥大

的最佳方式，但一想到這樣的訓練方式，就讓我不太舒服。我跟自己妥協的方式，就是做這兩個動作時，把重量做重一點，但次數也少一些。而其他我比較喜愛的運動，則會次數做多一些，例如臀舉、高登階及背伸展。我也不是很喜歡在單腳的動作做高次數，如果要我一次做四組的跨步蹲、單腳羅馬尼亞硬舉、單腳臀舉，我會像被強迫洗衣服的小鬼頭一樣，把它們都丟到一旁，假裝看不見。但是，我很清楚這些單腳的動作是不可或缺的，所以我會盡全力完成一組，就做這麼僅僅一組。

每天都變得更強壯

此刻你可能只是健身之路的新手，或許連弓步蹲或徒手深蹲都做不好，你不必氣餒，這沒什麼關係，反而代表著你的臀部肌群還有很多進步空間。羅馬不是一天造成的，每一位擁有女神般身材的女生都曾跟妳一樣，現在的成果是一點一滴從頭累積的。請忽略任何速成方法，因為實際上它並不存在。認真長期地執行這套計畫，你會知道這能夠為你帶來一輩子的好身材與健康，只是你得花時間試試。

我有許多客戶都會先進行徒手的深蹲、弓步蹲、臀橋及 45 度髖超伸，過了兩、三個月後，這些客戶每個都有辦法使用槓鈴與槓片做深蹲、臀舉，拿起沉重的啞鈴做弓步蹲與背伸展，甚至執行一些更困難的動作。

每隔半年，你重新檢視自己時，會發現自己變得比先前更加強壯。不過，正如先前提及的，進步並非呈線性走勢，你可能頭半年進步得極為神速，然後進步速度會漸漸慢下來。例如，現在要我臀舉紀錄加重十磅是極為困難的，但是在剛開始訓練時，我的確可以每週進步十磅。

你可以進步多快，取決於先前的訓練經歷，你可能每週都有顯著的進步，但也可能要數個月才能看見些微的長進。我指的是肌力訓練，你得舉起可觀的重量才算數。假設你先前只是參加健身房裡的有氧課程，或是過去十年來只拿過十磅

重的啞鈴，那麼這個訓練計畫絕對會為你帶來很大的改變，只要你肯敦促自己。

成對的超級組，讓你成為超級英雄

超級組是由成對的兩個動作組成，這兩個動作會使用不同肌群，例如上半身動作搭配下半身動作，這樣的搭配能夠在有限的時間內達成更多的訓練量。因為減少了一些休息的時間，你的身體必須承受更多代謝壓力，如此脂肪會燃燒得更快速。在每一份十二週計畫的表格內，超級組會用「A1、A2」或「B1、B2」標示，這表示你做完一組 A1 動作後，要緊接著做 A2 動作。做完了這兩組後，休息 60 秒，接著再繼續，直到做完所有組數。

當健身房裡有很多人時，一次占據兩項器材可能會有點自私，所以要一直進行超級組是不太可行的，這時候就選擇做直線組（straight sets），先把一個動作的所有組數都做完，然後再去做下一個動作。

訓練一輩子

本書是以長遠的眼光而寫下的，足以讓你受用一輩子，而非只是讓你花一個月的時間運動。本書的內容足夠讓眾多女性族群受益。而關於訓練方法，我也將不斷地探索與實驗，直到有新發現時，便會更新。

我在本書中收錄了許多進階動作，雖然現在你的能力或許不足以進行這些動作，但只要你持續訓練，終究會獲得足以駕馭這些動作的能力。大部分的肌力訓練書籍都會省略進階動作，因為這可能需要特殊的器材，而且大部分的讀者可能無法實行。但是，除了給予你一套能夠用一輩子的訓練計畫外，我也希望你能夠找到屬於自己的、打造終極臀部的方法。數年後，你可能加入了更高檔的健身房，可能打造了自己的健身房，並且達到自己想都沒想過的境界，到時，請你寄封電子郵件給我，因為我想要為你的成就送上喝采。

請記得，使用超級組時，下半身的訓練組數最好跟上半身相同，我在每個訓練計畫中都是如此設計的，所以當你在設計自己專屬的計畫時，不妨也這麼做。在訓練當中，你大概只能安排兩對超級組，如果所有的訓練內容都以超級組進行，在體力恢復受限的情況下，你的力量會減弱，臀部也就無法從訓練中獲得最大的成效。如果你看得一頭霧水，沒關係，當你看到訓練計畫後，就會知道我在說什麼了。

組間休息

在進行需要大肌群或能量消耗較多的動作時，例如深蹲或硬舉，組間休息大約是兩分鐘；而單關節的動作、能量消耗較少的動作時，例如：坐姿彈力帶髖外展或俯臥髖伸，組間休息只要 30 秒就好。而當你進行超級組時，兩組動作後可以休息一到兩分鐘。你可以帶個手錶看時間，或是注意一下牆上的時鐘。時間不一定要非常精準，但是稍微估計一下休息時間是件好事，可以避免你休息太久或可能休息不足。

我只是想要好看的臀部！

我有一些客戶只想要訓練她們的下半身，如果這就是你理想中的訓練模式，那麼本書中的臀部限定計畫應該會是你想要的。我設計了下半身限定的美臀曲線計畫，滿滿都是活化臀部的動作。你可以發現計畫中沒有任何的超級組，因為每一個動作所使用的肌群都是重複的。如果你選擇這套計畫，這麼請遵循計畫設計的原意，不要使用超級組。

已經訓練過數百位女性客戶的我，可沒有愚蠢的認為大部分女性只想訓練下半身。正好相反，根據我的經驗，許多女性都非常樂於做上半身的動作，而且當她們終於有能力做出第一個標準的伏地挺身或引體向上時，都難以掩飾自己的成就感，非常地雀躍。

凱莉's Tip

即便是在進行新手豐滿臀部計畫，你的上半身也會從複合式動作獲得一定的訓練量，上半身會變得更有線條，但肌肉量的成長不會太明顯，這有助於將你全身的線條打造更勻稱。

不過，我還是想讓大家理解下半身限定可能對女生來說是最好的方案，理由是這樣的：當我開始有自己的工作室後，我請女性客戶從一堆擁有不同身材的女性照片中選擇最理想的體態，而較多數的女生會選擇潔西卡・貝兒（Jessica Biel）2007 年在 GO 雜誌上的照片。她們會說：「就是她了！這就是我理想中的體態，你有辦法讓我變得看起來跟她一樣嗎？」這一點都怪不了她們，因為潔西卡・貝兒在照片中真的看起來棒極了！

當女性的體脂肪開始下降，上半身和腹部的肌肉線條會逐漸浮現。事實上，儘管臂圍很小，但隨著體脂肪下降，女性的手臂變化也很可觀。所以，想擁有好看的上半身祕密，就是透過飲食與訓練讓自己變得更精實，而減少體脂肪最棒的訓練，就是高強度訓練。

如果你做過高次數的臀舉、大重量的深蹲或硬舉、啞鈴負重的跨步蹲或背伸展，就知道這些運動是多麼的消耗體力，讓你心跳加快、氣喘吁吁。也就是說，臀部運動不只可以打造完美臀部，更是打造上半身體態與核心肌群的祕密。

當然，若要說我有本事讓每位客戶都變得跟潔西卡・貝兒一樣，那是騙人的。但我知道，如果她們想要獲得最接近潔西卡・貝兒的身材，那麼方法就是遵循這本書的訓練，其中最有效率的捷徑就是「下半身美臀曲線計畫」。我知道潔西卡・貝兒的身材每一處都好看，包括雙腿、臀部、背部與肩膀，但請記住我的話：如果你能在本書訓練計畫中的臀部運動舉起大重量，同時減去一些體脂肪以達到理想體重，那麼你的身材絕對會變得非常美麗！不過，大部分的女生都會想要額外鍛鍊上半身與核心肌群，那也是相當好的。

請停止六塊肌狂熱

腹肌訓練其實不應該出現在妳的字典中，而且妳絕對不該每週參加好幾次健身房舉辦的半個多小時的腹肌訓練課程。雖然妳可能會覺得多練一點腹肌，腹部脂肪會消得比較快，但遺憾的是，這種方法行不通。肌力訓練不僅會增加肌肉的力量，也會增加肌肉的大小，妳不斷的訓練腹肌，只會讓腹肌變大，並不會讓脂肪減少。

事實上，妳是在增粗自己的腰圍，而不是在燃燒腹部脂肪。世界上並沒有所謂的局部燃脂運動，「局部減脂」的迷思已經被無數研究否定。沒有「練哪裡就瘦哪裡」這種事。減脂是全身性的代謝反應，妳要做的事就是讓吃進去的卡路里小於所消耗掉的。

對女性來說，脂肪通常由最豐富的地方開始減去，所以腹部脂肪很可能是優先燃燒的地方，但長時間的腹部訓練絕對不是消去腹部脂肪的好方法。

翹臀曲線計畫會將核心運動排入每一次訓練課程的尾聲，你將會執行兩種針對不同部位的核心運動。只要這些動作與訓練量，就足以刻劃出腰部的線條，如果再多練一些，搞不好腰圍就會開始增加。再者，大重量的複合式動作已經能夠給核心肌群一定的刺激，所以你也不必再以永無止盡的腹肌運動來殘害你的核心肌群。現在，妳還渴望大大地增加腹直肌與腹橫肌的肌肉量嗎？想想吧！

凱莉's Confession

我的腰圍非常小，但它原先不是這樣的。我在高中時，每天做兩、三百下仰臥起坐，一週練五天，過了好幾年後，我終於理解到，這樣的作法反而會讓我遠離那夢寐以求的 X 形身材，無異於緣木求魚。所以，我將腹部運動的次數減少，一週不超過兩個動作，結果這大大地改變了我的腰部曲線。

在尋找動作祕方的路上

你將來可能會遇見許多以大師姿態行銷自我的人出現在健身界。這些人本質上是行銷商人，卻偽裝成訓練大師。他們會宣稱擁有獨到的祕方，願意放棄大把鈔票跟你分享。這些偽大師可能會想出各式奇形怪狀的動作，對你說這能馬上豐滿你的臀部，但實際上他們一點都不懂得有關臀部肌群肌肥大的科學，也沒有實際例子證明他們的方法有效。然而，關於如何鍛鍊出更翹挺的臀部，背後是有科學根據的。

踏入這個圈子的數年來，我已經見過無數這樣的案例。例如：皮拉提斯和瑜伽能夠「讓你的肌肉變得細長」，感謝這樣的事情實際上並沒發生，因為要是肌肉能夠輕易地變長，那麼它們就無法好好穩定關節了。再者，許多這類的運動都

運動會帶來某種不那麼受歡迎的快感

我曾經有一位女性客戶，她總是在做特定動作時微微地扭動身軀，儘管我已經三番兩次地提醒她，身體應該保持緊繃。有一天，她終於鼓起勇氣告訴我，她會不自覺地扭動身體的原因，是因為當她在做特定動作時會感受到高潮。我從來沒聽過這回事，不過我相信她。她解釋，她也不想讓這樣的情況發生，因為時機不對，令她羞赧。

最近有研究顯示，大約有 15% 的女性在運動時會意外地感受到性高潮，不過我滿確定這個數字應該是被高估了。這個現象在科學術語上稱為「運動誘發型高潮」（exercise-induced orgasm, EIO），但健身界用的詞彙是「核心高潮」（coregasm）。這其實不是什麼新玩意兒，早在 1953 年時，性學家阿伯特·金斯理（Albert Kinsley）就描述過這個現象。大約有 51% 的運動誘發型高潮是與下腹部運動有關，例如，使用將軍椅做抬腿運動、反式捲腹，或是其他的腹部運動，通常是做到 15 下之後出現。

有過此經驗的女性在做運動時，腦袋裡其實沒有關於性的念頭，以至於讓她們感到很尷尬。如果你也有過類似的經驗，請不要感到羞恥，如果你覺得高潮快來了，可以提早結束這一組，或者把這個麻煩的動作帶回家做。不過，其實你也可以隨它去，反正旁人不會知道。

沒有漸進式超負荷，例如：拳擊有氧與飛輪有氧可能會透過反覆動作而讓臀部感到痠疼，但是很顯然地，耐力型運動員的臀部大小遠遠比不上爆發型運動員，所以用有氧運動來發展臀部肌肉，是不理想的。衝刺與增強式訓練對於臀部發展來說也是不錯的運動形式，但還是無法強化臀部到極致，因為肌肥大的一些關鍵生理機制沒辦法在這些運動中獲得滿足。壺鈴可以提供有效率的臀部運動，但槓鈴又更勝一籌。還有很多比較可以繼續講下去，但我們先到此為止。

比起什麼運動都不做，上述提到的一些運動可以明顯增強臀部肌群，然而這些運動都比不上經過規畫的阻力訓練。健美選手精通於發展肌肉與降低體脂肪，如果有什麼方式特別有效，他們一定會採用，那就是使用各式各樣的負重方式：徒手、啞鈴、槓鈴、彈力帶及壺鈴；使用各式各樣的動作，做完向心收縮與離心收縮的全程動作；使用各種不同範圍的重複次數，如此一來便能滿足我們先前所說的肌肥大三大機轉。

所以，專注於讓自己的臀部訓練動作變得更強，保持良好的動作模式，不斷地啟動臀部肌群。鍛鍊臀部就是這麼一回事，如果你有做到，那麼絕對錯不了。

關於減脂，根據不同的訓練程度，只能達到一定的效果。要知道，大部分的新手只能在每分鐘的訓練中消耗 5 到 10 大卡，而進階的運動愛好者則可以每分鐘消耗 15 大卡，甚至高強度訓練在短時間內可以消耗超過每分鐘 20 大卡，但這樣子的訓練強度無法維持太久。所以，大致上來說，一個中階的運動愛好者大約一個小時內可以消耗 600 大卡。如你所見，這不是一個非常了不起的數字，所以我們必須同時搭配飲食，以獲得更好的成效。

> ### 臀部有趣小知識
> 簡單的徒手深蹲通常能啟動股四頭肌到最大自主收縮的 60%，然而針對臀部肌群只有 10%，這也是為什麼女性們經常在深蹲中只感受到股四頭肌而非臀部肌群。

許多人都聽過高強度間歇訓練（high intensity interval training, HIIT）可以產生後燃效應，也就是當你停止運動後，身體還是會持續地燃燒卡路里，但其實重量訓練也可以達到這樣的效果。事實上，大重量、高強度的阻力訓練，比間歇性衝刺更加耗能。

根據我的經驗，使用重量訓練來消耗熱量，也比長時間做心肺運動輕鬆多了。如果你不必成為跑步機的奴隸，就能節省一些時間，肌肉也會有更多時間能夠修復並變得強壯。身體的復原更好、肌肉更加強壯，也代表著每次的訓練品質會變得更好。我希望你能夠理解：阻力訓練正是追求好身材的途徑。

橘皮的真相

青春期過後的女性有過 95% 會有橘皮組織。橘皮組織是一種結構上的失調，皮下脂肪脫離原本存在的纖維結締組織，造成皮膚出現小凹陷。橘皮組織最常出現在臀部下方與大腿後側，不論你的 BMI 是多少，都可能出現。

直到目前為止，還沒有切確的說法能夠解釋橘皮組織出現的原因，以及為何它會如此盛行。基因的影響占了很大的一部分，女性比男性更容易出現，高加索人種的女性比亞洲女性有著更高的盛行率。

過多碳水化合物伴隨著高胰島素狀態，會促進脂肪生成，也可能與橘皮組織有關。久坐式的生活影響局部血流，可能讓局部組織有更容易產生橘皮的傾向。懷孕會增加泌乳激素與胰島素，這兩者會增加水分滯留與脂肪生成，進而加劇橘皮組織。減重有機會能夠改善橘皮組織的嚴重度。

雖然坊間有許多宣稱能夠治療橘皮組織的方法，從塗抹的乳霜到一些比較侵入性的治療，但目前還沒有單一治療是完全有效的。

我的看法是，既然 95% 的女生都有橘皮，那麼即使妳有橘皮也不必感到煩憂，妳並不是少數。翹臀曲線計畫能夠幫助妳縮小脂肪細胞，並

且打造性感的曲線，要是妳有了驚人的翹臀與令人欣羨的腿部曲線，還有誰會在乎那些不起眼的橘皮？做好妳可以做的事就好，如運動、飲食與正確的生活習慣，不必擔心那一點點的橘皮。

成為翹臀大使前應該好好思考的事

關於飲食與運動，有兩件事你應該好好銘記在心：

1. 打造完美的體態需要時間。
2. 你的身體得陪著你一輩子，請好好照顧它。

你會發現許多的飲食偏方雖然可以帶來快速的成效，但是它們不一定能為你帶來健康，更別說很多事是難以長久維持的。許多運動員會用極端的飲食方法來做賽前準備，而這種方法不僅成為運動競技場上的主流，更流傳到一般女性之間。拳擊手可以為了過磅成功，而在一個晚上減去 13 磅；舞台上的健美選手在幾天之內脫去大量水分，用以展現更多的肌肉線條。

然而，這些方法能夠為你帶來什麼好處嗎？老實說，幾乎沒有，除非你能得到周詳的監督與指導，不然這很可能對你的身體造成傷害。除此之外，這些方法都不是真正的解決之道，並不能長久維持。

如果你的目標是希望能長久地增進健康並改善體態，最好摒棄這些極端的作法。如果你想要速成，請你闔上這本書，拿去退貨吧。翹臀曲線計畫需要一些時間才能為你帶來成果，但實際上，所有好計畫都需要時間。

無論如何，可以肯定的是，你有機會在執行訓練計畫數週後得到滿意的成果，而且還能夠持續進步，不像許多過度吹捧的飲食偏方會有反彈復胖的現象。我真切希望你能持續進步，看不到終點，每天每年每月都為了變得更強壯、更精實、更有勇氣，而堅忍不懈的鍛鍊自我。

我有一些相當珍惜的電子郵件，是來自好幾年沒碰面的學員，他們偶爾會傳訊息告訴我，他們最近練得如何，是否又打破了個人紀錄，體態又更進步了，過了兩年、四年，甚至六年後，他們依然會使用我的方法，他們感到相當有自信，因為他們看起來比身旁同年齡的人年輕許多。

我的目標是讓你整個人變得更加強壯，尤其是你的臀部肌群，我也希望你能夠充分使用你的肌肉，用正確的飲食滋養你的身體，然後改善身體組成。這些目標都是彼此相關的，你不太可能只達成其中一項，而另外兩項放著不管。如果你不吃得正確、練得恰當，你的身體是不會改變的。

聊聊有關體重的議題

我十分贊同我的客戶們每週應該要量一次體重，因為我覺得這會讓他們誠實面對自己。我的客戶都知道他們必須在每週的第一次訓練課程前站上體重計，然後體重計就會宣告他們的祕密數字。不過，我建議你在解讀這些數字之前要好好思考一番，因為體重會隨著許多因素浮動，除了肌肉與脂肪的因素之外，還包括：一天內的測量時間點、脫水的程度、最近吃了多少碳水化合物，以及你在月經週期的哪個時期。

每週在家測量體重，能夠確保你的方向與作法是正確的。如果你把體重計丟掉，只是憑穿衣服的感覺，很可能會為自己種下失敗的種子。例如，你的牛仔褲變緊了，使你認為自己沒有朝目標前進，然後就將這本書丟進垃圾桶裡。事實上，你的牛仔褲變緊，可能是因為臀部和大腿的肌肉增加了，而且你有可能減去了好幾磅體重。你的體重計可能告訴你：「嘿！不錯喔！你已經減了三磅。」所以不要低估體重計的效用。

另外，如果你都不量體重的話，計算卡路里也會變得更困難。你所需的卡路里有很大一部分取決於你的體重與目標，例如，潔西卡・貝兒是五呎八吋高（約 172 公分高）、115 磅重（約 52 公斤），假設妳的目標是想擁有跟潔西卡・貝兒一樣的體態，得先知道妳與她的數值相差多少。此時此刻，妳的首要目標可能是減重，一旦到達理想體重後，終極目標就是維持一定的體

重，並透過訓練來改變身體組成（也就是增加肌肉並減少脂肪）。如果妳不知道自己的體重是多少，要如何維持體重呢？

但是，必須要小心地使用體重計，不要每次吃完東西就緊張兮兮地量體重。試著在每週的開始或結束時量一次體重，同時也請記得，在你剛執行訓練計畫時可能會重個幾磅，不過這幾乎都會是除脂體重。

身體組成方面，另一件要注意的事是：如果你正在追求理想體重的路上，可能會花上好幾個月，不過這要根據你距離目標有多遠而定。但要記得，體重只是這場戰役的一半，另一半可能會花上你好幾年的時間去達成，但這就是肌力訓練有趣的地方。好看的體態為何令人羨慕是有原因的，其中之一就是轉變需要努力，然而，大部分人都沒有膽量與決心去實現他們的潛能。所有事情的關鍵都只在於恆心。

相同重量下，肌肉的體積大約比脂肪少了20%，所以保持體重恆定但身材小一號，是有可能的。

這情節經常在我的工作室上演，一堆女人邊抱怨邊吹噓她們的衣服變得不合身，所以必須去大肆採購一番。不過，她們的體重計卻沒顯示什麼改變。這故事讓我們知道，你的體重計無法告訴我們完整的故事，所以，最好能記錄你的腰圍、臀圍與腿圍，至少一個月一次，這樣才能確保你有發現自己的改變。訓練一陣子之後，你可能會發現自己的體重維持不變，但圍度卻有令人訝異的變化。

測量這些數據的最終目的，就是要透過各種回饋機制，讓你知道自己是否在進步的路上，並讓你保有持續努力的動力。所以，清楚知道你多重、圍度多少、衣服是否合身、你在鏡子前看起來如何、你能舉起多大的重量，這是很重要的。

Chapter 8
成為終極的健身紀錄者

訓練日誌是一個可以將厲害的健身者和偶爾現身在健身房的人區隔開來的工具。好好記錄你的健身內容，能確保你在這個課表裡獲得足夠的進步，同時也能讓你維持動力，並努力邁向更遠的目標。「翹臀曲線計畫」著重在漸進式超負荷，在為期四週的訓練中，你將為每個訓練增加負重或增加訓練次數。雖然我很希望你擁有像大象一樣超強的記憶，但最好還是把所有東西都記錄下來，而不是憑著你僅存的記憶來回想上次練了什麼。

在每個為期十二週的課表後面，你都會找到一份空白的表格，讓你可以把訓練的內容填進去。你可以多影印幾份帶到健身房，或者是記錄在筆記本上。你不需要花很多錢買什麼花俏的健身日誌，一本簡單的筆記本就夠用了。如果你能夠把健身和營養攝取的情形記錄在同一份筆記本上，將會更成功。

在你的健身日誌中，記下日期，也記錄你當下的體重（每次都要用同一個的體重計）。在日期下面，寫上訓練動作的名稱、使用重量和每組的重複次數。這些在表格中都已經為你設計好了，可以直接影印。

當你展開一週的訓練時，先往前翻閱日誌，看之前某項運動的紀錄。如果你上一次的徒手背部伸展一組做了 16 下，下次就試著做 18 下。儘管你的肌力無法每週都進步，仍可以嘗試持續增加重複次數，或是增加某幾個特定運動的負重。我鼓勵你寫筆記，例如記錄這個重量對你而言是太輕或太重，或下次有哪些技巧要注意。以下的訓練日誌是關於單一訓練的範例。

初學者的課表 A：第 5 ～ 8 週訓練日誌

日期：2011/11/15　　　　　　　　　　　　體重：135 磅

動作	第一組	第二組	第三組
A1 徒手臀舉 3 組，10~20 下	重量　徒手 次數　13 下	重量　徒手 次數　12 下	重量　徒手 次數　10 下
A2 坐姿划船 3 組，8~12 下	重量　40 磅 次數　10 下	重量　40 磅 次數　9 下	重量　40 磅 次數　8 下
B1 高腳杯深蹲 3 組，10~20 下	重量　20 磅 太輕 次數　20 下	重量　25 磅 次數　18 下	重量　25 磅 次數　16 下
B2 槓鈴臥推 3 組，8~12 下	重量　槓鈴 45 磅 次數　8 下	重量　槓鈴 45 磅 次數　8 下	重量　槓鈴 45 磅 次數　8 下
槓鈴羅馬尼亞硬舉 3 組，10~20 下	重量　70 磅 次數　15 下	重量　70 磅 次數　15 下	重量　70 磅 圓背了 次數　15 下
側姿髖外展 1 組，每側 15~30 秒	秒數（左側）20 秒數（右側）20		
俄式平板撐體 1 組，20~60 秒	秒數 35		
側平板撐體 1 組，每側 20~60 秒	秒數（左側）30 秒數（右側）30		
備註	這個星期感覺比較強壯	訓練前三個小時有吃東西	需要加強硬舉的姿勢

設定個人的肌力目標

肌力與你本身的條件和基因非常相關，例如你天生的體型、身形比例、肌腱終點的位置、肌肉纖維的組成比例（第二型的肌肉纖維比第一型強壯），還有天然荷爾蒙的高低等等。因此，你對於某些動作會比較擅長，但是做某一些動作時會讓你像隻瑟縮的小弱雞一樣。

我們會因為見證他人的成就而感到激勵，但在訂立自己的目標時也要有正確觀念。如果你無法在沒有輔助的情況下完成引體向上，不要認為自己是失敗者，也不要因為無法徒手分腿蹲五下，就把毛巾給扔了。你將會完成這些任務的，只是需要一些時間練習。妳必須先從某處起頭，而這可能是許多強壯的女性不久前才開始的位置。

美國疾病控制與預防中心（CDC）指出，在2003 至 2006 年間，美國大於 20 歲的女性，有64% 的身體質量指數（BMI）大於 25，這被認為是過重或肥胖。雖然這些數字可能不太正確，因為可能包含肌肉量很高的人（但肌肉量多的人只

是少數）。至於剩下 36% 體重正常的女性，大概只有三分之一有做阻力訓練。這代表只有 10% 的女性同胞在與妳較勁肌力。我大膽假設，如果妳能做一個引體向上，上肢肌力大概就贏了 95% 的女性。換句話說，如果你隨機抽樣一百位女性，能由靜止懸吊的姿勢開始，做出全關節活動度且沒有輔助的引體向上的人，大概不會超過五個。如果妳的程度還不到那邊，要知道努力朝向這個目標前進，將會讓妳比大多數的女性還強壯。

有些女性將她們對於女性肌力的認知，建立在健身房看到的進階重量訓練者。如果妳也是這樣，我建議妳可以看看下面這個貼近現實生活的量表。在數年前的某個時間點，我曾有超過三十名的女性客戶，我嘗試連續好幾個週期都親自訓練她們。雖然我最強壯的女性客戶可能會覺得這個量表有點「簡單」，但如果考慮到整個女性健身族群的話，這個量表應該算是精準的了。

如同先前所提及的，身形比例對於肌力扮演極重要的角色。例如，對於股骨長的高挑女性而言，做前蹲舉可能只能負重空槓，但做硬舉卻可以舉超過 135 磅，這樣的情況並不少見。大多數

女性肌力對照表

動作	初階	中級	進階	菁英
背蹲舉	徒手 10 下	45 磅 10 下	95~135 磅 10 下	135~225 磅 10 下
啞鈴跨步蹲	徒手 10 下	20 磅 10 下	30~40 磅 10 下	40~60 磅 10 下
伏地挺身	0	1~8 下	8~20 下	20~40 下
臥推	0	45 磅 10 下	65~85 磅 10 下	85~135 磅 10 下
啞鈴臥推	20 磅 10 下	20 磅 10 下	25~35 磅 10 下	35~50 磅 10 下
上斜臥推	0	45 磅 10 下	65~85 磅 10 下	85~115 磅 10 下
啞鈴上斜臥推	15 磅 10 下	20 磅 10 下	25~35 磅 10 下	35~50 磅 10 下
軍式推舉	0	45 磅 5 下	45~65 磅 10 下	65~95 磅 10 下
啞鈴軍式推舉	10 磅 10 下	15 磅 10 下	20~25 磅 10 下	25~35 磅 10 下
硬舉	45 磅 10 下	65 磅 10 下	95~185 磅 10 下	185~275 磅 10 下
臀舉	徒手 20 下	45~95 磅 10 下	95~185 磅 10 下	185~275 磅 10 下
啞鈴 45 度髖超伸	徒手 20 下	10~20 磅 10 下	20~50 磅 10 下	50~100 磅 10 下
反握引體向上	0	1~3 下（離心）	1~8 下	8~15 下
單臂划船	20 磅 10 下	25 磅 10 下	30~40 磅 10 下	40~60 磅 10 下

女性的臀舉紀錄可以超過深蹲，且硬舉又可以比臀舉舉得更重。而一名上身纖細、下肢豐滿的女性，可能再怎麼精實、強壯，都無法做引體向上。但是，徒手俯臥髖伸對這類體態的女性而言也是很棒的動作，因為她上下肢體重的比例，使這個動作格外有挑戰性。但相反的，45度髖超伸就相對簡單，需要握著啞鈴以增加難度。

另一個影響實際肌力的重要因素是，你是否以全關節活動度進行動作，這才是合格的肌力測量方式。有些女性可以微蹲舉95磅10下，可是相同的重量，卻連一下平行蹲或深一點的蹲舉都不行。同樣的，有些女性可以做三下局部的引體向上，但如果要由靜止懸吊的姿勢，可能連一下都做不起來。我也看過有些女性宣稱她軍式推舉可以做多重，但當我要她由肩膀的高度開始推至最高點，同時要維持不拱背，又是另一回事了。

基本上，即使是有重量訓練經驗的女性，來到了我的健身房，也沒有能力做出槓鈴全蹲舉。如果你是新手，建議你還是由徒手訓練開始，以確保你有足夠的活動度、穩定度和動作控制的能力。藉由增加柔軟度、活化臀部肌肉，以及學會穩定核心，以建立良好的基礎。除此之外，還要鍛鍊肩胛肌群，讓你可以做出正確的動作模式。另外，當要嘗試不同的關節活動度、重複次數、阻力大小，以及各種運動變化時，要循序漸進的挑戰。例如，從徒手深蹲轉換到槓鈴深蹲之前，可以先做高腳杯深蹲為銜接；練槓鈴臀舉前，先練槓鈴臀橋；練硬舉前先練架上拉。

凱莉's Note

如果妳是屬於前述量表中「進階」或「菁英」的重量訓練者，儘管為自己感到驕傲，因為這是靠妳長期努力而獲得的成果。不過值得注意的是，表格中菁英的範圍很廣。如果妳已經屬於菁英，可以為不同的運動訂定更高的目標。希望這個量表可以幫助妳以正確的觀點維持肌力。像我自己本身的下肢訓練很強，但我的上肢訓練仍停留在進階而非菁英的範圍，所以我會持續努力以期突破。

關於上肢訓練，啞鈴被當作是徒手和槓鈴訓練間的橋樑。使用彈力帶做為引體向上的輔助，增加反式划船和伏地挺身的角度，好讓它們做起來容易一點。這些銜接過程都為你安排在翹臀曲線計畫中，但我仍希望你在不斷進步的同時，也可以了解這些資訊。

進步來自於挑戰

如果你在練完「十二週新手豐滿臀部計畫」後，想要直接進行「十二週進階翹臀女神計畫」，也沒問題。你可能會發現有些動作對你現在的肌力來說挑戰性太高。如果是這樣，我建議你改以「動作檢索及說明」單元的輔助運動替代。記得將這些運動當作未來努力的目標就好。

本書提供的表格，能幫助你持續追蹤自己的進步歷程。每個運動都有留下空格，可以填入你高、中與低重複次數的紀錄。寫下你第一下成功、第二下卻失敗的重量，以及連續10下成功，第11下卻失敗的重量。而在最後一個區塊，記錄當你舉起自身體重的重量時，最多能做幾下。

我建議，一旦你開始掌握翹臀曲線計畫後，要小幅度的增加挑戰。在你企圖破個人紀錄之前，先給自己幾次訓練做為緩衝。把這些紀錄當作估算你進步多寡的方式，以及鞭策你進步的動力。過了兩個月後再回過頭來看，你將會對自己的成就感到驚訝。

你應該會注意到，表格中有些運動並沒有包含在你的課表裡。這時，你可以先將這些表單留著，等到有朝一日你開始執行這些動作時再拿出來用，因為沒有持續、只是偶一為之的訓練，無法提供你精確、值得記錄的數據。我們在範例裡可以看到，不是每個空格都有被填滿，因為有些運動並不適合低重複次數的訓練。知道你每個訓練在不同重複次數的紀錄，可以讓你有更多突破個人紀錄的機會，並達到漸進式超負荷。

進階表格

動作	低重複次數 （例如：1 下）	中重複次數 （例如：10 下）	高重複次數 （例如：徒手最高次數）
啞鈴椅間深蹲			
高腳杯深蹲			
槓鈴前蹲舉			
槓鈴全蹲			
澤奇深蹲			
槓鈴低位箱上蹲舉（10 吋高）			
槓鈴中位箱上蹲舉（12 吋高）			
槓鈴傳統硬舉			
槓鈴相撲硬舉			
槓鈴美式硬舉			
槓鈴早安運動			
槓鈴臀橋			
槓鈴臀舉			
啞鈴背伸展			
啞鈴 45 度髖超伸			
槓鈴保加利亞分腿蹲			
啞鈴保加利亞分腿蹲			
槓鈴跨步蹲			
啞鈴跨步蹲			
啞鈴高登階（高 30 吋）			
徒手槍式深蹲			
啞鈴單腳羅馬尼亞硬舉			
徒手單腳臀舉			
徒手囚徒式單腳髖伸			

範例：克莉絲塔

動作	低重複次數 （例如：1 下）	中重複次數 （例如：10 下）	高重複次數 （例如：徒手最高次數）
啞鈴椅間深蹲		70 磅 10 下	
高腳杯深蹲			50 磅 20 下
槓鈴前蹲舉	135 磅 1 下	95 磅 10 下	65 磅 30 下
槓鈴全蹲	155 磅 1 下	115 磅 10 下	95 磅 20 下
澤奇深蹲	155 磅 1 下	115 磅 10 下	
槓鈴低位箱上蹲舉（10 吋高）	115 磅 1 下	95 磅 10 下	
槓鈴中位箱上蹲舉（12 吋高）	155 磅 1 下	115 磅 10 下	
槓鈴傳統硬舉	255 磅 1 下	205 磅 5 下	135 磅 30 下
槓鈴相撲硬舉	275 磅 1 下	225 磅 5 下	135 磅 40 下
槓鈴美式硬舉			95 磅 25 下
槓鈴早安運動		95 磅 10 下	35 磅 30 下
槓鈴臀橋		225 磅 10 下	135 磅 40 下
槓鈴臀舉	185 磅 1 下	135 磅 20 下	95 磅 40 下
啞鈴背伸展		60 磅 10 下	徒手 200 下
啞鈴 45 度髖超伸		70 磅 10 下	徒手 200 下
槓鈴保加利亞分腿蹲		45 磅 10 下	徒手 70 下
啞鈴保加利亞分腿蹲		25 磅 10 下	
槓鈴跨步蹲		65 磅 10 下	徒手 100 下
啞鈴跨步蹲		30 磅 15 下	
啞鈴高登階（高 30 吋）		10 磅 8 下	徒手 15 下
徒手槍式深蹲	徒手 3 下		
啞鈴單腳羅馬尼亞硬舉		30 磅 10 下	
徒手單腳臀舉			徒手 25 下
徒手囚徒式單腳髖伸			徒手 25 下

給初學者的表格

動作	最高次數
徒手箱上低蹲舉（高 13 吋）	
徒手臀舉	
槓鈴羅馬尼亞硬舉（槓重 45 磅）	
徒手低登階（高 13 吋）	
徒手 45 度髖超伸	
徒手跨步蹲	
徒手單腳臀橋	

範例：凱薩琳

動作	最高次數
徒手箱上低蹲舉（高 13 吋）	徒手 16 下
徒手臀舉	徒手 18 下
槓鈴羅馬尼亞硬舉（槓重 45 磅）	45 磅 20 下
徒手低登階（高 13 吋）	徒手 12 下
徒手 45 度髖超伸	徒手 20 下
徒手跨步蹲	徒手 10 下
徒手單腳臀橋	徒手 8 下

Chapter 9
翹臀曲線暖身運動

在過去幾年來，我逐漸了解到暖身對於每個人的意涵都不大相同。基本上，女性的柔軟度比男性好，所以伸展運動對她們而言不是必要的暖身。（題外話，其實肌力訓練增加柔軟度的效果，跟伸展一樣好）。體能比較好的人，在重量訓練前可能不需要做太多暖身，但在衝刺或從事體育競賽前，就需要暖身久一點。而有些人，如果沒有足夠時間的暖身，在重量訓練時可能連一下都舉不起來。

我設計了一些適用於任何人的暖身運動，可以讓你感到舒適的開始進行例行訓練。如果你是重量訓練方面的新手，我建議你可以好好地做這些暖身運動。如果你有自己的一套暖身方法，也可以用來取代書中的建議。然而，至少在進行「翹臀曲線計畫」的頭四週裡做這些暖身運動，可以確保你的肌肉為接下來的訓練做好準備。這套暖身運動可能和你過去做的大不相同，但我最不希望發生的事，就是你在實行「翹臀曲線計畫」的第一週就受傷。

大多數健身課表的暖身運動會像這樣：踩 10 分鐘中等速度的腳踏車暖身，接著 5 分鐘的靜態伸展，以及一或兩組為了待會兒第一個動作的特定暖身運動。這麼做的最大問題在於，例行的暖身運動無法滿足你所有訓練前的需求。暖身有許多目的，包括提高組織溫度、讓神經系統做好準備，並促進血液循環。

但這本書裡的暖身運動做得遠不止如此，我們還考量到由於職業與生活習慣造成的常見通病。想像一下，如果你坐在桌子前工作一整天，會發生什麼事？你可能會忘記讓關節好好動一動，你的肌肉決定休眠，因為它們覺得你不需要它們，甚至有些肌肉還會縮短。

在「翹臀曲線計畫」中，我希望你先做動態暖身，因為這不但可以滿足你的基本需求（提高體溫和增加血流量），對於活絡神經系統和關節的效果也更好。在你開始每個動作前，先做以下示範的暖身運動 10 到 15 分鐘。

訓練 A 和訓練 C 的暖身運動

按摩滾輪／藥球

豎脊肌、髂脛束、股四頭肌、膕旁肌、內收肌群、臀肌、小腿肌、闊背肌

靜態伸展

抬腳伸展膕旁肌、腰肌、內收肌

p. 178
豎脊肌

p. 176
股四頭肌

p. 177
髂脛束

p. 176
髖屈肌

p. 176
膕旁肌

p. 177
內收肌群

p. 174
臀肌

p. 175
小腿肌

p. 178
闊背肌

p. 179
抬腳伸展膕旁肌

p. 184
腰肌

p. 181
內收肌

p. 181
內收肌

啟動運動

p. 191

側姿髖外展

p. 189

鳥狗式

p. 294

棒式

p. 185

YTWL

活動度

p. 221

跨步蹲

p. 187

腳踝活動度

p. 186

四足胸椎伸展

p. 182

轉身側蹲

訓練 B 的暖身運動

木棍或虎尾按摩棒

p. 174

髂脛束

p. 174

股四頭肌

p. 174

小腿肌

p. 174

脛前肌

藥球及網球肌肉筋膜自我放鬆術

p. 174

足底筋膜

p. 174

臀部上緣

靜態伸展

p. 179

股直肌

髖外旋肌群

p. 180

闊背肌

p. 180

胸肌

啟動運動

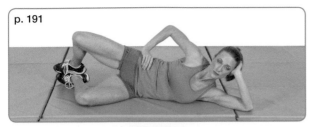

p. 191

側姿蛤蜊式

p. 192

臀橋

p. 303

側平板撐體

p. 190

前鋸肌挺身

p. 182

肩胛貼牆滑行

活動度

p. 184

抱膝走

p. 191

超人式

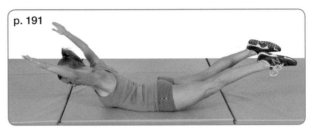

p. 183

摸腳蹲站

p. 188

抗力球髖內旋

什麼時候需要做有氧運動

理想狀況下，在你沒有做重量訓練的那天會做有氧訓練。一個完美的課表大致如下：

星期一：訓練 A

星期二：訓練 B

星期三：有氧運動或高強度間歇運動 A

星期四：訓練 C

星期五：訓練 A

星期六：有氧運動或高強度間歇運動 B

星期日：休息

假設你比較喜歡一週重量訓練三次而非四次，以下是建議的課表：

星期一：訓練 A

星期二：有氧運動或高強度間歇運動 A

星期三：訓練 B

星期四：有氧運動或高強度間歇運動 B

星期五：訓練 C

星期六：有氧運動或高強度間歇運動 C

星期日：休息

無論你是看著課表點頭同意，或是翻白眼說：「噢，布瑞特，你說得好像我很閒一樣。」如果你沒辦法活在這樣的理想世界，也不要慌張。課表會這麼設計，是為了融入你的生活型態，而我知道你或許會有其他事情阻礙你一週做六次訓練。這個課表的重點在於肌力訓練，但一週如果可以有一到兩次的有氧訓練，可以增進你的燃脂效率。

在這份課表中，你必須在肌力訓練之後、絕非在肌力訓練之前做有氧運動。有氧運動不該成為你暖身的一部分。你需要保留體力給肌力訓練，以獲得這份課表的最大好處。如果你在晚上做重量訓練，就隔天早上再做有氧運動。如果你是在早上做重量訓練，就到當天晚上或隔天再做有氧運動。唯一的例外是低強度的有氧運動，你可以在做重量訓練的當天早上或晚上訓練前短暫快走，這是沒問題的。

我建議每週做一到二次的高強度有氧運動配合重量訓練，這類有氧運動包括：上坡衝刺、高強度間歇運動、tabata 間歇訓練、拳擊課，或是任何會讓你的心率劇烈波動的運動。我相信這有助於增進你的健康和自信心。只是千萬要記得別過量。

不過，這些活動並不會像大重量的阻力訓練一樣，有效地雕塑你的臀部。增進重量訓練的表現，是讓臀部越來越翹的最好方式。高強度間歇運動可以讓你變得更苗條，也許有機會改善臀部線條，但這遠比不上結合適當的飲食和漸進式肌力訓練所帶來的成效。所以，如果你不喜歡有氧運動，也不需要強迫自己。反過來講，如果有氧運動讓你感覺更好，而且你很享受，就不需要將有氧或高強度間歇運動排除在外。你越喜愛你的課表，越可能得到更好的成果。

Chapter 10
十二週新手豐滿臀部計畫

如果你是健身新手，或是好一陣子沒有健身，或是覺得現在的訓練老是停滯沒有進步，這個計畫就是為你所準備的。事實上，除非你已經練習這本書中大多數的運動好一段時間，否則我建議你還是由這個計畫開始進行。

　　一旦你投入「十二週新手豐滿臀部計畫」，可以試著評估自己是否已經準備好接受「十二週進階翹臀女神計畫」的挑戰。但我認為你會對於新手計畫的挑戰性感到訝異，就算你已經是相當有經驗的重量訓練者也一樣。這個計畫所採用的許多動作，對你而言可能很陌生，或是以不同的面貌呈現。現在的你，或許一個肌群一週只練一次，或是先前都未曾以課表中的方式針對臀部訓練。如果你不確定要從何開始，試著進行這個計畫一週，然後評估一下你的感受。如果訓練結束後，你的感覺就像微風輕拂過般愜意，就可以試著進行「十二週進階翹臀女神計畫」。若你覺得有點喘和痠痛，就繼續完成剩下的十一週計畫。這個計畫將會讓你學會正確的訓練姿勢與技巧，讓你受益良多。

　　這十二週計畫的最大挑戰之一，在於要精熟良好的動作模式。任何人都有能力把極重的槓子舉起，但如同在第四章所提到的，訓練時，重要的不只是做出動作，而是你如何做出動作。你的肌肉發展和肌力的進步，有賴於你的動作能力。意思是，要以傑出的姿勢執行每一個動作。在這裡，我需要你答應我一件事情：當你覺得姿勢跑掉，或是你後來的動作沒有像第一下那麼標準時，你將會減輕重量並休息。

　　良好的姿勢對你的進步而言非常重要，這一點值得強調多次。一旦你的姿勢跑掉，活動度就會下降，接著會使特定肌群過度代償，整體動作變得不協調，使力量分散，許多關節向內塌陷，增加受傷的風險。在這十二週裡，我希望你可以專注於了解自己的肌肉在每個動作中是如何運作

的，並注意其感受度。在向心動作（肌肉收縮以產生張力）時擠壓你的肌肉；在離心動作（主動拉長肌肉）時伸展它們。照理說，在你舉起與放下重量的過程中，肌肉都應該要感受到張力。

　　我也希望你能在每個動作中專注於啟動臀肌。一開始你可能會覺得「這怎麼可能」，但請持續下去，你將開始在髖關節主導的動作感受到臀肌的存在。一旦它們開始運作，每次做下半身的運動時，你都會感受到臀肌有在作用。你的長期目標是，每一次移動都要讓你的臀肌參與。沒錯，每次複合的下肢運動，你的臀肌都應該要被啟動。

　　就我所知，凱莉和我的許多高階重量訓練客戶，在做任何動作，甚至是臥推、伏地挺身、軍式推舉、槓鈴彎舉、三頭肌伸展，以及任何不是坐著的運動時，臀肌都會自主的啟動。我也希望你可以達到這樣的程度。只是要記住，這並非一蹴可幾，會需要花上許多時間，尤其在剛開始踏上訓練之路時，會需要大量的調整。

　　在這個為期十二週的訓練計畫中，我會指導你每個運動一組該做幾下。但請你將這個目標默默放在心裡就好。我寧願你做 5 下標準的動作，而不是硬做 20 下，卻只有一開始的幾下動作標準。如果你可以做完 20 下且絲毫沒皺眉，很可能需要增加重量。你唯一可以朝自己的理想體態邁進的方式，就是：每一次訓練時都要挑戰自我，而且每個月都要持續突破紀錄。有許多次，我第一次訓練新客戶時，光是靠著激勵和鼓勵她，就讓她先前只能做 10 下的重量，做了 30 下（當然，動作沒有跑掉）。

在你開始之前，先找出你可以做 10 次重複次數（10RM）的最大重量，以決定你要舉多重。選擇一個你認為自己可以用完美的姿勢，舉完 10 下的重量。意思是說，這個重量夠重，所以你在做第 11 下時，動作就會跑掉。如果你只能做 5 下，代表重量太重了。如果在做 10 下之後，姿勢還是維持得很好，表示這個重量對你而言太輕了。這就像是童話故事《歌蒂拉與三隻熊》，歌蒂拉尋找完美的燕麥粥一樣。一旦找到合適的重量，就記錄在你的健身日誌裡，然後開始訓練。

但有些運動的策略不大一樣，例如，做啟動運動時使用較輕的負荷，目的是為了喚醒沉睡的肌肉，如此你才可以讓它們在訓練時產生作用。相信我，這對你的肌肉和新陳代謝系統，將會是一個很大的挑戰。所以，在做這些動作時不要增加重量。如果臀肌有適當的訓練到，你應該會立即感受到肌肉在燃燒。事實上，我希望你在做完每一組後，肌肉都會燃燒到讓你想要跑去冰浴的衝動。

十二週新手豐滿臀部計畫

★ 這些課程的目的在於，讓你熟稔良好的動作姿勢。以品質為優先而非訓練量，做 5 個姿勢良好的動作，勝過 20 個隨隨便便的。

★ 你一步一步建立起的動作模式，最終身體會將它轉換為下意識的動作。請好好把握這個黃金時期，了解並學習正確的姿勢。

★ 不要受限於建議的重複次數，如果你只能做 6 下，就不要勉強自己多做。無法做出完美的姿勢時，就結束這組動作。如果你的姿勢很完美，就再多做幾下無妨。

★ 當你做單側的手或腳的動作時，永遠要從比較弱的那一側開始訓練，而且重複次數要和另一側相同，過了一段時間，肌力會慢慢追上，不平衡的現象將可獲得改善。

日期：＿＿＿＿＿＿＿＿＿＿＿　　　　　　　體重：＿＿＿＿＿＿＿＿＿＿＿

第 1 ～ 4 週需要用到的器材：
★ 運動軟墊
★ 平臥椅
★ 啞鈴
★ 訓練箱
　（如果沒有，也可以使用平臥椅
　　或有氧踏板。）
★ 滑輪下拉器材
　（如果是在家運動或是缺乏設
　　備，可從「動作檢索及說明」
　　單元找尋替代動作。）
★ 45 度髖超伸器材
　（如果是在家運動或是缺乏設
　　備，可從「動作檢索及說明」
　　單元找尋替代動作。）

p. 192

A1 徒手臀橋
10~20 下，三組

p. 264

A2 單臂啞鈴划船
8~12 下，每側三組

p. 210

B1 徒手箱上深蹲
10~20 下，三組

p. 276

B2 啞鈴臥推
8~12 下，三組

p. 233

啞鈴羅馬尼亞硬舉
10~20 下，三組

p. 191

側姿髖外展
15~30 下，每側一組

p. 294

棒式
20~120 秒，一組

p. 302

膝式側平板撐體
20~60 秒，每側一組

日期：_____　　　　　　　　　體重：_____

A1 徒手單腳臀橋
10~20 下，每側三組

A2 背肌下拉
8~12 下，三組

B1 徒手登階
10~20 下，每側三組

B2 站姿啞鈴推舉
8~12 下，三組

徒手 45 度髖超伸
10~20 下，三組

側姿蛤蜊式
15~30 下，每側一組

捲腹
15~30 下，一組

側捲腹
15~30 下，每側一組

日期：＿＿＿＿＿＿＿＿＿＿＿　　　　　　　　體重：＿＿＿＿＿＿＿＿＿＿＿

p. 196

A1 抬肩式臀部行軍
兩側交換做，就像在往前走一樣，
60 秒，三組

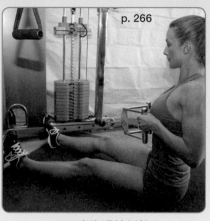

p. 266

A2 坐姿滑輪划船
8~12 下，三組

p. 211

B1 徒手深蹲
10~20 下，三組

p. 277

B2 啞鈴上斜臥推
8~12 下，三組

p. 188

伸手單腳羅馬尼亞硬舉
10~20 下，每側三組

p. 205

X 形彈力帶側走
10~20 步，每側一組

p. 295

俄式平板撐體
10~30 秒，一組

p. 306

繩索水平伐木
10 下，每側一組

日期：＿＿＿＿＿＿＿＿＿＿＿＿　　　　　　　　體重：＿＿＿＿＿＿＿＿＿＿＿

第 **5~8** 週需要用到的器材：
★ 運動軟墊
★ 坐姿滑輪划船器材
★ 引體向上用的槓子
★ 訓練箱
　（如果沒有，也可使用平臥椅或
　 有氧踏板。）
★ 槓鈴平臥椅
★ 槓鈴（可能也需要槓片和卡扣）
★ 啞鈴
★ 用來支持俯臥髖伸的桌子或器材
★ 抗力球
★ 壺鈴

p. 194

A1 徒手臀舉
10~20 下，三組

p. 265

A2 站姿單臂滑輪划船
8~12 下，三組

p. 227

B1 登階／後跨步蹲的複合動作
10~20 下，三組

p. 278

B2 槓鈴胸推
8~12 下，三組

p. 233

槓鈴羅馬尼亞硬舉
10~20 下，三組

p. 191

側姿髖外展
15~30 下，每側一組

p. 296

抬腳俄式平板撐體
20~60 秒，一組

p. 303

側平板撐體
20~60 秒，每側一組

日期：_____　　　　　　　　　　　　體重：_____

A1 單腳臀橋
10~20 下，每側各三組

A2 反握引體向上（下拉）
3 下，三組

B1 徒手跨步蹲
10~20 步，三組（總共 20~40 步）

B2 站姿啞鈴推舉
8~12 下，三組

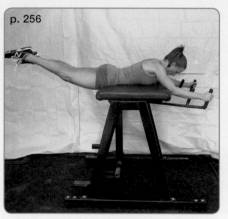

徒手俯臥髖伸
10~20 下，三組

側姿蛤蜊式
15~30 下，每側一組

抗力球捲腹
15~30 下，一組

抗力球側捲腹
15~30 下，每側一組

日期：＿＿＿＿＿＿＿＿＿＿＿　　　　　　　體重：＿＿＿＿＿＿＿＿＿＿＿

A1 停頓式徒手臀舉（在高點停 **3** 秒），
10~20 下，三組

A2 改良式反向划船
8~12 下，三組

B1 高腳杯深蹲
10~20 下，三組

B2 槓鈴窄握臥推
8~12 下，三組

俄式盪壺
10~20 下，三組

X 形彈力帶側走（中度張力）
15~30 步，每側一組

直腿仰臥起坐
15~30 下，一組

彈力帶抗旋轉
10~20 秒，每側一組

第 9 ~ 12 週，訓練 A（每週至少兩次）

日期：＿＿＿＿＿＿＿＿＿＿＿　　　　　　　體重：＿＿＿＿＿＿＿＿＿＿

第 9 ~ 12 週需要用到的器材：
★ 運動軟墊
★ 槓鈴
★ 槓片
★ 槓鈴卡扣
★ 漢普頓厚槓鈴護墊
★ 啞鈴
★ 訓練箱
（如果沒有，也可以使用平臥椅
　或有氧踏板。）
★ 抗力球
★ 纜繩機
★ 引體向上用的槓子
★ 深蹲架
★ 平臥椅
★ 彈力帶

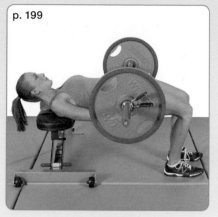

p. 199

A1 槓鈴臀舉
10~20 下，三組

p. 270

A2 啞鈴屈體划船
8~12 下，三組

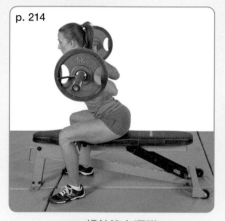

p. 214

B1 槓鈴箱上深蹲
10~20 下，三組

p. 274

B2 伏地挺身
3~10 下，三組

p. 237

槓鈴美式硬舉
10~20 下，三組

p. 191

側姿髖外展
15~30 下，每側一組

p. 293

啞鈴抗力球捲腹
15~30 下，一組

p. 307

高跪姿水平伐木
10~15 下，每側一組

日期：＿＿＿＿＿＿＿＿＿＿＿＿＿＿　　　　　　　體重：＿＿＿＿＿＿＿＿＿＿

p. 197

A1 抬肩單腳臀舉
10~20 下，每側三組

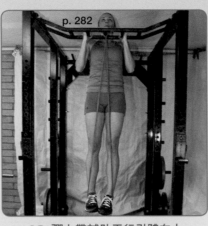

p. 282

A2 彈力帶輔助平行引體向上
1~5 下，三組

p. 223

B1 徒手保加利亞分腿蹲
10~20 下，每側三組

p. 289

B2 啞鈴單臂肩推
8~12 下，三組

p. 245

槓鈴早安運動
10~20 下，三組

p. 205

X 形彈力帶側走（中度張力）
15~30 步，每側一組

p. 296

抬腳俄式平板撐體
60~120 秒，一組

p. 301

啞鈴側彎
15~30 下，每側一組

第 9 ～ 12 週，訓練 C（每週至少一次）

日期：＿＿＿＿＿＿＿＿　　　　　　　　　　　　體重：＿＿＿＿＿＿＿＿

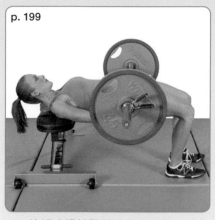

p. 199

A1 停頓式槓鈴臀舉（在高點停 3 秒）
8~15 下，三組

p. 265

A2 胸部支撐啞鈴划船
8~10 下，三組

p. 215

B1 槓鈴平行蹲
10~20 下，三組

p. 279

B2 槓鈴上斜臥推
3~10 下，三組

p. 253

徒手背伸展
10~30 下，三組

p. 191

側姿蛤蜊式
15~30 下，每側一組

p. 297

懸吊抬腿
10~20 下，一組

p. 305

繩索水平伐木
10~15 下，每側一組

姓名：＿＿＿＿＿＿＿＿＿　　　日期：＿＿＿＿＿＿＿＿＿　　　體重：＿＿＿＿＿＿＿＿＿

動作	第一組	第二組	第三組
A1 徒手臀橋 10~20 下，三組	重量 次數	重量 次數	重量 次數
A2 單臂啞鈴划船 8~12 下，每側三組	重量 次數	重量 次數	重量 次數
B1 徒手箱上深蹲 10~20 下，三組	重量 次數	重量 次數	重量 次數
B2 啞鈴臥推 8~12 下，三組	重量 次數	重量 次數	重量 次數
啞鈴羅馬尼亞硬舉 10~20 下，三組	重量 次數	重量 次數	重量 次數
側姿髖外展 15~30 下，每側一組	重量 次數		
棒式 20~120 秒，一組	秒數		
膝式側平板撐體 20~60 秒，每側一組	秒數		
備註			

注意：先做一組 A1 的動作，緊接著做一組 A2。休息 30~90 秒後，再重複，直到做完所有組數為止。B1 和 B2 的動作也是如此。

姓名：＿＿＿＿＿＿＿＿　　日期：＿＿＿＿＿＿＿　　體重：＿＿＿＿＿＿＿

動作	第一組	第二組	第三組
A1 徒手單腳臀橋 10~20 下，每側各三組	重量 次數	重量 次數	重量 次數
A2 背肌下拉 8~12 下，三組	重量 次數	重量 次數	重量 次數
B1 徒手登階 10~20 下，每側三組	重量 次數	重量 次數	重量 次數
B2 站姿啞鈴推舉 8~12 下，三組	重量 次數	重量 次數	重量 次數
徒手 **45** 度髖超伸 10~20 下，三組	重量 次數	重量 次數	重量 次數
側姿蛤蜊式 15~30 下，每側一組	次數（左側） 次數（右側）		
捲腹 15~30 下，一組	次數		
側捲腹 15~30 下，每側一組	次數（左側） 次數（右側）		
備註			

注意：先做一組 A1 的動作，緊接著做一組 A2。休息 30~90 秒後，再重複，直到做完所有組數為止。
　　　B1 和 B2 的動作也是如此。

姓名：＿＿＿＿＿＿＿＿＿　　　日期：＿＿＿＿＿＿＿　　　體重：＿＿＿＿＿＿＿

動作	第一組	第二組	第三組
A1 抬肩式臀部行軍 兩側交換做，就像在往前走一樣，60 秒，三組	重量 次數	重量 次數	重量 次數
A2 坐姿滑輪划船 8~12 下，三組	重量 次數	重量 次數	重量 次數
B1 徒手深蹲 10~20 下，三組	重量 次數	重量 次數	重量 次數
B2 啞鈴上斜臥推 8~12 下，三組	重量 次數	重量 次數	重量 次數
伸手單腳羅馬尼亞硬舉 10~20 下，每側三組	重量 次數	重量 次數	重量 次數
X 形彈力帶側走 10~20 步，每側一組	次數（左側） 次數（右側）		
俄式平板撐體 10~30 秒，一組	秒數		
繩索水平伐木 10 下，每側一組	次數（左側） 次數（右側）		
備註			

注意：先做一組 A1 的動作，緊接著做一組 A2。休息 30~90 秒後，再重複，直到做完所有組數為止。
　　　B1 和 B2 的動作也是如此。

姓名：＿＿＿＿＿＿＿＿＿＿　　日期：＿＿＿＿＿＿＿＿　　體重：＿＿＿＿＿＿＿＿

動作	第一組	第二組	第三組
A1 徒手臀舉 10~20 下，三組	重量 次數	重量 次數	重量 次數
A2 站姿單臂滑輪划船 8~12 下，三組	★ 左側 重量 次數 ★ 右側 重量 次數	★ 左側 重量 次數 ★ 右側 重量 次數	★ 左側 重量 次數 ★ 右側 重量 次數
B1 登階／後跨步蹲的複合動作 10~20 下，三組	重量 次數	重量 次數	重量 次數
B2 槓鈴胸推 8~12 下，三組	重量 次數	重量 次數	重量 次數
槓鈴羅馬尼亞硬舉 10~20 下，三組	重量 次數	重量 次數	重量 次數
側姿髖外展 15~30 下，每側一組	次數（左側） 次數（右側）		
抬腳俄式平板撐體 20~60 秒，一組	秒數		
側平板撐體 20~60 秒，每側一組	秒數（左側） 秒數（右側）		
備註			

注意：先做一組 A1 的動作，緊接著做一組 A2。休息 30~90 秒後，再重複，直到做完所有組數為止。B1 和 B2 的動作也是如此。

姓名：＿＿＿＿＿＿＿＿＿　　日期：＿＿＿＿＿＿＿＿　　體重：＿＿＿＿＿＿＿＿

動作	第一組	第二組	第三組
A1 單腳臀橋 10~20 下，每側三組	次數（左側） 次數（右側）	次數（左側） 次數（右側）	次數（左側） 次數（右側）
A2 反握引體向上（下拉） 3 下，三組	重量 次數	重量 次數	重量 次數
B1 徒手跨步蹲 10~20 步，三組 （總共 20~40 步）	重量 次數	重量 次數	重量 次數
B2 站姿啞鈴推舉 8~12 下，三組	★ 左側 重量 次數 ★ 右側 重量 次數	★ 左側 重量 次數 ★ 右側 重量 次數	★ 左側 重量 次數 ★ 右側 重量 次數
徒手俯臥髖伸 10~20 下，三組	重量 次數	重量 次數	重量 次數
側姿蛤蜊式 15~30 下，每側一組	次數（左側） 次數（右側）		
抗力球捲腹 15~30 下，一組	次數		
抗力球側捲腹 15~30 下，每側一組	次數（左側） 次數（右側）		
備註			

注意：先做一組 A1 的動作，緊接著做一組 A2。休息 30~90 秒後，再重複，直到做完所有組數為止。B1 和 B2 的動作也是如此。

姓名：＿＿＿＿＿＿＿＿＿　日期：＿＿＿＿＿＿＿　體重：＿＿＿＿＿＿＿

動作	第一組	第二組	第三組
A1 停頓式徒手臀舉 （在頂端停 3 秒）， 10~20 下，三組	重量 次數	重量 次數	重量 次數
A2 改良式反向划船 8~12 下，三組	重量 次數	重量 次數	重量 次數
B1 高腳杯深蹲 10~20 下，三組	重量 次數	重量 次數	重量 次數
B2 槓鈴窄握臥推 8~12 下，三組	重量 次數	重量 次數	重量 次數
俄式盪壺 10~20 下，三組	重量 次數	重量 次數	重量 次數
X 形彈力帶側走 （中度張力） 15~30 步，每側一組	次數（左側） 次數（右側）		
直腿仰臥起坐 15~30 下，一組	次數		
彈力帶抗旋轉 10~20 秒，每側一組	秒數（左側） 秒數（右側）		
備註			

注意：先做一組 A1 的動作，緊接著做一組 A2。休息 30~90 秒後，再重複，直到做完所有組數為止。
B1 和 B2 的動作也是如此。

姓名：＿＿＿＿＿＿＿＿＿　　日期：＿＿＿＿＿＿＿＿＿　　體重：＿＿＿＿＿＿＿＿＿

動作	第一組	第二組	第三組
A1 槓鈴臀舉 10~20 下，三組	重量 次數	重量 次數	重量 次數
A2 啞鈴屈體划船 8~12 下，三組	重量 次數	重量 次數	重量 次數
B1 槓鈴箱上深蹲 10~20 下，三組	重量 次數	重量 次數	重量 次數
B2 伏地挺身 3~10 下，三組	重量 次數	重量 次數	重量 次數
槓鈴美式硬舉 10~20 下，三組	重量 次數	重量 次數	重量 次數
側姿髖外展 15~30 下，每側一組	次數（左側） 次數（右側）		
啞鈴抗力球捲腹 15~30 下，一組	次數		
高跪姿水平伐木 10~15 下，每側一組	次數（左側） 次數（右側）		
備註			

注意：先做一組 A1 的動作，緊接著做一組 A2。休息 30~90 秒後，再重複，直到做完所有組數為止。B1 和 B2 的動作也是如此。

姓名：＿＿＿＿＿＿＿＿＿　　日期：＿＿＿＿＿＿＿＿＿　　體重：＿＿＿＿＿＿＿＿＿

動作	第一組	第二組	第三組
A1 抬肩單腳臀舉 10~20 下，每側三組	重量 次數	重量 次數	重量 次數
A2 彈力帶輔助平行引體向上 1~5 下，三組	重量 次數	重量 次數	重量 次數
B1 徒手保加利亞分腿蹲 10~20 下，每側三組	重量 次數	重量 次數	重量 次數
B2 啞鈴單臂肩推 8~12 下，三組	重量 次數	重量 次數	重量 次數
槓鈴早安運動 10~20 下，三組	重量 次數	重量 次數	重量 次數
X 形彈力帶側走 （中度張力） 15~30 步，每側一組	次數（左側） 次數（右側）		
抬腳俄式平板撐體 60~120 秒，一組	秒數		
啞鈴側彎 15~30 下，每側一組	次數（左側） 次數（右側）		
備註			

注意：先做一組 A1 的動作，緊接著做一組 A2。休息 30~90 秒後，再重複，直到做完所有組數為止。
B1 和 B2 的動作也是如此。

姓名：_____　　日期：_____　　體重：_____

動作	第一組	第二組	第三組
A1 停頓式槓鈴臀舉 （在頂端停 **3** 秒） 8~15 下，三組	重量 次數	重量 次數	重量 次數
A2 胸部支撐啞鈴划船 8~10 下，三組	重量 次數	重量 次數	重量 次數
B1 槓鈴平行蹲 10~20 下，三組	重量 次數	重量 次數	重量 次數
B2 槓鈴上斜臥推 3~10 下，三組	重量 次數	重量 次數	重量 次數
徒手背伸展 10~30 下，三組	重量 次數	重量 次數	重量 次數
側姿蛤蜊式 15~30 下，每側一組	次數（左側） 次數（右側）		
懸吊抬腿 10~20 下，一組	次數		
繩索水平伐木 10~15 下，每側一組	次數（左側） 次數（右側）		
備註			

注意：先做一組 A1 的動作，緊接著做一組 A2。休息 30~90 秒後，再重複，直到做完所有組數為止。B1 和 B2 的動作也是如此。

Chapter 11
十二週進階翹臀女神計畫

在展開十二週進階翹臀女神計畫之前，你需要有足夠的肌力基礎，並且對肌力訓練有一定程度的認識。

我建議有能力完成以下課表的女性採用這個訓練計畫：

1. 徒手臀舉：連續 50 下
2. 由底端懸吊開始的引體向上：1 下
3. 全關節活動度的伏地挺身（髖部不拖地）：5 下
4. 徒手保加利亞分腿蹲：連續 20 下
5. 徒手髖伸：連續 30 下
6. 硬舉 135 磅：10 下

「漸進式超負荷」會隨著時間而增加訓練的密度。它可能是增進肌力，增加優良的除脂體重，以及獲得更佳肌耐力的最好方式，因為每週你都會強迫自己的身體踏出舒適圈。藉由漸進式超負荷，每週漸進增加你施加於肌肉上的壓力，可強迫它們重新適應。注意，我所說的是「漸進式」的改變。這些改變要恰到好處，否則反而會適得其反。如果訓練密度的改變太小，你的肌肉就不需要適應。假設一年後的你，訓練量仍然和今天一樣，你的肌肉不會更有線條，體態大概也不會有多大的改變（除非你減去相當多的體脂）。若訓練強度增加太大，你很可能必須犧牲姿勢，導致動作跑掉，而且肌肉每週都會非常痠痛，增加了受傷的風險。

要記得，肌肉張力是增加肌肉的關鍵。你必須隨著時間越做越重，才能對肌肉施以更多張力。比較一下，做 225 磅的臀舉和徒手臀橋，臀肌所需的張力是不是就有差別？這正是訓練完美臀部的關鍵所在！

要讓你的神經肌肉系統超載的最佳方式，是每週都增加負重。我希望你至少有一個動作可以達成這個目標。雖然理想上最好是每個動作都做到漸進式超負荷，但是，隨著你對訓練越精熟、

越強壯，這種情況就越不可能發生。以進階的男性重量訓練者為例，大重量訓練如深蹲、硬舉和臥推，可能一整年只進步 20 磅。其他的訓練如果無法增加任何負重，你可以試著增加每一組的重複次數或是減少組間休息。

小結一下，漸進式超負荷訓練看起來應該要像這樣：

★ 在維持相同的重複次數的情況下，每個動作每週增加五到十磅的負重。
★ 在使用相同重量訓練的情況下，每個動作每週增加一到兩下的重複次數。
★ 在使用相同重量、相同的重複次數訓練的情況下，減少組間休息。

記住，第一個選項永遠是最好的，但這種情況無法每週都發生。仔細傾聽你的身體，並且盡力而為。千萬不要為了突破個人紀錄而讓姿勢跑掉。有時候，你可能會有好幾週的時間都無法突破某個特定動作的紀錄，並且感到很疲弱。但只要你保持健康，有的是突破紀錄的機會。

我希望你可以在第一、二、三階段的後三週，專注於漸進式超負荷及突破紀錄。我建議在第三階段的後期，能安排一週的減量訓練，讓你的肌肉休息。該如何減量？你可以使用第一階段第一週時的重量訓練課程，或是採用我先前的建議，把訓練的強度減少 20% 至 50%（或一個動作只做一組）。有很多種減量訓練的方式，重點是要給予身體足以維持體能的最小刺激，同時也要允許身體有最佳的復原狀態，以迎接接下來的挑戰。

在這個章節的最後有著可以複印、能在健身房使用的表格。以下有個練箱上深蹲一個月的進步範例。我們假設在第一週時，你可以使用槓鈴

負重 65 磅，做三組五下的箱上深蹲。在下一週，你或許會想要繼續負重 65 磅，做三組六下的箱式深蹲，或是改成第一組做八下，第二、三組做五下。最後，你終於可以再加重 5 磅，讓總重量來到 70 磅，並試著做三組五下。假設你依循這樣的方式，但是用 70 磅練習時，只有第一、二組可以做到五下，第三組只能做到三下。到了第三週時，你持續用 70 磅練習，並嘗試做完三組五下。而來到第四週時，你或許可以進行減量訓練，減少重量，改用 60 磅組做出姿勢完美的三組五下。這些小小的進步，長久下來能累積成大大的不同。

記住，當你沒有記錄自己健身的訓練量和強度，就只能仰賴記憶力。但你已經有夠多事情要煩心了，就好好利用這個章節所提供的表格吧。

十二週進階翹臀女神計畫

★ 這個課表的目標在於，在不妥協姿勢的前提下，漸進式的增加訓練重量或重複次數。

★ 先增加重複次數，然後再增加重量。例如，持續使用 65 磅訓練，直到你可以做完 12 下，接著再增加為 70 或 75 磅，直到你可以完成 12 下，以此類推。

日期：_____　　　　　　　　體重：_____

第 1～4 週需要用到的器材：
★ 運動軟墊
★ 槓鈴、槓片及深蹲架
★ 漢普頓護墊
★ 訓練椅
★ 啞鈴組
★ 彈力帶
★ 引體向上用的槓子
★ 啞鈴
★ 背伸展機
　（如果是在家運動或缺乏設備的
　　話，可從「動作檢索及說明」
　　單元找尋替代運動。）
★ 滑輪機和腳踝扣環
★ 輕量的壺鈴

p. 198

A1 槓鈴臀橋
20 下，三組

p. 264

A2 啞鈴單臂划船
8 下，每側三組

p. 214

B1 槓鈴箱上深蹲
5 下，三組

p. 277

B2 啞鈴上斜臥推
8 下，三組

p. 237

槓鈴美式硬舉
5 下，三組

p. 205

站姿滑輪髖外展
20 下，每側一組

p. 295

俄式平板撐體
60 秒，一組

p. 303

側平板撐體
60 秒，每側一組

日期：＿＿＿＿＿＿＿＿＿＿＿＿　　　　　　　　　　　　體重：＿＿＿＿＿＿＿＿＿＿＿＿

A1 抬肩單腳臀舉
8~20 下，每側三組

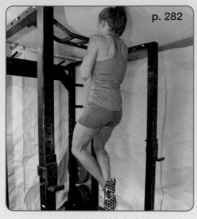

A2 反握引體向上
5 下，三組

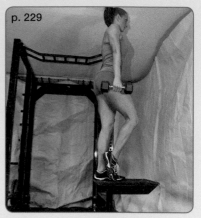

B1 啞鈴高登階
10 下，每側三組

B2 槓鈴軍式推舉
8 下，三組

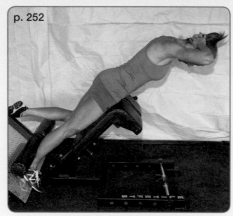

單腳囚徒式 45 度髖超伸
12 下，兩組

坐姿彈力帶髖外展
20 下，一組

直腿仰臥起坐
20 下，一組

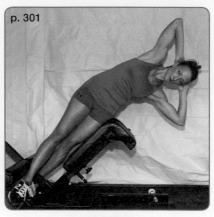

45 度側彎
20 下，每側一組

日期：＿＿＿＿＿＿＿＿＿＿　　　　　　　　體重：＿＿＿＿＿＿＿＿＿＿

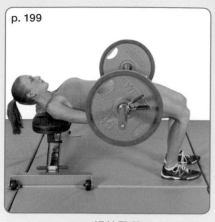

p. 199

A1 槓鈴臀舉
20 下，三組

p. 265

A2 站姿單臂滑輪划船
8 下，每側三組

p. 212

B1 啞鈴高腳杯深蹲
5 下，三組

p. 276

B2 單手啞鈴臥推
8 下，三組

p. 249

直腿前拉膕伸
8~12 下，三組

p. 207

側姿抬髖
10 下，每側一組

p. 299

土耳其起立
5 下，每側一組

p. 307

庫克槓高跪姿水平伐木
8~12 下，每側一組

日期：＿＿＿＿＿＿＿＿＿＿＿＿＿　　　　體重：＿＿＿＿＿＿＿＿＿＿＿

第 5 ～ 8 週需要用到的器材：
★ 運動軟墊
★ 槓鈴及槓片
★ 漢普頓護墊
★ 槓鈴、槓片及深蹲架
★ 啞鈴
★ 健腹滾輪
★ 兩個訓練椅或一個訓練椅
　 及一個箱子（用以墊高腳）
★ 引體向上的槓子
★ 用以髖伸的器材（如果是在家運
　 動或缺乏設備，可從「動作檢索
　 及說明」單元找尋替代運動。）
★ 彈力帶
★ 滑輪機

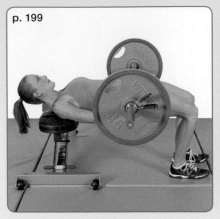

p. 199

A1 槓鈴臀舉
3~8 下，三組

p. 266

A2 坐姿滑輪划船
8 下，三組

p. 217

B1 槓鈴全蹲
5 下，三組

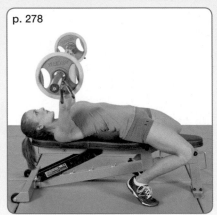

p. 278

B2 槓鈴臥推
3~8 下，三組

p. 245

槓鈴早安運動
8~12 下，三組

p. 207

站姿彈力帶髖外展
10~30 下，每側一組

p. 297

健腹滾輪（由膝蓋開始滾）
8~20 下，一組

p. 301

啞鈴側彎
10~20 下，每側一組

日期：_____　　　　　　　　　　　　　體重：_____

A1 抬肩及抬腳式單腳臀舉
8~20 下，三組

A2 平行握法引體向上
3~8 下，三組

B1 啞鈴跨步蹲
左右共 20 步，三組

B2 槓鈴借力推舉
6 下，三組

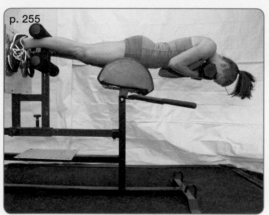

啞鈴背伸展
20 下，兩組

坐姿彈力帶髖外展
10~30 下，一組

懸吊抬腿
8~20 下，一組

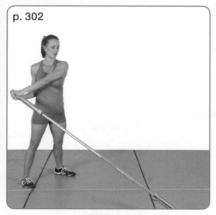

地雷管扭身
8~12 下，一組

日期：＿＿＿＿＿＿＿＿＿＿＿＿＿＿　　　　　　　　體重：＿＿＿＿＿＿＿＿＿＿＿＿＿

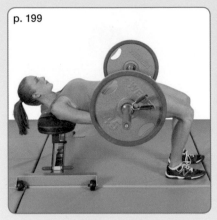

p. 199

A1 槓鈴臀舉（等長維持法）
30~60 秒，三組

p. 281

A2 D 形握把滑輪下拉
8 下，三組

p. 230

B1 滑冰者深蹲
8 下，三組

p. 274

B2 窄距伏地挺身
5~15 下，三組

p. 242

槓鈴單腳羅馬尼亞硬舉
8~12 下，三組

p. 207

側姿抬髖
10~30 下，每側一組

p. 294

直腿仰臥起坐
10~20 下，一組

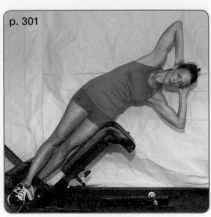

p. 301

45 度側彎
10~20 下，每側一組

日期：＿＿＿＿＿＿＿＿＿＿＿   體重：＿＿＿＿＿＿＿＿＿＿＿

第 **9 ～ 12** 週需要用到的器材：
★ 槓鈴及槓片
★ 漢普頓護墊
★ 彈力帶
★ 啞鈴
★ 抗力球
★ 用來反握引體向上的槓子
★ 上斜臥椅
★ 史密斯機或有防護的槓鈴架
★ 訓練椅
★ valslide 或 Glider 滑盤
　（或是在平滑的地面上使用兩條
　　毛巾也可以）
★ 滑輪機
★ Airex 平衡墊或運動軟墊
★ 用來正握引體向上的槓子
★ 用來背伸展的器材

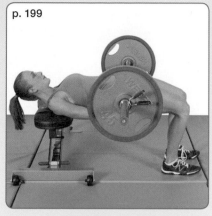

p. 199

A1 槓鈴臀舉（停息法）
10 下（連續 6 下，後 4 下分開做），
三組

p. 268

A2 懸吊裝置反向划船
6~12 下，三組

p. 219

B1 澤奇槓鈴深蹲
5~10 下，三組

p. 275

B2 抬腳式伏地挺身
5~20 下，三組

p. 239

槓鈴相撲硬舉
6~12 下，三組

p. 205

X 形彈力帶側走
20 下，一組（20 步往右，20 步往左）

p. 293

啞鈴抗力球捲腹
20 下，一組

p. 304

彈力帶抗旋轉
15 秒，每側一組

日期：＿＿＿＿＿＿＿＿＿＿　　　　　　　　　　　　　　　體重：＿＿＿＿＿＿＿＿＿＿

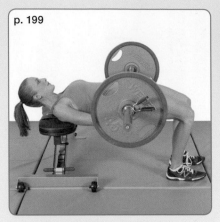

p. 199

A1 槓鈴臀舉（持續張力法）
20~30 下（不中斷），三組

p. 285

A2 腰帶負重平行握法引體向上
1~3 下，三組

p. 224

B1 啞鈴保加利亞分腿蹲
10 下，每側三組

p. 279

B2 槓鈴上斜臥推
6~10 下，三組

p. 260

架下腿後勾
6~15 下，兩組

p. 208

滑輪髖旋轉
8~15 下，每側一組

p. 296

人體鋸子
8~15 下，一組

p. 307

庫克槓高跪姿水平伐木
8~15 下，每側一組

日期：＿＿＿＿＿＿＿＿＿＿＿＿＿　　　　　　體重：＿＿＿＿＿＿＿＿＿＿＿＿＿

p. 200

A1 美式臀舉
5 下大重量，三組

p. 265

A2 胸部支撐啞鈴划船
6~12 下，三組

p. 227

B1 啞鈴登階／後跨步蹲的複合動作
8~15 下，每側三組

p. 289

B2 啞鈴單臂肩推
8~15 下，三組

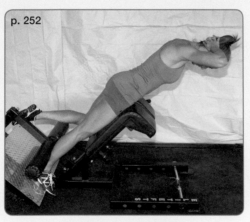

p. 252

單腳囚徒式 45 度髖超伸
8~15 下，每側三組

p. 207

側姿抬體
10~30 下，每側一組

p. 297

懸吊抬腿
8~20 下，一組

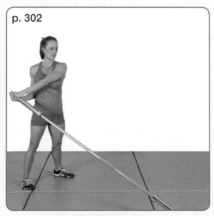

p. 302

地雷管扭身
8~12 下，一組

姓名：＿＿＿＿＿＿＿＿＿＿　日期：＿＿＿＿＿＿＿＿＿　體重：＿＿＿＿＿＿＿

動作	第一組	第二組	第三組
A1 槓鈴臀橋 20 下，三組	重量 次數	重量 次數	重量 次數
A2 啞鈴單臂划船 8 下，每側三組	重量 次數	重量 次數	重量 次數
B1 槓鈴箱上深蹲 5 下，三組	重量 次數	重量 次數	重量 次數
B2 啞鈴上斜臥推 8 下，三組	重量 次數	重量 次數	重量 次數
槓鈴美式硬舉 5 下，三組	重量 次數	重量 次數	重量 次數
站姿滑輪髖外展 20 下，每側一組	★ 左側 重量 次數 ★ 右側 重量 次數		
俄式平板撐體 60 秒，一組	秒數		
側平板撐體 60 秒，每側一組	秒數（左側） 秒數（右側）		
備註			

注意：先做一組 A1 的動作，緊接著做一組 A2。休息 30～90 秒後，再重複，直到做完所有組數為止。B1 和 B2 的動作也是如此。

姓名：＿＿＿＿＿＿＿＿＿　　日期：＿＿＿＿＿＿＿　　體重：＿＿＿＿＿＿＿

動作	第一組	第二組	第三組
A1 抬肩單腳臀舉 8~20 下，每側三組	次數（左側） 次數（右側）	次數（左側） 次數（右側）	次數（左側） 次數（右側）
A2 反握引體向上 5 下，三組	重量 次數	重量 次數	重量 次數
B1 啞鈴高登階 10 下，每側三組	★ 左側 重量 次數 ★ 右側 重量 次數	★ 左側 重量 次數 ★ 右側 重量 次數	★ 左側 重量 次數 ★ 右側 重量 次數
B2 槓鈴軍式推舉 8 下，三組	重量 次數	重量 次數	重量 次數
單腳囚徒式 45 度髖超伸 12 下，兩組	重量 次數	重量 次數	重量 次數
坐姿彈力帶髖外展 20 下，一組	★ 左側 重量 次數 ★ 右側 重量 次數		
直腿仰臥起坐 20 下，一組	次數		
45 度側彎 20 下，每側一組	次數（左側） 次數（右側）		
備註			

注意：先做一組 A1 的動作，緊接著做一組 A2。休息 30~90 秒後，再重複，直到做完所有組數為止。
　　　B1 和 B2 的動作也是如此。

姓名：＿＿＿＿＿＿＿＿＿＿　日期：＿＿＿＿＿＿＿＿＿　體重：＿＿＿＿＿＿＿＿＿

動作	第一組	第二組	第三組
A1 槓鈴臀舉 20 下，三組	重量 次數	重量 次數	重量 次數
A2 站姿單臂滑輪划船 8 下，每側三組	★ 左側 重量 次數 ★ 右側 重量 次數	★ 左側 重量 次數 ★ 右側 重量 次數	★ 左側 重量 次數 ★ 右側 重量 次數
B1 啞鈴高腳杯深蹲 5 下，三組	重量 次數	重量 次數	重量 次數
B2 單手啞鈴臥推 8 下，三組	★ 左側 重量 次數 ★ 右側 重量 次數	★ 左側 重量 次數 ★ 右側 重量 次數	★ 左側 重量 次數 ★ 右側 重量 次數
直腿前拉膕伸 8~12 下，三組	重量 次數	重量 次數	重量 次數
側姿抬髖 10 下，每側一組	次數（左側） 次數（右側）		
土耳其起立 5 下，每側一組	次數（左側） 次數（右側）		
庫克槓高跪姿水平伐木 8~12 下，每側一組	次數（左側） 次數（右側）		
備註			

注意：先做一組 A1 的動作，緊接著做一組 A2。休息 30~90 秒後，再重複，直到做完所有組數為止。B1 和 B2 的動作也是如此。

姓名：＿＿＿＿＿＿＿＿＿＿　日期：＿＿＿＿＿＿＿＿＿＿　體重：＿＿＿＿＿＿＿＿＿＿

動作	第一組	第二組	第三組
A1 槓鈴臀舉 3~8 下，三組	重量 次數	重量 次數	重量 次數
A2 坐姿滑輪划船 8 下，三組	重量 次數	重量 次數	重量 次數
B1 槓鈴全蹲 5 下，三組	重量 次數	重量 次數	重量 次數
B2 槓鈴臥推 3~8 下，三組	重量 次數	重量 次數	重量 次數
槓鈴早安運動 8~12 下，三組	重量 次數	重量 次數	重量 次數
站姿彈力帶髖外展 10~30 下，每側一組	次數（左側） 次數（右側）		
健腹滾輪 （由膝蓋開始滾） 8~20 下，一組	次數		
啞鈴側彎 10~20 下，每側一組	次數（左側） 次數（右側）		
備註			

注意：先做一組 A1 的動作，緊接著做一組 A2。休息 30~90 秒後，再重複，直到做完所有組數為止。
B1 和 B2 的動作也是如此。

姓名：＿＿＿＿＿＿＿＿＿＿　日期：＿＿＿＿＿＿＿＿＿＿　體重：＿＿＿＿＿＿＿＿＿＿

動作	第一組	第二組	第三組
A1 抬肩及抬腳式 單腳臀舉 8~20 下，三組	次數（左側） 次數（右側）	次數（左側） 次數（右側）	次數（左側） 次數（右側）
A2 平行握法引體向上 3~8 下，三組	重量 次數	重量 次數	重量 次數
B1 啞鈴跨步蹲 左右共 20 步，三組	重量 次數	重量 次數	重量 次數
B2 槓鈴借力推舉 6 下，三組	重量 次數	重量 次數	重量 次數
啞鈴背伸展 20 下，二組	重量 次數	重量 次數	重量 次數
坐姿彈力帶髖外展 10~30 下，一組	次數（左側） 次數（右側）		
懸吊抬腿 8~20 下，一組	次數		
地雷管扭身 8~12 下，一組	次數		
備註			

注意：先做一組 A1 的動作，緊接著做一組 A2。休息 30~90 秒後，再重複，直到做完所有組數為止。B1 和 B2 的動作也是如此。

姓名：＿＿＿＿＿＿＿＿＿　日期：＿＿＿＿＿＿＿＿＿　體重：＿＿＿＿＿＿＿＿＿

動作	第一組	第二組	第三組
A1 槓鈴臀舉 （等長維持法） 30~60 秒，三組	重量 秒數	重量 秒數	重量 秒數
A2 **D** 形握把滑輪下拉 8 下，三組	重量 次數	重量 次數	重量 次數
B1 滑冰者深蹲 8 下，三組	重量 次數	重量 次數	重量 次數
B2 窄距伏地挺身 5~15 下，三組	重量 次數	重量 次數	重量 次數
槓鈴單腳羅馬尼亞硬舉 8~12 下，三組	★ 左側 重量 次數 ★ 右側 重量 次數	★ 左側 重量 次數 ★ 右側 重量 次數	★ 左側 重量 次數 ★ 右側 重量 次數
側姿抬髖 10~30 下，一組	次數（左側） 次數（右側）		
直腿仰臥起坐 10~20 下，一組	次數		
45 度側彎 10~20 下，每側一組	次數（左側） 次數（右側）		
備註			

注意：先做一組 A1 的動作，緊接著做一組 A2。休息 30~90 秒後，再重複，直到做完所有組數為止。
B1 和 B2 的動作也是如此。

姓名：＿＿＿＿＿＿＿＿＿　　日期：＿＿＿＿＿＿＿＿＿　　體重：＿＿＿＿＿＿＿＿＿

動作	第一組	第二組	第三組
A1 槓鈴臀舉（停息法） 10 下（連續 6 下，後 4 下分開做），三組	重量 次數	重量 次數	重量 次數
A2 懸吊裝置反向划船 6~12 下，三組	重量 次數	重量 次數	重量 次數
B1 澤奇槓鈴深蹲 5~10 下，三組	重量 次數	重量 次數	重量 次數
B2 抬腳式伏地挺身 5~20 下，三組	重量 次數	重量 次數	重量 次數
槓鈴相撲硬舉 6~12 下，三組	重量 次數	重量 次數	重量 次數
X 形彈力帶側走 20 下，一組（20 步往右，20 步往左）	次數		
啞鈴抗力球捲腹 20 下，一組	次數		
彈力帶抗旋轉 15 秒，每側一組	秒數（左側） 秒數（右側）		
備註			

注意：先做一組 A1 的動作，緊接著做一組 A2。休息 30~90 秒後，再重複，直到做完所有組數為止。
　　　B1 和 B2 的動作也是如此。

姓名：＿＿＿＿＿＿＿＿＿＿　　日期：＿＿＿＿＿＿＿＿＿　　體重：＿＿＿＿＿＿＿＿＿

動作	第一組	第二組	第三組
A1 槓鈴臀舉 （持續張力法） 20~30 下（不中斷），三組	重量 次數	重量 次數	重量 次數
A2 腰帶負重平行臥法 引體向上 1~3 下，三組	重量 次數	重量 次數	重量 次數
B1 啞鈴保加利亞分腿蹲 10 下，每側三組	重量 次數	重量 次數	重量 次數
B2 槓鈴上斜臥推 6~10 下，三組	重量 次數	重量 次數	重量 次數
架下腿後勾 6~15 下，兩組	重量 次數	重量 次數	重量 次數
滑輪髖旋轉 8~15 下，每側一組	★ 左側 重量 次數 ★ 右側 重量 次數		
人體鋸子 8~15 下，一組	次數		
庫克槓高跪姿水平伐木 8~15 下，每側一組	次數（左側） 次數（右側）		
備註			

注意：先做一組 A1 的動作，緊接著做一組 A2。休息 30~90 秒後，再重複，直到做完所有組數為止。
　　　 B1 和 B2 的動作也是如此。

姓名：＿＿＿＿＿＿＿　　日期：＿＿＿＿＿＿＿　　體重：＿＿＿＿＿＿＿

動作	第一組	第二組	第三組
A1 美式臀舉 5 下大重量，三組	重量 次數	重量 次數	重量 次數
A2 胸部支撐啞鈴划船 6~12 下，三組	重量 次數	重量 次數	重量 次數
B1 啞鈴登階／ 後跨步蹲的複合動作 8~15 下，每側三組	重量 次數	重量 次數	重量 次數
B2 啞鈴單臂肩推 8~15 下，三組	★ 左側 重量 次數 ★ 右側 重量 次數	★ 左側 重量 次數 ★ 右側 重量 次數	★ 左側 重量 次數 ★ 右側 重量 次數
單腳囚徒式 45 度髖超伸 8~15 下，三組	次數（左側） 次數（右側）	次數（左側） 次數（右側）	次數（左側） 次數（右側）
側姿抬髖 10~30 下，每側一組	次數（左側） 次數（右側）		
懸吊抬腿 8~20 下，一組	次數		
地雷管扭身 8~12 下，一組	次數		
備註			

注意：先做一組 A1 的動作，緊接著做一組 A2。休息 30~90 秒後，再重複，直到做完所有組數為止。B1 和 B2 的動作也是如此。

Chapter 12
十二週居家徒手塑臀計畫

你可能無法上健身房，或因為一些原因無法如期報到，因此我提供了十二週居家徒手塑臀計畫，這份計畫適合新手、喜歡在家訓練，以及那些無法去健身房的人。假設你已經使用了本書中的其他的計畫，但某天卻無法按時到健身房，那麼本計畫可以成為你當天的替代方案，請你選同一階段同訓練日的課表即可。

在計畫開始之前，你需要買一些簡單的運動器材，這些器材都很小，不會占用太多收納空間。你不需要購買成堆的器材來打造居家健身房，因為善用你的體重，再搭配一些簡單的工具，便能夠執行有效的訓練。

以下是你需要的器材

★ 運動軟墊

★ 抗力球

★ 滑盤
（如果你家地板夠平整，也可以用毛巾替代。）

★ 門框引體向上架
（Iron Gym 牌的產品還不錯。）

★ PVC 塑料管或是其他長棒
（像是掃把就很適合。）

訓練計畫中的動作會需要一些不同高度的平台，請發揮一點創意，像是茶几、椅子、床架、欄杆或其他的平面都可以拿來使用。我也鼓勵你可以買美國 Lifeline 牌的 Jungle GymXT，這是一種商用懸吊訓練器材，可以讓你做出本書中的許多動作。這份十二週計畫有幾個反向划船的類似動作，雖然你可以用其他器材來做這些動作，但是 Jungle GymXT 可以幫助你進步得更為快速。

如同我在「十二週新手豐滿臀部計畫」裡提到的，我希望你能夠掌握有品質的動作模式，因為沒有什麼比正確的動作還要重要。你可以在本計畫中輕易地達成可觀的訓練量，但如果你用了不正確的，甚至是糟糕的動作模式來執行訓練，那麼你就不會獲得預期中的成長。你每一組的第一下與最後一下，看起來應該要一樣，如果你的姿勢開始歪扭，那麼請休息一下。另外，如果你感受不到應作用的肌肉，那麼請降階到簡單一點的動作，直到你可以駕馭這個動作。

在「動作檢索及說明」單元中，我們示範了一些常見的錯誤動作，以及如何改正這些錯誤，但你要知道，修正有時候需要花一些時間，因為我們可能一直都在用不良的動作模式，也無法一夕之間就完全了解一個動作，所以我會在本計畫中使用一系列特定動作的漸進形式。

我希望你能承諾另一件事，就是當你使用本書的計畫做訓練時，請留心每個動作中肌肉的感受。如果你沒有感受到肌肉正在努力工作，那你可能做錯了方式。徒手運動經常被嚴重低估，但新手可能從徒手運動獲得比健身房器材更好的效益。許多徒手運動會運用到高比例的自身體重，如此一來便能對某些肌肉產生足夠大的負荷，對於新手來說，還可能大於啞鈴或槓鈴運動。例如，新手可能會使用相當輕的重量做上斜臥推、單臂划船或羅馬尼亞硬舉；但是透過不同變化形式的伏地挺身、反向划船與臀舉，這類徒手運動反而能使胸肌、闊背肌、肩胛後收肌與髖伸肌，獲得更大的負荷。在未來的十二週透過不斷地自我挑戰，即便不使用任何槓片或啞鈴，你也能建構美好體態。

日期： _____ 體重： _____

十二週居家徒手塑臀計畫
★ 首要目標是熟稔動作模式。
★ 一旦建立好協調性與正確的肌肉
　感受度，就可以開始增加重複次
　數，並學習增加動作困難度。

第 1 ～ 4 週訓練 A 需要的器材：
★ 運動軟墊
★ Jungle Gym XT 或兩張椅子
★ 桌子或其他高平面
★ 抗力球
★ 引體向上架

p. 192

A1 徒手臀橋
10~20下，三組

p. 268

A2 改良式反向划船
8~12下，三組

p. 210

B1 徒手箱上深蹲
10~20下，三組

p. 272

B2 身體抬高式伏地挺身
8~12下，三組

p. 185

B3 木棍髖關節絞鏈
10~20下，三組

p. 191

側姿髖外展
10~30下，每側一組

p. 294

俄式平板撐體
30~120 秒，一組

p. 302

膝式側平板撐體
20~60 秒，每側一組

日期：_____ 　　　　　　　　　體重：_____

A1 抬腳單腿臀橋
10~20下，每側三組

A2 反握引體向上（離心）
1~3下，三組

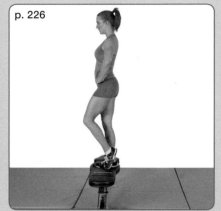

B2 徒手登階
10~20下，每側三組

B2 膝式伏地挺身
5~15下，三組

抗力球背伸展
10~20下，三組

側姿蛤蜊式
20~30下，每側一組

捲腹
20~30下，一組

側捲腹
20~30下，每側一組

日期：_____　　　　　　　體重：_____

A1 抬肩式臀部行軍
30~60 秒，三組
（交替抬腿，就像行軍一樣）

A2 懸吊裝置反向划船
8~12下，三組

B1 徒手箱上深蹲
10~20下，三組

B2 伏地挺身（離心）
3~5下，三組

木棍髖關節絞鏈
3~5下，三組

側姿髖外展
10~30下，每側一組

直腿仰臥起坐
15~30下，一組

抗力球側捲腹
15~30下，每側一組

日期：_____   體重：_____

第 5 ～ 8 週訓練 A 需要的器材：

★ 運動軟墊
★ Jungle Gym XT 或兩張椅子
★ 桌子或其他高平面
★ 抗力球
★ 引體向上架

p. 194

A1 徒手臀舉
10~30下，三組

p. 268

A2 懸吊裝置反向划船
（身體角度比上個月更高）
8~12下，三組

p. 211

B1 徒手深蹲
10~30下，三組

p. 274

B2 伏地挺身
1下，三組

p. 188

伸手單腳羅馬尼亞硬舉
10~20下，每側三組

p. 191

側姿髖外展
20~30下，每側一組

p. 295

俄式平板撐體
20~60 秒，一組

p. 303

側平板撐體
20~60 秒，每側一組

日期：＿＿＿＿＿＿＿＿＿＿＿＿＿　　　　　　　　　體重：＿＿＿＿＿＿＿＿＿＿＿＿＿

p. 196

A1 單腳臀橋
10~20下，每側三組

p. 282

A2 反握引體向上
1下，三組

p. 222

B1 跨步蹲
左右共 20 ～ 40 步，三組

p. 273

B2 膝式伏地挺身
6~20下，三組

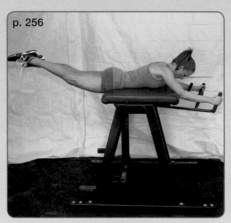

p. 256

俯臥髖伸
10~30下，三組

p. 191

側姿蛤蜊式
10~30下，每側三組

p. 293

抗力球捲腹
10~30下，一組

p. 301

抗力球側捲腹
10~30下，每側三組

日期：＿＿＿＿＿＿＿＿＿＿＿＿　　　　體重：＿＿＿＿＿＿＿＿＿＿＿＿

p. 194

A1 徒手臀舉
10~30下，三組

p. 268

A2 懸吊裝置反向划船（身體角度陡直）
8~12下，三組

p. 227

B1 徒手高登階
10~20下，每側三組

p. 272

B2 身體抬高式伏地挺身
8~12下，三組

p. 253

背伸展
20~30下，三組

p. 207

側姿抬髖
10~20下，每側一組

p. 296

抬腳俄式平板撐體
60~120 秒，一組

p. 301

抗力球側捲腹
10~20下，每側一組

第 9 ～ 12 週，訓練 A（每訓練週的第一天）

日期：　　　　　　　　　　　　　　　　　　　　　　　　　　　體重：

第 9 ～ 12 週訓練 A 需要的器材：
★ 運動軟墊
★ Jungle Gym XT 或兩張椅子
★ 桌子或其他高平面
★ 抗力球
★ 引體向上架
★ 滑盤或是在平滑地面上用毛巾

p. 197

A1 抬肩單腳臀舉
8~20 下，每側三組

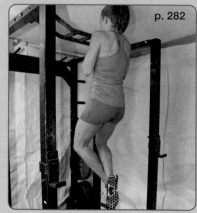

p. 282

A2 反握引體向上
3~10 下，三組

p. 227

B1 登階／後跨步蹲的複合動作
10~15 下，每側三組

p. 274

B2 伏地挺身
5~10 下，三組

p. 249

抗力球背部伸展
8~20 下，三組

p. 206

雙側四足髖外展
6 下，每側一組
（動作慢且控制速度）

p. 293

抗力球捲腹
10~30 下，一組

p. 303

側平板撐體加髖外展
20~60 秒，每側一組

日期：   體重：

A1 抬肩及抬腳式單腳臀舉
6~20下，每側三組

A2 抬腳式反向划船
6~12下，三組

B1 徒手保加利亞分腿蹲
5~30下，每側三組

B2 抬腳式肩式伏地挺身
6~20下，三組

滑盤腿後勾
10~20下，兩組

站姿雙側髖外展
6下，每側一組
（動作慢且控制速度）

俄式平板撐體
30~60 秒，一組

抬腳式側平板撐體加髖外展
20~60 秒，每側一組

日期：　　　　　　　　　　　　　　　　　　　　　體重：

p. 197

A1 抬肩單腳臀舉（停頓法）
5~15下，每側三組
（在動作的高點停留 3 秒）

p. 284

A2 窄距平行握法引體向上
3~10下，三組

p. 227

B1 徒手高登階
10~15下，每側三組

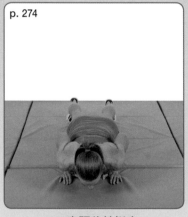
p. 274

B2 窄距伏地挺身
3~8下，三組

p. 261

俄式腿後勾
3~5下，三組

p. 207

側姿抬髖
10~20下，每側一組

p. 296

人體鋸子
10~15下，一組

p. 303

抬腳式側平板撐體加髖外展
20~60 秒，每側一組

姓名：＿＿＿＿＿＿＿　　日期：＿＿＿＿＿＿＿　　體重：＿＿＿＿＿＿＿

動作	第一組	第二組	第三組
A1 徒手臀橋 10~20 下，三組	重量 次數	重量 次數	重量 次數
A2 改良式反向划船 8~12 下，三組	重量 次數	重量 次數	重量 次數
B1 徒手箱上深蹲 10~20 下，三組	重量 次數	重量 次數	重量 次數
B2 身體抬高式伏地挺身 8~12 下，三組	重量 次數	重量 次數	重量 次數
木棍髖關節絞鏈 10~20 下，三組	重量 次數	重量 次數	重量 次數
側姿髖外展 10~30 下，每側一組	次數（左側） 次數（右側）		
俄式平板撐體 30~120 秒，一組	秒數		
膝式側平板撐體 20~60 秒，每側一組	秒數（左側） 秒數（右側）		
備註			

注意： 先做一組 A1 的動作，緊接著做一組 A2。休息 30~90 秒後，再重複，直到做完所有組數為止。
B1 和 B2 的動作也是如此。

姓名：＿＿＿＿＿＿＿＿＿　　日期：＿＿＿＿＿＿＿＿＿　　體重：＿＿＿＿＿＿＿＿＿

動作	第一組	第二組	第三組
A1 抬腳單腿臀舉 10~20 下，每側三組	次數（左側） 次數（右側）	次數（左側） 次數（右側）	次數（左側） 次數（右側）
A2 反握引體向上（離心） 1~3 下，三組	重量 次數	重量 次數	重量 次數
B1 徒手登階 10~20 下，每側三組	次數（左側） 次數（右側）	次數（左側） 次數（右側）	次數（左側） 次數（右側）
B2 膝式伏地挺身 5~15 下，三組	重量 次數	重量 次數	重量 次數
抗力球背伸展 10~20 下，三組	重量 次數	重量 次數	重量 次數
側姿蛤蜊式 20~30 下，每側一組	次數（左側） 次數（右側）		
捲腹 20~30 下，一組	次數		
側捲腹 20~30 下，每側一組	次數（左側） 次數（右側）		
備註			

注意：先做一組 A1 的動作，緊接著做一組 A2。休息 30~90 秒後，再重複，直到做完所有組數為止。B1 和 B2 的動作也是如此。

姓名： _____   日期： _____   體重： _____

動作	第一組	第二組	第三組
A1 抬肩式臀部行軍 30~60 秒，三組	重量 次數	重量 次數	重量 次數
A2 懸吊裝置反向划船 8~12 下，三組	重量 次數	重量 次數	重量 次數
B1 徒手箱上深蹲 10~20 下，三組	重量 次數	重量 次數	重量 次數
B2 伏地挺身（離心） 3~5 下，三組	重量 次數	重量 次數	重量 次數
木棍髖關節絞鏈 3~5 下，三組	重量 次數	重量 次數	重量 次數
側姿髖外展 10~30 下，每側一組	次數（左側） 次數（右側）		
直腿仰臥起坐 15~30 下，一組	次數		
抗力球側捲腹 15~30 下，每側一組	次數（左側） 次數（右側）		
備註			

注意：先做一組 A1 的動作，緊接著做一組 A2。休息 30~90 秒後，再重複，直到做完所有組數為止。
B1 和 B2 的動作也是如此。

姓名：＿＿＿＿＿＿＿＿＿　　日期：＿＿＿＿＿＿＿　　體重：＿＿＿＿＿＿＿

動作	第一組	第二組	第三組
A1 徒手臀舉 10~30 下，三組	重量 次數	重量 次數	重量 次數
A2 懸吊裝置反向划船 （身體角度比上個月更高） 8~12 下，三組	重量 次數	重量 次數	重量 次數
B1 徒手深蹲 10~30 下，三組	次數（左側） 次數（右側）	次數（左側） 次數（右側）	次數（左側） 次數（右側）
B2 伏地挺身 1 下，三組	重量 次數	重量 次數	重量 次數
伸手單腳羅馬尼亞硬舉 10~20 下，每側三組	次數（左側） 次數（右側）	次數（左側） 次數（右側）	次數（左側） 次數（右側）
側姿髖外展 20~30 下，每側一組	次數（左側） 次數（右側）		
俄式平板撐體 20~60 秒，一組	秒數		
側平板撐體 20~60 秒，每側一組	秒數（左側） 秒數（右側）		
備註			

注意： 先做一組 A1 的動作，緊接著做一組 A2。休息 30~90 秒後，再重複，直到做完所有組數為止。B1 和 B2 的動作也是如此。

姓名：＿＿＿＿＿＿＿＿ 日期：＿＿＿＿＿＿＿＿ 體重：＿＿＿＿＿＿＿＿

動作	第一組	第二組	第三組
A1 單腳臀橋 10~20 下，每側三組	次數（左側） 次數（右側）	次數（左側） 次數（右側）	次數（左側） 次數（右側）
A2 反握引體向上 1 下，三組	重量 次數	重量 次數	重量 次數
B1 跨步蹲 左右共 20 ～ 40 步，三組	次數（左側） 次數（右側）	次數（左側） 次數（右側）	次數（左側） 次數（右側）
B2 膝式伏地挺身 6~20 下，三組	重量 次數	重量 次數	重量 次數
俯臥髖伸 10~30 下，三組	重量 次數	重量 次數	重量 次數
側姿蛤蜊式 10~30 下，每側三組	次數（左側） 次數（右側）		
抗力球捲腹 10~30 下，一組	次數		
抗力球側捲腹 10~30 下，每側三組	次數（左側） 次數（右側）		
備註			

注意：先做一組 A1 的動作，緊接著做一組 A2。休息 30~90 秒後，再重複，直到做完所有組數為止。
B1 和 B2 的動作也是如此。

姓名：＿＿＿＿＿＿＿＿＿　　　日期：＿＿＿＿＿＿＿＿＿　　　體重：＿＿＿＿＿＿＿＿＿

動作	第一組	第二組	第三組
A1 徒手臀舉 10~30 下，三組	重量 次數	重量 次數	重量 次數
A2 懸吊裝置反向划船 （身體角度陡直） 8~12 下，三組	重量 次數	重量 次數	重量 次數
B1 徒手高登階 10~20 下，每側三組	次數（左側） 次數（右側）	次數（左側） 次數（右側）	次數（左側） 次數（右側）
B2 身體抬高式伏地挺身 8~12 下，三組	重量 次數	重量 次數	重量 次數
背伸展 20~30 下，三組	重量 次數	重量 次數	重量 次數
側姿抬髖 10~20 下，每側一組	次數（左側） 次數（右側）		
抬腳俄式平板撐體 60~120 秒，一組	秒數		
抗力球側捲腹 10~20 下，每側一組	次數（左側） 次數（右側）		
備註			

注意：先做一組 A1 的動作，緊接著做一組 A2。休息 30~90 秒後，再重複，直到做完所有組數為止。B1 和 B2 的動作也是如此。

姓名：＿＿＿＿＿＿＿＿＿＿＿　　日期：＿＿＿＿＿＿＿＿＿＿　　體重：＿＿＿＿＿＿＿＿

動作	第一組	第二組	第三組
A1 抬肩單腳臀舉 8~20 下，每側三組	次數（左側） 次數（右側）	次數（左側） 次數（右側）	次數（左側） 次數（右側）
A2 反握引體向上 3~10 下，三組	重量 次數	重量 次數	重量 次數
B1 登階／後跨步蹲的複合動作 10~15 下，每側三組	次數（左側） 次數（右側）	次數（左側） 次數（右側）	次數（左側） 次數（右側）
B2 伏地挺身 5~10 下，三組	重量 次數	重量 次數	重量 次數
抗力球背部伸展 8~20 下，三組	重量 次數	重量 次數	重量 次數
雙側四足髖外展 6 下，每側一組	次數（左側） 次數（右側）		
抗力球捲腹 10~30 下，一組	次數		
側平板撐體加髖外展 20~60 秒，每側一組	秒數（左側） 秒數（右側）		
備註			

注意：先做一組 A1 的動作，緊接著做一組 A2。休息 30~90 秒後，再重複，直到做完所有組數為止。
B1 和 B2 的動作也是如此。

姓名：＿＿＿＿＿＿＿　　日期：＿＿＿＿＿＿＿　　體重：＿＿＿＿＿＿＿

動作	第一組	第二組	第三組
A1 抬肩及抬腳式單腳臀舉 6~20 下，每側三組	次數（左側） 次數（右側）	次數（左側） 次數（右側）	次數（左側） 次數（右側）
A2 抬腳式反向划船 6~12 下，三組	重量 次數	重量 次數	重量 次數
B1 徒手保加利亞分腿蹲 5~30 下，每側三組	次數（左側） 次數（右側）	次數（左側） 次數（右側）	次數（左側） 次數（右側）
B2 抬腳式肩式伏地挺身 6~20 下，三組	重量 次數	重量 次數	重量 次數
滑盤腿後勾 10~20 下，兩組	重量 次數	重量 次數	重量 次數
站姿雙側髖外展 6 下，每側一組	次數（左側） 次數（右側）		
俄式平板撐體 30~60 秒，一組	秒數		
抬腳式側平板撐體加髖外展 20~60 秒，一組	秒數（左側） 秒數（右側）		
備註			

注意：先做一組 A1 的動作，緊接著做一組 A2。休息 30~90 秒後，再重複，直到做完所有組數為止。
B1 和 B2 的動作也是如此。

姓名：＿＿＿＿＿＿＿　　日期：＿＿＿＿＿＿＿　　體重：＿＿＿＿＿＿＿

動作	第一組	第二組	第三組
A1 抬肩單腳臀舉（停頓法） 5~15 下，每側三組	次數（左側） 次數（右側）	次數（左側） 次數（右側）	次數（左側） 次數（右側）
A2 窄距平行握法引體向上 3~10 下，三組	重量 次數	重量 次數	重量 次數
B1 徒手高登階 10~15 下，每側三組	次數（左側） 次數（右側）	次數（左側） 次數（右側）	次數（左側） 次數（右側）
B2 窄距伏地挺身 3~8 下，三組	重量 次數	重量 次數	重量 次數
俄式腿後勾 3~5 下，三組	重量 次數	重量 次數	重量 次數
側姿抬髖 10~20 下，每側一組	次數（左側） 次數（右側）		
人體鋸子 10~15 下，一組	次數		
抬腳式側平板撐體加髖外展 20~60 秒，每側一組	秒數（左側） 秒數（右側）		
備註			

注意：先做一組 A1 的動作，緊接著做一組 A2。休息 30~90 秒後，再重複，直到做完所有組數為止。
B1 和 B2 的動作也是如此。

Chapter 13
十二週下半身美臀曲線計畫

我有許多客戶上門時，她們除了臀部外，對於身體各部位都非常滿意。她們希望臀部大改造，希望我為了她們的臀部而一展身手。如果這跟你的情況類似，那麼下半身限定的美臀計畫應該非常適合你。

這份計畫非常簡單，所以你在翻閱時只會匆匆看過，不過，一旦學會了如何全面啟動你的臀肌，你將會發現美臀計畫其實非常有挑戰性。每次訓練由四種臀部動作搭配不同的重複次數與強度。值得注意的是，美臀計畫中沒有超級組，所以組間休息在這個計畫中是很重要的，如此才能確保你的臀部肌群能在連續的運動下充分發揮。

這個訓練課程會不斷地使用你身體中的最大肌群，所以你不僅雕塑了臀腿線條，更成為了一部燃脂機器。也就是說，在臀部變翹、變豐滿的過程中，你也減去了一些脂肪。雖然我很享受全身性的訓練，但是這套美臀計畫受到許多女性的喜愛，因為妳可以花相對少的時間在健身房裡，依然獲得不錯的成效。不過，這需要你同時搭配飲食計畫。

在這個計畫中，動作品質是非常重要的。請先詳閱有關啟動臀肌及動作模式的部分，以確保你在健身房裡的時間沒有白花。「動作檢索及說明」單元中，提供了一些常見的錯誤及矯正方法，你最好能先閱讀過每一種動作，然後想想有哪些動作比較適合你。

如果你能將動作做得越好，將臀肌啟動得越多，就能獲得越多的成果

日期：＿＿＿＿＿＿＿＿＿＿＿＿＿　　　　　　　　　　體重：＿＿＿＿＿＿＿＿＿＿＿＿＿

十二週下半身美臀曲線計畫
★ 首要目標是先精熟動作模式。
★ 一旦掌握了協調性及肌肉的感受度，就可以增加
　動作的重複次數以增加挑戰性。

第 1 ～ 4 週需要的器材：
★ 運動軟墊
★ 背伸展機或抗力球
★ 啞鈴槓鈴與槓片
★ 厚的護槓軟墊

p. 194

徒手臀舉
20下，三組

p. 211

徒手深蹲
20下，三組

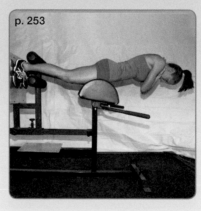
p. 253

徒手背部伸展
20下，三組

p. 191

側姿蛤蜊式
20下，每側一組

第 1～4 週，訓練 B

（每訓練週的第三天）

日期：＿＿＿＿＿＿　　體重：＿＿＿＿＿＿

p. 196

單腳臀橋
20下，每側三組

p. 222

徒手行走跨步蹲
10~20下，三組

p. 256

鐘擺機徒手俯臥髖伸
20下，三組

p. 191

側姿髖外展
30下，每側一組

第 1～4 週，訓練 C

（每訓練週的第五天）

日期：＿＿＿＿＿＿　　體重：＿＿＿＿＿＿

p. 198

槓鈴臀橋
10下，三組

p. 212

啞鈴高腳杯深蹲
10下，三組

p. 233

啞鈴羅馬尼亞硬舉
10下，三組

p. 208

滑輪髖旋轉
10下，每側一組

第 5 ～ 8 週，訓練 A

（每訓練週的第三天）

日期：＿＿＿＿＿＿＿ 體重：＿＿＿＿＿＿＿

第 **5 ～ 8** 需要的器材：
★ 運動軟墊
★ 槓鈴與槓片
★ 啞鈴
★ 纜繩與踝帶

p. 199

槓鈴臀舉
8~12下，三組

p. 218

槓鈴前蹲舉
8~12下，三組

p. 233

槓鈴羅馬尼亞硬舉
8~12下，三組

p. 204

坐姿彈力帶髖外展
30下，一組

第 5 ～ 8 週，訓練 B

（每訓練週的第一天）

日期：＿＿＿＿＿＿＿ 體重：＿＿＿＿＿＿＿

p. 197

抬肩單腳臀舉
8~12下，每側三組

p. 230

滑冰者深蹲
8~12下，每側三組

p. 236

啞鈴單腳
羅馬尼亞硬舉
8~12 下，每側三組

p. 205

站姿滑輪髖外展
30下，每側一組

第 5～8 週，訓練 C
（每訓練週的第五天）

日期：_____   體重：_____

槓鈴臀橋
10下，三組

澤奇深蹲
10下，三組

啞鈴背伸展
10下，三組

側姿抬髖
12下，一組

第 9～12 週，訓練 A
（每訓練週的第一天）

日期：_____   體重：_____

第 9～12 週需要的器材
- ★ 運動軟墊
- ★ 啞鈴
- ★ 重量訓練床與增強式訓練箱或短平台
- ★ 啞鈴與槓片
- ★ 滑輪與庫克槓
- ★ 較高的增強式訓練箱
- ★ 背伸展機
- ★ 彈力帶
- ★ 壺鈴

美式臀舉
（持續張力法）
20下，三組

啞鈴保加利亞分腿蹲
12下，每側三組

美式硬舉
8下，三組

庫克槓高跪姿
水平伐木
15下，每側一組

第 9 ~ 12 週，訓練 B
（每訓練週的第三天）

日期：_____　　　體重：_____

p. 203

抬肩及抬腳式
單腳臀舉
（停頓法）
6下，每側三組
（在動作的高點
停留 3 秒）

p. 214

槓鈴高位箱式深蹲
6下，三組

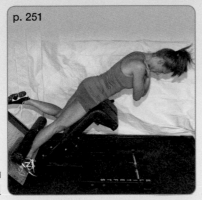

p. 251

單腳 45 度髖超伸
12下，每側三組

p. 208

滑輪髖旋轉
15下，每側一組

第 9 ~ 12 週，訓練 C
（每訓練週的第五天）

日期：_____　　　體重：_____

p. 199

槓鈴臀舉（停息法）
10下，三組
（先連續 6 下，
接著分開做 4 下）

p. 229

啞鈴高登階
8下，每側三組

p. 246

俄式盪壺
20下，三組

p. 207

側姿抬髖
15下，每側一組

姓名：＿＿＿＿＿＿＿＿＿　　日期：＿＿＿＿＿＿＿　　體重：＿＿＿＿＿＿＿

動作	第一組	第二組	第三組
徒手臀舉 20 下，三組	重量 次數	重量 次數	重量 次數
徒手深蹲 20 下，三組	重量 次數	重量 次數	重量 次數
徒手背部伸展 20 下，三組	重量 次數	重量 次數	重量 次數
側姿蛤蜊式 20 下，每側一組	次數（左側） 次數（右側）		
備註			

姓名：＿＿＿＿＿＿＿＿　　日期：＿＿＿＿＿＿＿＿　　體重：＿＿＿＿＿＿＿＿

動作	第一組	第二組	第三組
單腳臀橋 20 下，每側三組	次數（左側） 次數（右側）	次數（左側） 次數（右側）	次數（左側） 次數（右側）
徒手行走跨步蹲 10~20 下，三組	次數	次數	次數
鐘擺機徒手俯臥髖伸 20 下，三組	重量 次數	重量 次數	重量 次數
側姿髖外展 30 下，每側一組	次數（左側） 次數（右側）		
備註			

姓名：＿＿＿＿＿＿＿＿＿　　日期：＿＿＿＿＿＿　　體重：＿＿＿＿＿＿

動作	第一組	第二組	第三組
槓鈴臀橋 10 下，三組	重量 次數	重量 次數	重量 次數
啞鈴高腳杯深蹲 10 下，三組	重量 次數	重量 次數	重量 次數
啞鈴羅馬尼亞硬舉 10 下，三組	重量 次數	重量 次數	重量 次數
滑輪髖旋轉 10 下，每側一組	★ 左側 重量 次數 ★ 右側 重量 次數		
備註			

姓名： _____　　日期： _____　　體重： _____

動作	第一組	第二組	第三組
槓鈴臀舉 8~12 下，三組	重量 次數	重量 次數	重量 次數
槓鈴前蹲舉 8~12 下，三組	重量 次數	重量 次數	重量 次數
槓鈴羅馬尼亞硬舉 8~12 下，三組	重量 次數	重量 次數	重量 次數
坐姿彈力帶髖外展 30 下，一組	重量 次數		
備註			

姓名：_____　　日期：_____　　體重：_____

動作	第一組	第二組	第三組
抬肩單腳臀舉 8~12 下，每側三組	次數（左側） 次數（右側）	次數（左側） 次數（右側）	次數（左側） 次數（右側）
滑冰者深蹲 8~12 下，每側三組	次數（左側） 次數（右側）	次數（左側） 次數（右側）	次數（左側） 次數（右側）
啞鈴單腳羅馬尼亞硬舉 8~12 下，每側三組	★ 左側 重量 次數 ★ 右側 重量 次數	★ 左側 重量 次數 ★ 右側 重量 次數	★ 左側 重量 次數 ★ 右側 重量 次數
站姿滑輪髖外展 30 下，每側一組	★ 左側 重量 次數 ★ 右側 重量 次數		
備註			

姓名：＿＿＿＿＿＿＿＿＿＿　　日期：＿＿＿＿＿＿＿＿　　體重：＿＿＿＿＿＿＿＿

動作	第一組	第二組	第三組
槓鈴臀橋 10 下，三組	重量 次數	重量 次數	重量 次數
澤奇深蹲 10 下，三組	重量 次數	重量 次數	重量 次數
啞鈴背伸展 10 下，三組	重量 次數	重量 次數	重量 次數
側姿抬髖 12 下，一組	次數（左側） 次數（右側）		
備註			

姓名：＿＿＿＿＿＿＿＿＿　　日期：＿＿＿＿＿＿＿　　體重：＿＿＿＿＿＿＿

動作	第一組	第二組	第三組
美式臀舉 （持續張力法） 20 下，三組	重量 次數	重量 次數	重量 次數
啞鈴保加利亞分腿蹲 12 下，每側三組	★ 左側 重量 次數 ★ 右側 重量 次數	★ 左側 重量 次數 ★ 右側 重量 次數	★ 左側 重量 次數 ★ 右側 重量 次數
美式硬舉 8 下，三組	重量 次數	重量 次數	重量 次數
庫克槓高跪姿水平伐木 15 下，每側一組	次數（左側） 次數（右側）		
備註			

十二週下半身美臀曲線計畫／第 9 ～ 12 週，訓練 B

姓名：＿＿＿＿＿＿＿＿　　日期：＿＿＿＿＿＿＿　　體重：＿＿＿＿＿＿＿

動作	第一組	第二組	第三組
抬肩及抬腳式單腳臀舉 **（停頓法）** 6 下，每側三組	次數（左側） 次數（右側）	次數（左側） 次數（右側）	次數（左側） 次數（右側）
槓鈴高位箱式深蹲 6 下，三組	重量 次數	重量 次數	重量 次數
單腳 45 度髖超伸 12 下，每側三組	次數（左側） 次數（右側）	次數（左側） 次數（右側）	次數（左側） 次數（右側）
滑輪髖旋轉 15 下，每側一組	次數（左側） 次數（右側）		
備註			

姓名：＿＿＿＿＿＿＿＿＿　　日期：＿＿＿＿＿＿＿　　體重：＿＿＿＿＿＿＿

動作	第一組	第二組	第三組
槓鈴臀舉（停息法） 10 下，三組	重量 次數	重量 次數	重量 次數
啞鈴高登階 8 下，每側三組	★ 左側 重量 次數 ★ 右側 重量 次數	★ 左側 重量 次數 ★ 右側 重量 次數	★ 左側 重量 次數 ★ 右側 重量 次數
俄式盪壺 20 下，三組	重量 次數	重量 次數	重量 次數
側姿抬髖 15 下，每側一組	次數（左側） 次數（右側）		
備註			

Chapter 14
活出你的翹臀曲線

既然你正在發展「翹臀曲線」的路上，就該學會將運動融入你的生活。多數女性在展開新的運動計畫時，所面對的最大阻撓，就是要擠出空檔來訓練。而最棒的是，本書提供的訓練計畫不需要占用太多時間。事實上，每週只需要三小時，你就可以看到驚人的成效。考慮到你每週大約有 72 個小時非睡覺且非工時的空檔，這只是其中一小部分。

好，我想你可能會抗議，難道我在這 72 個小時裡不忙嗎？這樣想也太不合理了。事實上，你很可能會覺得自己連呼吸的時間都沒有。在經歷忙碌的一天後，你可能只想要好好坐著休息、看本好書，或是收看你最愛的電視節目。又或許你根本沒有那樣的閒情逸致，因為你還要游泳、上鋼琴課、打籃球、參加家長會或其他家庭聚會。

但無論你有多忙，空下幾個小時來運動是很重要的。如果你不留給自己那樣的餘裕，將會陷入「太累而無法運動」的循環。事實上，缺乏精力正是由於缺乏運動所導致。這是許多人落入的惡性循環，唯一的擺脫方式，就是開始動起來。

你可能會覺得把訓練排入行程是件自私的事，因為你必須把小孩留在家裡或放在健身房的托育中心。在訓練那天，你的衣服可能沒辦法摺好，或是髒碗盤要拖幾個小時後才能清洗。又或許當晚你沒辦法煮飯，必須重新加熱剩飯剩菜。但我保證，這對你而言不會是很大的問題。上健身房並不是件自私的事，花額外的時間照料你的身體，可以改善你的生活品質。要知道，運動成癮和一般健康的運動之間有很大的差別。每週花三個小時做運動，一點都稱不上成癮。為了維持健康，你每週至少要運動三個小時。我的許多女性客戶都告訴我，在開始運動之後，他們的精力更好、對食物的慾望下降、心情更愉悅、性生活更美滿、和所愛的人關係更和諧，而且對自己更有自信。事實上，運動對於自信、成就感、心情與正面態度的提升，並不亞於對身材、肌力與健康的影響。

就我所見，運動對於每一個在乎你的人而言有利無弊。你的伴侶會因為你變得更好相處、花更多時間在床笫之間，而更在乎你；你的小孩會因為你更有精力陪他們玩、更享受生活而更愛你；你的老闆會因為你變得更機靈、更專注於工作而感謝你；你的朋友會因為你很激勵人心而依賴你；當你開始了健康的生活模式，所有人都會受益，尤其是你自己。

我先前曾提到，每週只需要三個小時就可以看到很大的進步。我通常會希望客戶每週花三到六個小時不等的時間來訓練，一切取決於他們的目標。那些身為運動員的客戶訓練得更為頻繁，但若目標是改善身形的客戶，則每週僅花三個小時。如果你認為這些投資的時間看似太少，很有可能是因為你曾被健身房裡整天埋頭苦練的健身者勸說，但這並非獲得成果的唯一途徑。相信我，過度訓練將適得其反。耗費太多時間訓練將會耗盡你的精力，破壞荷爾蒙的平衡，隨著時間過去，你將會發現結果是事倍功半。

「翹臀曲線計畫」的設計非常有彈性，以符合你的需求。如果你一週只能訓練兩次，就這麼做吧。如果你每次只能訓練三十分鐘，但每週能訓練五次，就這麼安排你的課表吧。本書並沒有硬性規定你一定要在哪一天訓練，或一定要訓練多少時間。

整個課表最重要的關鍵在於，你每週都會以最棒的臀部運動訓練數次。你必須全力以赴地開始這個健身計畫。

在這個計畫中，唯一會阻撓你邁向成功的，是你自我設限。我曾注意到許多女性一開始每週訓練一或兩次，就只是為了圖個參與。但幾個月

過去後，她們增加到每週訓練三到四次。接著，她們開始報名參加競賽，為了形體比賽而準備，或是對健力產生興趣。

因為她們每次舉起槓鈴時都能突破紀錄，慢慢的，她們開始對更大的挑戰產生狂熱。肌力訓練會讓你越來越有自信。當每週深蹲、臀舉及硬舉都越來越進步，又能同時保持完美的曲線，你將會發現自己的最大潛能。

凱莉's Tip

在參與第二場形體比賽後，我花了一些時間自我評估。最初，我是為了自己所認為的正確原因而準備比賽，但我了解到自己追求目標的方法是錯的。我過度訓練，而且吃得太少。

我不希望我的「理想自我」阻撓「真實的我」。而且我知道，這將會讓我遠離目標，也就是最佳的健康與身心靈狀態。事實上，我得不再被所謂的「健康生活習慣」給制約。

所以我自己想出了一套個人哲學，至今我仍奉行不移：

★ 我的身體是我努力訓練所獲得的回饋。我不會為了打造終極身形而過度訓練。

★ 我愛我的身體。我認真吃，以滋養我的身體、修復組織、改善重要器官的功能、提供一天所需的營養，並增加我的壽命。我不會過度節食使身體營養失衡，或是暴飲暴食使身體耽溺，我不再以飲食傷害身體。

★ 訓練是一個習慣。健身房是我每日行程的一部分，但我不必特別改變其他的行程，只為了配合健身。

自從我將目標由獲得特定的體態轉為提升身心靈的健康，所有事情都改觀了。我的精力改善了，因為我為了健康而吃；我的肌力增加，因為我吃得更好；反過來說，因為我的飲食與肌力狀態都更好，讓我的身形也跟著改變。

你必須為這個計畫中的每件事建立起象徵性的關聯，以獲得最佳的成果。當然，你想要一對完美的翹臀、更苗條的體態、纖細的小蠻腰。但如果這就是你所追求的一切，你將會過度沉迷。專注在正確的事物上，也就是更強健的免疫系統、平衡的荷爾蒙濃度、增進自信心，以及較少的疾病，其餘的事情將會適得其所。

家庭與你的健康生活模式

你能為家人所做的最有價值的事之一，就是讓他們一同參與你健康的生活模式。不過這不表示他們也必須依循「翹臀曲線計畫」（儘管這會很棒）。

把你每日的健身與營養習慣融入家庭生活，將會造成大大的不同。然而，說的總是比做的容易。人類是容易流於習慣的動物，要說服你的家人改變，大概就跟拔牙一樣「簡單」。所以，這裡有幾個訣竅可幫助你：

營養

不要奪走他們所愛的食物，應該鼓勵他們多嘗試新的事物。

如果你的老公或伴侶喜歡在看足球賽時喝啤酒或吃披薩，就不要把這些食物改成檸檬水、綜合生菜與雞肉。與其在他嘗試健康飲食之前，就完全否決他舊有的飲食習慣，不如教導他，你學習了什麼，以及這些改變為你帶來了哪些好處。如果那是他出自個人意願而非被你強迫的，他願意改變的可能性將大大提高。另外要記住，假若他果真選擇了鮭魚和花椰菜，而不是肋排和薯條，千萬別告訴他：「我早就告訴過你了吧！」要讓他認為那是他自己主動改變的。

讓孩子們以有趣的方式參與你的健康新生活。

如果你的小孩看到一盤綠豆子和烤牛肝連，他們很有可能會緊閉嘴巴。但如果他們從一開始就參與食物的準備與製作，將會更享受食物，並且更了解什麼是粒粒皆辛苦。把他們一起帶到市場，讓他們選擇食物的品項，並且參與菜單的設計。回到家後，讓他們將雜貨歸位，並且幫忙準備晚餐。

另一個讓你的小孩參與的方式是：準備一本食譜，還有他們專用的廚房用具。如果孩子幫忙做了沙拉、炒飯，並為雞肉調味後，你可以讓他們享用水果做為辛苦的回報。

當第一個點餐的人，朋友們將會跟隨你的選擇。

你常會發現，當朋友一起用餐時，如果你帶頭點餐，他們將會跟著點類似的餐點。在其他人搶得先機前，你就先點健康的餐點，一旦你的朋友發現你吃得很健康時，他們或許會選擇鮭魚沙拉而非起司漢堡。

健身

找出你們可以一起進行的活動。

如果你的夥伴不能忍受到健身房，就選擇其他運動，如爬山、慢跑或其他戶外活動。如果你的健身房有提供重量訓練和有氧課程以外的活動，像是籃球課、美式壁球、游泳及網球課，看看他們是否願意跟著參加。在看見你的轉變之後，他很有可能會想了解這本書究竟在講什麼。我曾指導過許多女性，其伴侶在見識過她們深蹲與硬舉自身體重後，也開始出現在健身房裡訓練。

出門，並且和你的孩子玩耍。

不要成為坐在公園板凳上的母親。到了公園之後，就好好玩耍吧！鬼抓人遊戲、盪鞦韆、盪單槓等，這些不僅是很棒的運動，對於喚醒你潛藏的童心也很有幫助。表現像個孩子，有助於你減壓，並且讓你和孩子建立起更多的連結。如果你的孩子已是青少年，就更沒有理由不帶他們一塊去健身房了。凱莉和我都在十五歲時成為健身房會員，並從此與健身結下不解之緣。

邀請你的朋友一同參與。

與朋友安排在健身房會面。如果他們對肌力訓練沒興趣，試著和他們一起上課。即使是在沙灘上散步或公園裡漫步，都是讓他們開始參與健身的好方式。另外，買這本書送給他們，也可以鼓勵他們展開肌力訓練。在見識到你訓練的成效後，他們將會求你告訴他們，你成功的祕密。

建立起專屬健身女性的社群。

看到近來女性健身變得如此熱絡，是件令人驚奇的事。來自世界各地的女性一同散播關於肌力與健康的訊息。為何不加入她們呢？透過社交建立起的網路社群和社團，是一個尋找健身路上志同道合的朋友的絕佳途徑。

當壞習慣悄悄降臨

「翹臀曲線計畫」會強迫你踏出舒適圈。在開始訓練計畫的數週之後，你將體會到它對你人生的正向幫助。你將會擺脫壞習慣，取而代之的是健康的習慣。但有時在你不經意間，壞習慣可能會悄悄降臨。有時候，一些壓力事件可能使你卻步並退回舒適圈。當你承受壓力時，可能會略過訓練而待在家裡；你可能會選擇吃冰淇淋而不是胡蘿蔔。我們偶爾都會這麼做，但是有能力辨認出何時壞習慣會再度出沒，可以幫助你阻擋它們變得根深柢固。

最重要的是，你要記得，每個明日都是嶄新的開始。如果你吃了超出飲食計畫的食物、漏掉一次訓練，或是某一天的訓練密度比較低，不要因此沮喪。我們偶爾都該休息一下，些微的疏失不會影響你的進步，甚至會對你有所助益。但如果你一直讓這些小插曲變成日常，就必須好好重新檢視你的目標。你必須問自己：「嘿！你想要又翹又強壯的臀部嗎？」你當然想要！「嘿！你想要旺盛的精力和好心情嗎？」答案絕對會是響亮的「要！」無論你的怠惰是一天或一整個星期，別讓它毀了你的進展。起身，掃除你的陰霾，並且重新從你脫離常軌的位置再次開始。

成為你自己最大的支持者和精神導師，不斷自我激勵。如果局勢變得失控，找你的健身夥伴求助，或是聯絡凱莉和我把你拉回正軌。沒有人會比我們更迫切地希望你在這個健身計畫中獲得成功。

面對批評

絕大多數人都會支持你在健身方面的付出與努力，但偶爾會有一些不相干的人做出一些讓你失望的事。從辦公室的惡霸，到給你一對粉紅色啞鈴的健身房肌肉猛男，這些人來自各行各業、無處不在，而且會在你最意想不到的時刻給你一擊。

沒有比失禮的評語更能摧毀你的好心情了。如果真的發生這樣的事，問問自己，那個人的意見是否比你的成就還要重要。同時，不要讓評論往自己的心裡去。通常，這些評語與說出它的人本身較有關，而非你。

為了搏君一笑，以下有一些我的客戶及女性同事常聽到的評論：

「只是一片餅乾而已，對妳不會有害啦。」

「妳為什麼要把事情看得這麼嚴肅？」

「我不敢相信妳為了比賽得要這樣吃東西和訓練。」

「妳好幸運喔！可以有這麼棒的體態。」

「妳好自律喔！我真搞不懂妳是怎麼辦到的。」

「為什麼妳就不能多享受人生呢？」

「天啊！妳看起來太瘦了！一切還好嗎？」

「如果妳繼續這麼訓練的話，看起會像個男人一樣。」

「我實在等不及妳的飲食控制快點結束，再度恢復正常。」

「為什麼妳要這麼吃呢？難道妳不懷念美食的滋味嗎？」

「一直這樣吃是不健康的。」

「一旦妳停止健身，肌肉就會變成脂肪。」

「吃那麼多脂肪會阻塞妳的血管。」

「如果妳吃這麼多維他命，器官將會停擺。」

「妳減肥之後，胸部會大縮水。」

「我好擔心妳，妳幾乎都沒吃耶。」

「我只想要好好享受人生，不想過得跟苦行僧一樣。」

「為什麼妳就不能像一般女生一樣，跑步就好了？」

「妳走火入魔了！」

「一天不去健身房，妳也不會死掉啦！」

這些評語中，有多少是正向且具支持性的？一個都沒有。但如果這樣就讓這些女性感到厭煩，她們就無法成為我們今日看到的、身強體健的女神。我鼓勵你可以將嚴厲的評論化為進步的動力，讓你更接近目標。你不是為了其他人設下的標準而努力。你必須訂定自己的標準，並且不要讓他人阻撓你原先就預計要達成的事。

而且要記住，只要你有妥善分配熱量和巨量營養素的比例，你是可以「揮霍」飲食預算的。假設你預期會參加派對、看棒球或是看電影的約會，不必排斥吃一些點心、一條熱狗或爆米花，但是別再吃進和平常一樣多的熱量、脂肪和碳水化合物就是了。這可以當成你一週兩到三次的「隨意餐」模式，但這要出於你自己的意願而做，不要只是因為其他人認為該這樣就照做。

愛上嶄新的自己

這本書將會讓你由裡到外獲得不可思議的轉變。妳將會發展出大多數人認為女性不可能達成的肌力。你將會減去數磅脂肪，同時增加肌肉。你將得到想像中最令人嫉妒的全身曲線。你的精力狀態將會有大躍進，心情會大幅改善，你會睡得更安穩，性生活更美滿，和你所愛的人關係更親近。這些好處僅僅是冰山一角而已。

當你將「翹臀曲線計畫」納入日常生活中，將會發現許多不可思議的事。痠痛將會遠離你。你的心血管健康，大腦功能及新陳代謝都將改善。你從裡到外都會年輕了好幾歲。你將可以完成自己曾經覺得太困難的任務（例如搬起和你一樣重的東西）。

「翹臀曲線計畫」也會增進你的自尊心及情緒狀態。很常見的情況是，一般人沒有理解到外表對於自我認知的影響。另外，當你變得越強壯，你也會感到更有自信，有許多次，我的女性

客戶這樣告訴我：「你一定要對我感到驕傲，我現在可以把所有的包裹背上樓梯了。」或「我終於可以爬完一整座山而不會背痛了！」或「布瑞特，有一天我硬舉的重量超過我旁邊的那個男生耶！」

這本書可以帶來的好處，只會受限於你的自我設限。起初，你展開這個訓練計畫可能只是為了改善身材，但很快地，你理解到自己想要追求的不只是塞進更小號的洋裝。所以，永遠不要放棄為了更遠大的目標而努力，因為你在肌力訓練以及健身方面的成就，是潛力無限的。

現今許多你在健身界裡所崇拜的女性，一開始也和你現在的處境相同。事實上，在踏入健身領域之前，他們大多經歷過體重控制、不正常的飲食及缺乏運動的問題。如果你相信萬事皆有可能，你也可以為自己的人生做出正向的改變。

有件事你必須自我承諾，那就是永遠不要停止努力增進你的健康狀況。儘管一開始你踏上「翹臀曲線計畫」的旅程時，可能抱持著很膚淺的目標（別擔心，我們都是如此）。或許你只是想要瘦個幾磅，希望可以穿小兩號的洋裝，或是臀部可以又圓又翹。這些完全都沒有問題。追求更完美的身材，沒有什麼不對。我和凱莉起初也是抱持相同的目的，至今我們在追求肌力之餘，仍然為體態而努力。只是你必須要確認自己的目標是具體且明確的。

只宣稱自己要減肥是不夠的。要減掉多少體重？你要給自己多久的期限？一開始由小處著手，慢慢累積。一旦你達成了目標，還是要繼續努力。我希望當你達成目標體態後，仍會朝向增進體能的目標前進。我認識的大多數女性，一開始只是為了更好的體態，但現在「身材」只是其他目標所附帶的回饋。

我的朋友，妮雅・尚克斯（Nia Shanks），是一名專業的健身教練，也是健力選手，目前正在為硬舉邁向自己的三倍體重而努力（不過在這本書出版時，她大概已經達成了）。這並非簡單的挑戰，而且大多數的男性幾乎都做不到。如果你和妮雅談論肌力訓練，外形大概不會是對話的內容之一。她的身形精實健壯，並且配有完美的肌肉，但她的身形能一直保持如此，是由於她努力不懈地挑戰更困難的目標。在經過肌力訓練及吃富含原形食物的飲食一段時間後，身形的改變便是理所當然的。

來自凱莉的一些想法

我們對於你購買了這本書，感到十分榮幸。我們真心的相信，如果你能夠將這些篇章的內容謹記在心，成功將不遠矣。

就像我們在寫這本書時一樣，在你邁向更性感、更有活力的自己的同時，將會迎接許多的試驗與戰果。無論是放棄垃圾食物、學會珍愛自己的身體，或是第一次踏進健身房等，別忘了最後達成目標時，要記得慶祝一下。

身為一名女性，我們花了太多時間思考自己還有多少路途要跋涉，卻忽略了我們已經走多遠。幫自己一個忙，了解你自己有多棒：無論是減去了兩磅體重，或是深蹲進步了五磅。這都可以為你帶來能量，並成為追求更遠大目標的動力。如果沒能體會自己所獲得的成就，我或布瑞特都無法成為今日的自己。另外，別忘了要維持強壯、保持美麗，並且忠於自我。

肌力訓練相關詞彙

本篇收錄了一些你應該知道的術語和觀念，了解這些關於訓練的定義與方法之後，你將可以學會創造更好的課表，使用更好的動作模式，並獲得更棒的結果。

活性（Activation）：肌肉活性（Muscle activation）可以藉由肌電圖（詳見右頁「肌電圖」的定義）來測定。某些肌肉可以非常輕易地被活化，然而臀部肌群卻不是，臀肌是難以馴服的；常處於坐姿生活的人們，臀肌經常處於停工狀態。基於以上理由，我們最好能在訓練前做一些臀部啟動運動或簡單的低負荷運動，以便再教育臀部肌群，如此臀部肌群能夠在訓練動作中啟動得更順利。

主動不足（Active Insufficiency）：當雙關節肌肉在其中一端縮短時，它能產生的張力就會變小，因為它不處於自身能產生力量的最佳長度。這個原理可以套用到臀舉，在臀舉的動作中，雙膝一直都是保持彎曲的，也就是腿後肌群是縮短的，如此一來，腿後肌群無法在臀舉中產生太多力量，臀大肌就必須發揮更大的力量以彌補腿後肌群的不足。

適應性縮短（Adaptive Shortening）：假如肌肉停留在縮短狀態下過久，肌肉的長度將會慢慢減短。久坐會使得髖屈肌處於縮短狀態，這樣的情況將不利於臀部肌群發揮功能。

骨盆前傾（Anterior Pelvic Tilt）：大多數人其實是處於骨盆前傾的姿勢，骨盆前傾指的是：骨盆的頂端向前移動，底端向後移動，骨盆呈現向前傾倒的樣子。過度的骨盆前傾，可能會干擾臀部肌群發揮效能，但是某些運動的特定階段，會需要些微的骨盆前傾，例如硬舉的起始動作。要修改日常姿勢並不容易，但是使用正確的動作模式進行適量的肌力訓練，對於改善姿勢是有幫助的。

自我調節（Auto-Regulation）：有些日子你會感覺非常好，精力充沛，並覺得身體充滿力量；但有些日子你可能會覺得精神萎靡，身體無力。這時候，根據生理回饋來自我調節，就變得很重要，也就是說：你應該傾聽自己的身體，為當日的訓練課表做一些調整。你每次去健身房前，心中都應該有個訓練計畫，但這個計畫不是死的，應該根據你的狀況做些增減。千萬不要在身體軟綿綿的時候挑戰個人紀錄，如果你的狀況不好，放輕鬆點，訓練少一點，你很快就會恢復的。

生理回饋（Biofeedback）：你的身體會發出信號，暗示著身體此時此刻運作得如何。你的心理狀態、承受多少壓力、睡眠狀況、吃的食物，以及上次訓練帶給身體的疲勞度，這些綜合加總在一起決定了你的「備戰能力」。面對訓練課程，有些日子你的身體是十分的預備狀態，有些日子更是十二分的預備狀態，然而在某些日子裡，你的身體可能無法承受完整扎實的訓練。

代償（Compensation）：在力量、穩定度或活動度不足時執行動作，身體會試著透過其他的關節或肌肉來代償完成這個動作。從生存觀點來說，這是一件好事，例如，你被壓在一個巨大的重物下，一定得發揮吃奶的力氣以及利用各種扭曲的姿勢來逃脫。但是就安全的觀點而言，這不是一件好事，假設你的腿後肌群柔軟度不好，那麼你在做大重量硬舉時，勢必會圓背，因為你的腰椎得代償腿後肌群活動度的不足，上身才有辦法下降到握住槓子的姿勢，而這會增加下背受傷的風險。所以，最重要的事就是：透過培養活動度、穩定度與動作控制，來建構良好的動作模式。

向心收縮（**Concentric Contraction**）：向心收縮的發生，需要肌肉產生足夠的力量並且縮短。例如，你在深蹲動作的低點，現在要站起來，這個過程就是向心收縮，因為股四頭肌與臀大肌都從被拉長的狀態回到正常長度。

持續張力法（**Constant Tension Method**）：持續張力法對於槓鈴臀舉來說實用性非常高，以下是實行方式：第一步，請確認你使用的是直徑比較小的槓片，如此一來，即便你在動作的最低點也能感到張力。接著開始動作，過程中用快速且平穩的步調不斷地反覆動作，像是活塞一般。在這樣的方式下，你將會使用高重複次數的訓練，比方說：20 下的動作，在第 15 下時，你會感到肌肉劇烈燃燒，但你還是要盡力完成剩餘的 5 下，如此你的臀部肌群才能獲得一整組 20 下不間斷的張力。

密集度（**Density**）：當你將一次的訓練課程排了滿滿的活動，並且休息時間不多，我們會形容這次訓練是「密度高」的。根據我的經驗，女性比男性更能承受高密度訓練，女性可以在一組動作中將自己逼近極限，然後不必休息太久又可以繼續做下個動作。雖然偶爾做些高密度的訓練是重要的，但要知道，阻力訓練不應該仿效不間斷的循環式訓練。如果你想練出最大的力量與曲線，還是得安排適量的組間休息。

動態（**Dynamic**）：這是「移動」的同義詞。動態運動可以跟靜態運動做對照，靜態運動沒有移動出現，但需要身體施力支撐動作，例如：仰臥起坐是動態的核心運動，而棒式則為靜態核心運動。有些運動會同時需要肌肉的動態與靜態的收縮，例如：伏地挺身與引體向上會需要肩部與肩胛骨的移動，同時需要腰椎與骨盆的靜態支撐。

離心收縮（**Eccentric Contraction**）：離心收縮的發生，需要肌肉在延長的同時出力收縮，例如，當你從站姿開始往下蹲時，就是在執行一個離心動作，因為臀部肌群與股四頭肌在用力的同時也延長了。

肌電圖（**Electromyography, EMG**）：檢查特定肌肉所接受到的神經活化程度。我做過許多肌電圖實驗，這讓我更清楚了解什麼動作對於臀部肌群的特定部分具有最佳的活化度。一般來說，肌肉活化的程度越大，代表著肌肉主動產生的張力越大。

耐力（**Endurance**）：高重複次數搭配高密度的訓練，可以幫助建構肌耐力與身體的持久能力。

力量漏失（**Energy Leaks**）：當特定肌肉無力再穩定關節時，身體將失去維持適當姿勢的能力，肌肉也會因為無力的緣故而被迫進入離心收縮。例如：深蹲時膝蓋向內塌陷（臀大肌上半部無力穩定動作，並且進入離心收縮），或是硬舉時圓背（豎脊肌無力再穩定，並且進入離心收縮）。

進階動作（**Exercise Progressions**）：當你覺得某個動作太簡單時，應該設法增加動作的難度，以給予肌肉適度的挑戰。你可以增加重量、增加次數，或是直接改良動作，例如：你可以站在小台階上，執行硬舉或跨步蹲，以增加動作幅度；在做背伸展時，將雙手放在後腦勺（囚徒式），可以增加抗力臂；使用健腹滾輪時，原本從膝蓋出發，改成由腳掌出發。

降階動作（**Exercise Regressions**）：當動作太困難，以至於你無法正確執行時，就要將動作降階，以便學習健全的動作模式。你一定得先熟稔徒手深蹲，再嘗試背著槓鈴深蹲；你一定得先學會髖關節絞鏈，才開始執行硬舉；你一定得熟悉徒手臀舉，才開始加上槓鈴。減少動作範圍、降低負荷、縮短抗力臂，都是你可以用來降階動作的方法。

柔軟度（**Flexibility**）：指的是肌肉延長的能力。例如，要做好硬舉，腿後肌群必須具備足夠的柔軟度。

頻率（Frequency）： 訓練頻率可以指每週訓練幾天、每週訓練特定肌群幾次，或是每週訓練特定動作幾次。臀部肌群可以承受的訓練頻率，比一般人想像得多，根據我的經驗，一週訓練臀部三到五次是合適的，對於大部分人來說，訓練四次可能是最理想的。

臀部失憶（Gulteal amnesia）： 由於科技的進步，我們每天必須坐上好幾個小時，也因此臀部肌群開始停擺、不運作。許多人的臀部肌群都是又薄又鬆的，並且啟動不良。科技時代讓我們忘了如何使用臀部肌群，是為臀部失憶。

髖關節外展（Hip Abduction）： 臀大肌有著許多功能，其中一個就是在髖關節進行外展，也就是將大腿向側邊抬起。髖外展是一個獨特的動作，需要臀大肌上部足夠的強化才能夠執行（其實臀中肌也相當重要）。在髖關節外展的訓練動作中，如側姿髖外展或站姿滑輪髖外展，臀大肌的中部與下部並沒有獲得太多的強化。即便是側平板撐體，也需要臀大肌上部的等長收縮，以保持髖關節的外展程度（或者這樣說更好：避免髖內收發生）。在我們行走時，臀部肌群會以髖關節外展的方式，防止對側的髖部（腳掌離地那一側）向下沉。

髖關節伸展（Hip Extension）： 臀大肌最為人所知的功能就是髖關節伸展，也就是將大腿向後移動，或是在大腿固定的情況下，將軀幹往後移動。目前最流行的臀部肌群訓練動作，幾乎都是髖伸展動作，比如：深蹲、跨步蹲、硬舉及臀舉，快跑與跳躍也牽涉許多髖伸展。在髖屈曲角度較大時（例如深蹲的低點），髖伸展的力量會比較強，因為此時內收肌群（部分內收肌群也有髖伸展的功能）參與得比較多，而被伸展的臀大肌在此時也擁有較高的活性來貢獻力量。不過，事實上臀大肌在髖關節的伸展末端（例如：臀舉的高點）有比較好的力矩，而且這個區域也是臀大肌接受最多神經活化的位置。所以說，如果要追求臀部肌群的最佳表現，各式各樣的髖伸展運動都是必須的。

髖關節外旋（Hip External Rotation）： 髖關節外旋是臀大肌被嚴重低估的功能。當髖部固定時，髖關節外旋讓大腿向外側旋轉；當腿部固定時，則讓髖部產生反向的旋轉。臀大肌在髖外旋運動中會受到相當程度的活化，例如滑輪髖旋轉。一些體育競技的動作也牽涉到髖外旋，例如：投擲、揮棒與出拳。臀大肌有絕佳的力矩來產生髖外旋，可惜的是，一般健身者很少會在訓練計畫中加入髖外旋。側姿蛤蜊式會是一個不錯的、初學者適用的髖關節外旋運動。

髖關節超伸（Hip Hyperextension）： 當髖關節伸展超過中立位置，就稱為「髖關節超伸」，這其實是一個很自然的動作，就發生在我們的每一個步伐。但令人哀傷的是，許多現代人都缺乏足夠的髖伸展活動度，因為過長時間的坐式生活使得他們的髖屈肌縮短。這也是為什麼我們要在訓練前的暖身運動，安排髖屈肌的伸展及一些活動度練習。臀大肌在髖關節過伸展的區域，有絕佳的力矩與肌肉活性，所以說在執行臀橋、臀舉與背伸展時，我們應該在動作高點努力地收縮臀部，以達到完整的動作範圍。

髖關節水平外展（Hip Transverse Abduction）： 髖關節水平外展是一個非常有趣的關節動作。髖關節屈曲時，也就是大腿向前時，將大腿向外打開，這個動作就是髖關節水平外展。坐姿彈力帶髖外展就是用動態的方式來訓練，而深蹲則是透過靜態的方式來訓練它。當我們從深蹲低點站起時，臀部肌群與髖關節深層的旋轉肌會啟動，讓膝部向外打開，防止膝部向內塌陷。

肌肥大（Hypertrophy）： 是「肌肉生長」的同義詞。關於肌肥大有非常多的科學事實可談，而這些內容已經在前面的章節詳細討論過了。肌肥大的種類分成許多種，肌小節型（sarcomeric）或肌原纖維型（myofibrillar）肥大，屬於收縮單位的成長，而收縮單位與力量的產生有直接相關；肌漿性肥大則屬於非收縮單位的成長，像是細胞質或細胞內其他胞器的成長，能夠間接地在運動

中幫助收縮性單位。如果要追求最佳的體態與線條，則這兩類肌肥大都是必須的。大體而言，我們得使用多種不同的手段，包括不同的動作、不同的重複次數、不同的訓練法，以創造適度的肌肉微創、肌肉充血、肌肉張力，然後才有機會達到肌肥大的最大化。

強度（Intensity）：大致可分成兩種，一種指的是你做的重量或負荷，另一種是你奮力或盡力的程度（intensity of effort）。重量的強度通常會以你的最大力量為參考，假設你的 1RM 是 125 磅，而你現在準備要舉 125 磅，則這次「重量的強度」對你來說就是相當高的。「奮力的強度」則代表你在某一組或某一次訓練，將自己逼得多接近極限，假如你做某一組做到完全力竭，那麼這次「奮力的強度」對你來說就是非常高的。

等長維持法（Iso-Hold Method）：等長維持法對於槓鈴臀舉來說相當好用，你只要將槓鈴舉到最高點，髖關節伸展到最頂端並撐住一些時間（如三秒）。不過要記得，請保持你的下背與骨盆維持在中立的位置，用你的臀部肌群將骨盆往上推，別讓骨盆前傾。另外，在動作時也要將腳牢牢地踩穩。

等長收縮（Isometric Contraction）：等長收縮指的是肌肉產生力量，但肌肉的長度不變。有時候等長收縮也可以稱為「靜態支撐」。等長收縮的例子：等長維持法及常見的棒式。

腰屈曲（Lumbar Flexion）：發生於我們圓下背的時候。腰屈曲的相反是腰伸展。在做大部分的臀部訓練動作時，你應該要學著盡可能維持腰椎弧度固定，讓大部分的動作發生在髖關節。執行動作時，骨盆可能會稍微移動，但是脊椎不應該有大幅度的移動，這是為了避免對脊椎造成傷害。在大負荷的情況下，腰椎彎曲幅度過大，會大幅提高受傷的風險。例如，在大重量的硬舉下過度圓背，是很危險的事。

腰部超伸展（Lumbar Hyperextension）：腰伸展是腰屈曲的相反動作，當腰伸展至超過中立的位置，便稱為「腰部超伸展」，這對於脊椎具有一定的危險性。在某些下半身訓練動作中，髖關節的超伸展是正常的，但要注意別讓腰部超伸展同時發生，因為這會增加脊椎後部受傷的風險。例如，在進行背伸展動作時，應該透過髖伸展來旋轉身體，而不是透過下背的腰部超伸展。

腰骨盆髖複合體（Lumbopelvic-Hip Complex）：最上面是腰椎，中間為骨盆，下為髖關節，此三者協同運作以產生動作，而許多動作都需要一些策略與訣竅，才能做得安全，且讓臀部肌群參與得更多。例如：在硬舉的起始動作，我們要讓腰椎微微地伸展，骨盆微微地前傾；但在硬舉的高點，要讓腰椎微微地彎曲，並伴隨著些微的骨盆後傾。雖然關於硬舉的議題充滿爭議，但這麼操作可以減輕脊椎的負擔，讓更多的負荷落在更強壯的臀部肌群上。由於骨盆與腰椎結構相近的緣故，骨盆前傾與腰伸展經常是一起發生的，而骨盆後傾與腰屈曲之間也是類似的情形。

機械張力（Mechanical Tension）：機械張力是肌肥大中最不可或缺的因素，對於打造翹臀來說是很重要的。肌肉收縮時產生主動張力，肌肉被伸展時則產生被動張力，而動態運動結合這兩者，能達到最大化的肌肥大。對於追求最佳結果來說，兼顧大張力與張力持續時間的訓練是重要關鍵。有些動作可以給予肌肉最大程度的活化，有些動作則適合給予肌肉牽張，這就是為什麼要結合不同動作的緣故。

代謝壓力（Metabolic Stress）：當我們進行訓練時，肌肉裡會產生代謝壓力。事實上，當我們舉起重量時，肌肉裡發生著各式各樣不同的代謝機轉，鈣離子、乳酸、類胰島素生長因子，以及許多細胞激素等等，都在肌肉中累積。這些物質會透過一些機轉誘發出肌肥大，這也是為什麼我們應該使用一些健美式的訓練法，而非單純的健力訓練法。高重複次數、短休息時間的訓練法，

可以增加代謝壓力，另一些進階的練法，例如持續張力法或停頓法也都是。

思想肌肉連結（Mind-Muscle Connection）：

我們的訓練成效有一部分決定於是否能夠建立密集的思想肌肉連結。如果你想要改善臀部，得學會隨心所欲地透過各式各樣的方法，來強化你的臀部肌群。你可以進行所有適合鍛鍊臀部肌群的運動，但如果你不懂得如何啟動它們，那麼臀部就不會有多大的進步。其實，許多訓練動作都需要特別的技巧，才能獲得最佳的臀肌張力與活性。

活動度（Mobility）：

活動度與柔軟度有點不同，柔軟度是指肌肉能夠被伸展的程度，而活動度則是指在動態運動中關節能做到的活動角度。例如：我們可以躺下來，將腳直直抬起來，以測定腿後肌群的柔軟度，我們也可以做一個羅馬尼亞硬舉，來知道主動髖屈曲的活動度。肌肉收縮與多關節間的交互作用，是活動度重要的一環。肌肉力量、全身性的協調、關節穩定度，都是發展良好活動度的基石，而這也是我們為何要進行受控制、全範圍的訓練動作，並且搭配一些敏捷度的訓練。

運動動作控制（Motor Control）：

人體做出肢體運動的方式是相當複雜的，我們的動作模式會受到以下幾點因素影響：我們的習慣、柔軟度、活動度、穩定度、協調性與效率。例如，大部分的人要撿起地上的物品時，會屈曲腳踝、膝關節、髖關節與脊椎，因為這是一個極有效率的動作模式。然而，在重量訓練的過程中，我們希望的是安全與效果兼顧的動作策略，因此會要求學員執行硬舉時脊椎應盡可能保持中立，讓髖關節做出大部分的活動。這樣子的硬舉策略，需要更多的臀肌與腿後肌群力量，所以就能量支出而言，這並不是一個最有效率的策略，但是對於身體而言安全多了，且更有訓練效益（在圓背的情況下，脊椎韌帶會受到伸展，因而提供一些被動張力，使得需活化的肌肉較少）。隨著你的柔軟度、活

動度、力量與穩定度等基礎能力的進步，會需要將這些能力完整地融入你的動作程式（motor programming），這便是為何我們要追求良好的運動姿勢與動作。

肌肉損傷（Muscle Damage）：

阻力訓練會造成肌纖維的微小創傷，而這些創傷會透過不同機轉來強迫肌肉成長。我們的目標不是要摧毀肌肉，也不是要追求極致的痠痛。稍微的痠疼是好的，這代表你已經達到有效的鍛鍊，肌纖維已受到足夠的伸張，某種程度上也顯示你的訓練計畫有一定的多樣性。然而，過多的痠疼會影響我們的恢復速度，阻礙我們進行漸進式超負荷訓練，阻礙我們締造個人的最佳紀錄。

神經驅動（Neural Drive）：

我們運動表現的進步，並非全都源自於肌肥大。神經肌肉系統有兩個主要部分：神經系統與肌肉系統。透過訓練，肌肉本身會變得更強壯、更大，同時我們啟動肌肉的能力也會變得更好。隨著訓練時間增加，你可以隨心所欲地啟動臀大肌到最大限度。許多人只能在特定姿勢下良好地啟動臀部肌群，在某些姿勢下則勉勉強強。要能夠在各式各樣的動作下充分使用臀部肌群，才算是發展了八面玲瓏的臀部功能。這也是為什麼我們要做一些臀肌的啟動練習，並且使用良好的技巧來完成每一下動作。

脊椎中立（Neutral Spine）：

脊椎中立的概念其實有點籠統，因為脊椎可以分成許多節段，而脊椎的樣子根據每個人獨特的解剖結構、受傷史、力量大小、運動控制等，都會有些許的相異之處。許多人的腰椎在日常姿勢中不是屈曲太多就是伸展太多，然而，最適合腰椎的位置應該是中立的（不伸展，也不屈曲），不管你日常姿勢怎麼樣，我們總是希望在進行阻力訓練時能保持安全的姿勢。核心肌群收縮時，會對脊椎產生可觀的壓力，而中立的脊椎可以輕鬆承受這些壓力，但若脊椎此時是屈曲或伸展的，壓力將會使得脊椎更屈曲或伸展，甚至潛在地增加受傷的風險。所以在進行任何臀部訓練時，要記得讓髖關節做出大部分的動作，盡可能地維持脊椎的弧度。

停頓法（Pause Method）： 停頓法是一種適合槓鈴臀舉的進階訓練方法，也可以運用在其他動作上，例如：背伸展、全深蹲、赤字後跨步等。進行的方法是，在動作中最困難的部分停留一小段時間（如三或五秒）。在臀舉或背伸展時，你就維持在動作的高點；而深蹲或後跨步時，則維持在動作的低點。

骨盆後傾（Poseterior Pelvic Tilt）： 臀大肌有個經常被忽略的功能，就是後傾骨盆。在某些動作下，你會需要主動讓骨盆後傾，例如俄式平板撐體或美式硬舉。而在做某些動作時，你會需要透過讓骨盆後傾的施力方向，以防止骨盆前傾或力量漏失，例如臀舉與背伸展時。但也有某些動作會需要你盡可能地避免骨盆後傾，例如深蹲或硬舉的低點，我們會大量的啟動豎脊肌群，以防止骨盆後傾與伴隨的腰椎屈曲，因為在做大重量的深蹲或硬舉時，圓背是一件相對危險的事。有些人平常的姿勢就是骨盆後傾與腰屈曲（這兩者是相互關聯的），骨盆的頂端往後移動，骨盆的下方向前移動，整個背看起來是平坦、失去弧度的。雖然要改變積習已久的日常姿勢習慣是很困難的，但是用健全的動作模式進行肌力訓練，卻是相對容易達成的，同時這也能幫助改善姿勢。這也是我們要學習良好的動作技巧的原因。

功率或動力（power）： 功率可以想成速度乘以力量，或是單位時間內的能量輸出，這代表著你增進功率的方法可以是：在相同的速度下讓力量增加，或是在相同的力量下讓速度進步，或是在相同的時間內輸出更多能量，或是用較少的時間輸出相同的能量。你也可以把功率想成爆發力的成分之一。阻力訓練可以增加我們產生力量的速度，或稱為「發力率」（rate of force development, RFD）、加強協調性與動作效率、增進神經輸出（減少抑制性的神經作用，增加促進性神經的作用），進而增加我們的功率。所以，鍛鍊臀部可以大大地改善你的功率。

漸進式超負荷（Progressive Overload）： 如果你想要從肌力訓練中持續獲得成果，那麼你得不斷地增加訓練難度，這就是漸進式超負荷。達成漸進式超負荷的方法有很多種，你可以隨著時間逐漸增加舉起的重量，可以做更多的重複次數，可以用更標準的姿勢完成動作，可以加快動作的速度，可以用更少的組間休息完成訓練，可以增加動作的範圍或活動度。唯一要提醒你的是：不要用越來越糟糕的姿勢，來追求數字上的進步。只要你的訓練計畫夠健全，時間一久，你將自然而然達到漸進式超負荷。

交互抑制（Reciprocal Inhibition）： 當一塊肌肉呈現縮短或緊張狀態，它將會透過一些神經路徑來抑制它的拮抗肌群。例如：久坐會使得髖屈肌縮短，進而抑制臀大肌的強化，同時髖關節會漸漸失去完全伸展的能力。這也是為什麼我們要操作一些髖關節的伸展、活動度，以及全範圍的肌力訓練。

停息法（Rest Pause Method）： 停息法是另一個槓鈴臀舉的進階訓練方法，也適用於硬舉。進行方式如下：選個大重量，盡可能用標準姿勢做幾下（比如：六下），接著短暫休息一會兒（例如：兩秒鐘），接著再做幾下（例如：兩下），接著再休息一會兒（比如：20 秒），然後再多做個幾下（例如：兩下）。透過這樣的方式，你可以讓這組變得更有訓練效率。

穩定度（Stability）： 你或許可以擁有很不錯的肌肉柔軟度，但如果關節穩定度不夠，你的活動有可能依然不佳。這麼說好了，要是你的身體接受到關節不穩定所發出的危險訊號，它不會讓你的肌肉進行大量伸張。這是一種自然的保護機制，能夠避免你受傷。所以，活動不只是受限於肌肉柔軟度，關節穩定度也是重要因素。有些人進行腿後肌群的被動伸展時，顯現出相當不錯的肌肉柔軟度，卻可能無法做一個全範圍的硬舉，因為他們缺乏腰椎骨盆的穩定度。這也是為何我們要做一些穩定核心的訓練運動，並且要練習正

確的肌力訓練技巧。另外，除了關節的穩定度之外，還有其他種類的穩定度，例如：全身性的平衡與本體感覺，以及動態關節穩定。

靜態（Static）：另一個同義詞是「等長」，也就是維持姿勢靜止不動。棒式就是靜態運動的例子，因為這個運動沒有關節活動。在某些運動中，有些肌肉做的是靜態的功能，另一些則可能是動態的功能，例如：做伏地挺身時，主要的動態肌群是胸大肌、三頭肌與三角肌，而靜態肌群則為腹部肌群與髖屈肌。另外，上斜方肌、下斜方肌、前鋸肌兼具動態與靜態，既可以穩定肩關節，又可以幫助肩胛骨進行適當的肩胛肱骨節律。由這個例子，你可以看見，人體的肌肉神經系統與動作的產生，是多麼地複雜。

力量（Strength）：力量就是產生力的能力。用公式來說，力等於質量乘以加速度。因此，要是你能夠啟動肌肉來讓重物加速，就擁有一定的力量，而使用力量也正是我們建構肌肉的基礎方法。如果你想要打造令人欣羨的臀部，就要使用漸進式超負荷訓練，不斷地發展你臀部，並不斷地創造個人紀錄。

協同肌主導（Synergistic Dominance）：當某個肌肉缺乏足夠力量時，其他有類似功能，但動作模式有些微不同的肌群（稱為協同肌），便會做出更多貢獻，以完成需要施展的動作。假設你的臀部失憶，當你硬舉或快跑時，腿後肌群便需要做雙倍的苦力，才能完成髖關節伸展，因為你的臀部肌群無法生產太多力量，這時便是由協同肌主導。這也解釋了為什麼無力的臀部肌群經常導致協同肌群（如腿後肌群與鼠蹊部肌群）拉傷，甚至撕裂。許多健身者做臀橋動作時，會用它們的腿後肌群主導（這麼做經常會造成肌肉痙攣），這時候更應該把意念集中在啟動臀部肌。強壯的臀部肌群可以防止其協同肌（腿後肌群、內收肌群、髖外旋肌群）主導的情形發生，其他肌肉的負擔也得以減輕。

用進廢退說（Use/Disuse Theory）：你大概有聽過「用就進步，不用就退步」的說法，這的確適用於人類的運動，許多人的日常活動就是起床，走個幾步路，然後坐上大半天，這根本無法給予臀部肌群足夠的活化。這樣子的日常活動很難啟動臀大肌超過 30%，於是臀部功能開始停擺，肌肉開始萎縮。假如你的臀部已經退化十年了，不可能在一週內就把它練回來的。要培養強壯的臀部需要時間與耐心，所以請堅持下去。

膝外翻或膝內塌（Valgus Collapse）：這種情況在現代相當常見。現代人跳躍、落地、蹲下，甚至走路時，膝關節都傾向往內側塌陷。有些教練形容這種膝內塌的深蹲像是「融化的蠟燭」，而膝內塌經常源自於無力的臀部肌群。在做任何下肢運動時，應該要保持膝蓋的移動軌跡與中腳趾同方向，否則膝內塌也可能會造成髕骨股骨疼痛症候群。

訓練量（Volume）：訓練量一般是由你做的組數與次數來決定，高訓練度的課表通常由許多不同的動作搭配較高的次數或組數。在一次的訓練中，你可以選擇練得更吃力一些，或是練得更久一些，但是魚與熊掌不可兼得，否則容易導致過度訓練。所以要想辦法找出最適合你的訓練量與訓練強度。

關節動作

外展（**Abduction**）：離開身體中線，向外側移動，例如，保持骨盆不動，將大腿向外抬起。

內收（**Adduction**）：向身體中線或內側移動，例如，保持骨盆不動，將大腿向內合。

伸展（**Extension**）：打直關節讓關節角度變大，例如，在大腿抬起的狀態下，將大腿往後移動。

屈曲（**Flexion**）：彎曲關節讓關節的角度變小，例如：把小腿彎向大腿的後側。

內旋
（**Internal Rotation／aka Medial Rotation**）：沿著骨頭的長軸向內旋轉，像是將上臂向內轉。

外旋
（**External Rotation／aka Lateral Rotation**）：沿著骨頭的長軸向外旋轉，像是將上臂向外轉。

水平外展或水平伸展（**Transverse Abduction／aka Transverse Exten-sion**）：沿著水平面離開身體中線向外側移動，例如，在大腿向前抬起的狀態下，將大腿往外側移動。

水平內收或水平屈曲（**Transverse Adduction／aka Transverse Flexion**）：沿著水平面向身體中線或向內側移動，例如，將上臂往身體前方合攏，甚至交叉。

動作檢索及說明

❶ 肌肉筋膜自我放鬆術

目的：滾筒與我們小時候拿來跟兄弟姊妹打架的東西長得有點像，而隨著肌肉筋膜放鬆術（軟組織操作）的盛行，這東西似乎也變成訓練的一部分。其實這類的軟組織操作術，不限於使用滾筒，其他如網球、高爾夫球、捲棍、按摩球，甚至是 PVC 塑料管，都可以拿來增進肌肉組織的品質。

你可以把滾筒放鬆或軟組織操作，當成平民版的舒壓按摩。你每日的作息與活動，都會對肌肉累積一些疲勞或損傷，即便你一整天坐著，甚至都在睡覺，仍是如此。當你進行了一次扎實的訓練後，會感到肌肉腫脹與緊繃；當你在辦公桌前做了一整天的事，可能也會感到肩頸痠疼；而在某些日子，你起床時會發現脖子一動就痛，轉都不能轉。

其實，你只要一天花幾分鐘進行肌肉筋膜自我放鬆術（Self-myofascial release，我都稱為SMR），就能舒緩這些問題。除非你是那種可以常常找按摩治療師的幸運兒，不然我建議你至少買個可以進行 SMR 的工具放在家裡。

我猜你現在的疑問大概是：「為什麼我要做這個？」有個理論是這樣的：肌力訓練過後，組織沾黏與疤痕會逐漸累積在肌肉內，而 SMR 可以幫助消除這些纖維組織與沾黏的部分。或許你曾經注意到在肌力訓練後，身體的某些部位特別不

舒服且有些壓痛。事實上，這些點真的存在且被稱為「激痛點」，它們是肌肉中過度活躍與緊繃的結節，這些結節會不斷地產生微小的痙攣，甚至有可能會影響鄰近身體部位的功能。例如，臀大肌上部的激痛點可以轉移到其他部位，並造成動作模式的改變，這絕對不是一件好事。而 SMR 可以釋放激痛點，幫助恢復肌肉的原始功能。

另一個理論是，當我們對肌肉進行 SMR 時，肌肉與肌腱之間的機械性受器會送出抑制性訊號，使肌肉放鬆並獲得伸展。

即便這些理論背後的實證科學並不多，但我們不能忽略難以計數的健身者親身體驗過 SMR 所帶來的幫助。阻力訓練能建構肌肉，而 SMR 能保持肌肉的順應性。放鬆的肌肉感覺起來應該像水一樣滑順，而非一袋充滿結節的彈珠。所以，從現在開始，你可以考慮使用本書提供的滾筒按壓或其他 SMR 技巧，把它們想成便宜、不多話、方便的按摩養生替代方案。

藥球按摩前肩與胸部

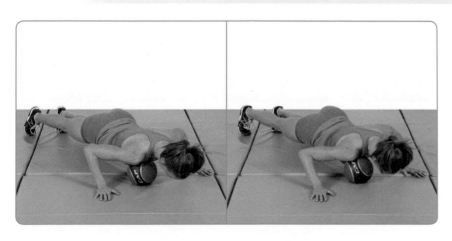

1. 俯臥在地上或是面向牆壁站著，將藥球、網球或按摩球，放置在胸部的上端。

2. 用手臂與下身支撐大部分的體重，然後逐漸將重量壓在球上。

3. 用畫圓的方式滾動球，大約從上胸中間滾到肩膀的前方。

4. 如果你發現一處特別的壓痛點，讓球多停留在此幾秒，以達到更多的放鬆。

藥球按摩臀大肌上部

1. 將藥球、網球或按摩球，放在一邊的髖部下方，呈現坐姿。

2. 將手置於身後，大部分的體重由手和腳支撐。

3. 將球來回滾動，以多種角度按壓你的臀大肌上部與上外部。

4. 對於女性來說，這附近有相當多的激痛點。如果你發現一處特別的壓痛點，讓球多停留在此幾秒。

高爾夫球按摩腳底（足底筋膜）

1. 一開始可以呈現坐姿或站姿，將高爾夫球、網球或按摩球，置於腳掌附近。

2. 將腳底板壓在球上。

3. 將球前後滾動並逐漸增加壓力。

按摩棍 SMR

小腿前外側　　　小腿後肌群　　　大腿前上側　　　大腿外側

在你衝動地跑去後院折斷一根樹枝來做 SMR 之前，我建議你還是去買一根像樣的肌肉按摩棍，除非你想要弄出一堆皮肉傷。我喜歡一起按摩這幾個肌群，因為基本技巧是差不多的：

1. 坐在椅凳上，手面向自己，握住按摩棍，按壓在小腿的前外側。

2. 慢慢地沿著小腿前外側的肌肉上下滾動。

3. 用類似的方式按壓小腿後肌群、大腿的前上側、大腿外側及大腿內側。

4. 滾動按壓整條肌肉，比如：當你在按摩大腿外側時，可以從髖部開始，然後慢慢地向下到膝部。

滾筒 SMR

滾筒是一種值得玩味的小物,值得你收藏一個。它方便攜帶,你可以帶去健身房或辦公室。我也推薦在你的辦公桌或健身包裡放一些可以操作 SMR 的工具,球類、棍類等較小型的物品可能比較適合,有些體積較小的滾筒或許也可以。

滾筒有許多不同的硬度,要根據你的忍痛度與經驗來選擇。軟式滾筒適合初學者或是肌肉比較敏感的人,而進階者則可以嘗試較硬的滾筒。

請記得,SMR 不是要你承受痛苦與折磨,些許的疼痛是可以,但不要做得太超過,那反而會令你難以放鬆。使用滾筒本身就是一種不錯的訓練,因為你要調動整個身體去操作它。請按照你可以適應的步伐,每週慢慢地增加按壓的強度。你不用花一堆時間滾來滾去,一個肌群大約來回滾個五到十次就夠了。

滾筒**SMR**	小腿

1. 坐在地上雙腳伸直,小腿輕鬆地放在滾筒上。

2. 用手臂支撐體重,讓髖部離開地面。

3. 鎖定你的雙膝,讓滾筒在膝窩至腳踝之間前後滾動。

4. 旋轉腳掌,將壓力分別強調在小腿的中間、內側與外側,使整個小腿肚都能受到按壓。

5. 如果想再增加壓力,可以將腳交叉,將壓力一次集中在一腳。完成後,再換成另一腳。

單腳

1. 坐在滾筒上，雙手支撐在後，雙腳伸直在前。

2. 讓滾筒來回滾動，範圍遍及整個腿後肌群。

3. 如果要再增加壓力，可以將雙腿交叉，將壓力一次集中在一腳，完成後，再換另一腳。

單腳

1. 臉部朝下，將滾筒置於大腿根部下方

2. 用雙手支撐身體重量，腿離開地面。

3. 讓滾筒前後滾動，遍及整個大腿前側。

4. 如果想再增加壓力，可以將雙腳交叉，將壓力一次集中在一腳。完成後，再換成另一腳。

單腳

滾筒 SMR　大腿外側（髂脛束）	滾筒 SMR　大腿內側（內收肌）

1. 以側躺的方式將滾筒置於大腿外側之下。

2. 用下方手的手肘、上方手的手掌做支撐。

3. 讓滾筒來回滾動於整個外側大腿。

4. 你可能會需要中途重新調整位置，以滾過整個大腿外側。

5. 髂脛束周圍的組織經常充滿結節，滾的時候會很痛。所以請慢慢來，讓身體逐漸適應。

1. 臉朝下將滾筒置於大腿內側與身體平行。

2. 將一邊大腿內側根部置於滾筒上，彷彿你就趴在滾筒之上。

3. 以雙手支撐上半身。

4. 以雙手與空的那腳升降身體，讓滾筒來回滾動於整個大腿內側。

1. 一開始坐靠在滾筒上，雙腳踩地，雙手抱胸或抱頭。

2. 雙腳踏步控制，讓滾筒往頭部方向滾動。

3. 滾動的範圍應該從下背延伸到肩胛骨再到上背。

4. 滾的時候，將重心往某一邊偏可以增加壓力。

1. 以側躺的方式將滾筒壓在腋下的下方，下方手舉起離開地面。

2. 在預備姿勢時，用上方手稍微調整姿勢與支撐身體重量，臀部與腳也是接觸地面的。

3. 讓滾筒在你的上背部外側來回滾動。

4. 將下方手往上舉起，可以更加伸展目標肌肉。

❷ 靜態伸展動作

如果說 SMR 能夠幫助改善肌肉組織的張力與品質，那麼靜態伸展則能夠改善肌肉對於伸展的耐受度。其實我們從小都學過靜態伸展，還記得上體育課時邊拉筋邊大聲數秒的時光嗎？所以你有可能對於翹臀曲線計畫裡的伸展項目還滿熟悉的。

單腳腿後肌群伸展

1. 將腿伸直置於椅凳之上。
2. 手放在髖部，身體向前傾，但脊椎保持中立，直到你感受到腿後肌群的張力。

雙腳腿後肌群伸展

1. 下背部維持微弓，身體向前傾，臀部往後坐。
2. 身體慢慢下降，直到腿後肌群被拉到緊繃處，在此處停留幾秒。

大腿前側伸展（股四頭肌）

1. 單腳站立在一個可以讓你撐靠的物體附近。
2. 用手將離地的腳掌向後拉。
3. 將腳掌拉向你的臀部，並將臀部夾緊，同時保持上半身直立。
4. 你應該會在大腿前側中央上方（股直肌）感受到最多張力。

單手胸部伸展（胸部肌群）

1. 站在一個有物體可以撐靠的地方，以一定角度面向外側。
2. 將手舉至頭部高度，握住撐靠物。
3. 接著轉身伸展胸部肌肉，直到感受到足夠的張力。

單手背部伸展（闊背肌）

1. 手舉過頭握住單槓或是其他可握物體。
2. 雙腳踏地，將身體往高舉的那隻手傾斜。
3. 你應該會感受到闊背肌受到伸展。

雙手背部伸展

1. 雙手握住你前方的支撐物。
2. 身體向後靠，讓兩邊的肩胛骨遠離彼此，這會伸展到上背部的中斜方肌與菱形肌。

單手小腿後側伸展

1. 一腳的前腳掌踏在支撐物的邊緣上，另一腳離地。
2. 手扶握支撐物，慢慢地下降身體，同時保持腿部直立、背屈腳踝，直到小腿後側感受到足夠張力。

站立大腿內側伸展
（內收肌群）

1. 跨開雙腿，腳趾朝前外側。
2. 雙手插腰，慢慢地將腿分開，身體下降但保持挺直，直到內收肌群感受到張力。

前屈大腿內側伸展
（內收肌群）

1. 將雙腿跨開，腳趾朝前外側。
2. 身體向前傾，以手撐地支持上半身，慢慢地將腿分開，身體下降但保持挺直，直到內收肌群感受到張力。

嬰兒式

1. 跪坐在軟墊上，雙膝與骨盆同寬。
2. 上身向前傾，靠在大腿上，額頭靠在地板上。
3. 雙手往側邊向後伸，感受下背部的肌肉張力。

眼鏡蛇式

1. 俯臥，雙手撐地，上身呈現類似伏地挺身的動作。
2. 髖部與大腿接觸地面，腳尖朝下，慢慢地將身體往上抬升，高度以不會不舒服為主。你應該會感受到腹部肌群受到伸展。

❸ 活動度訓練

在你成長的過程中，可能會將活動度視為理所當然，每個動作都做得輕輕鬆鬆。你可以輕易地蹲下身體撿起地上的玩具，或是彎下身體鑽過圍籬。玩躲貓貓時，你可以毫不費力地將身體縮進小小的空間裡。但現在，你可能會發現自己需要墊起腳尖才能撿起玩具，在與小孩玩耍時會選擇最輕鬆的方式。活動度關乎關節的運動，而本書的活動度訓練可以幫助改善腳踝、髖關節及胸椎的動作品質。有關「活動度」的深入討論在本書的第四章，請你不妨往前翻閱活動度的重要性及一些細節。

搖擺股直肌

1. 採高跪姿，將後腳置於椅凳上。

2. 試著身體向後靠，直到臀部碰到腳跟，並收縮臀部肌群，維持上半身直立。

3. 身體向前傾，將前膝帶往腳尖的方向，同時後腳跟遠離臀部。

轉身側蹲

1. 雙腳跨開，腳趾朝外，雙手伸直朝前。

2. 身體右旋讓髖部下降，呈現側跨步的樣子。下降時，除了身體往右靠，更要藉由旋轉讓髖部呈伸展狀態。

3. 回到起始姿勢，接著往左邊重複動作。

肩胛貼牆滑行

1. 站直，背部靠牆。

2. 將手伸過頭呈 Y 字形，掌心朝前。

3. 將手往下滑行呈現 W 字形，過程中盡可能讓背和手臂貼牆，同時腹部不能突出，背部不能弓起。

這個動作能夠增加肩關節活動度。

深弓步蹲加旋轉

1. 採半跪姿下，將身體前傾，使右膝超過腳踝，左腳微微向後延伸。
2. 身體向前向內旋轉，左手觸摸右邊的腳趾。
3. 身體向上向外旋轉，盡可能向後延伸，打開胸廓。

摸腳蹲站

1. 雙腳與骨盆同寬，身體向前傾抓住腳趾，但盡可能保持背部弧度是平的。
2. 盡可能地向下蹲深，蹲的同時讓膝部向外移動，維持抬頭挺胸。
3. 接著站直，手依然抓著腳趾，感受腿後肌群的張力。

抱膝走

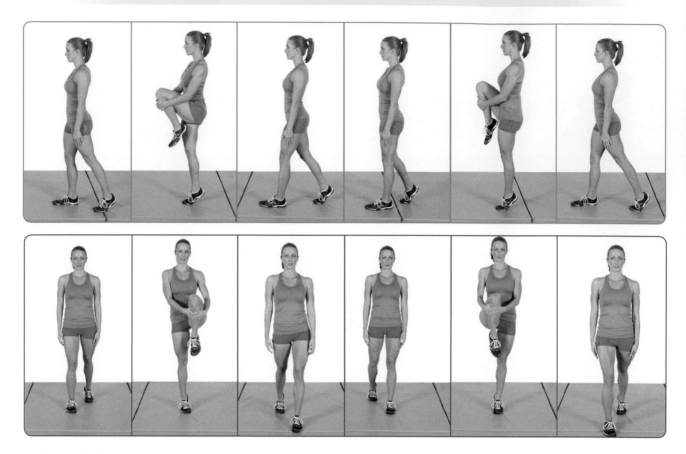

1. 右腳向前踏步。

2. 左膝往前抬高至胸口的高度，同時將身體重量壓在右腳前腳掌。

3. 手抱住左膝，身體挺直，同時收縮臀部。

4. 左腳放下往前走，繼續交替動作。

這個動作能夠增加髖屈肌的柔軟度及活動度。

搖擺腰肌

1. 身體呈高跪姿，雙手擺在頭部後面。

2. 整個身體向前傾，讓膝蓋往腳尖方向前進，直到下方腿那側的髖部前方出現張力。

3. 整個過程中都要讓臀部肌群施力，並保持抬頭挺胸。

這個動作能夠增加髖屈肌的柔軟度及活動度。

木棍髖關節絞鏈

1. 站立，雙腳與肩膀同寬。
2. 準備一根木棍，雙手分別在頸後與下背處握住木棍兩端，讓木棍對齊脊椎。
3. 身體向前屈曲，雙膝微彎。
4. 臀部向後坐，使用髖關節來做動作，而非用脊椎。
5. 動作過程中，保持木棒與頭部、上背及臀部接觸。
6. 換手進行下一組。

這個動作能夠讓你學會如何以往後坐的方式啟動髖關節，同時保持脊椎穩定。

YTWL

1. 俯臥在訓練椅上，雙腿伸直，支撐你的體重。
2. 向前伸直你的雙手，手心相對。
3. 將手往上舉過頭，身體呈現 Y 字形，此時保持手心朝內，大拇指朝上。接著，將手放下。重複動作 10 次。
4. 從預備姿勢開始，將手直直往側邊舉起，身體呈現 T 字形。接著，將手放下，重複動作 10 次。

YTWL（續）

5. 從預備姿勢開始，將手肘屈曲，手掌的位置大約在臉的前方。接著，漸漸水平外展手臂，並且夾緊肩胛。重複 10 次。

6. 從上個步驟的高點姿勢開始，然後上下旋轉上臂。重複 10 次。

這個動作可以啟動你的中下斜方肌、後三角肌及肩外旋肌群。

四足胸椎伸展

1. 雙膝跪地與骨盆同寬，雙手支撐在肩膀正下方，背打直。

2. 將左手置於頸後，手肘往內旋轉。

3. 接著旋轉並伸展上背部，把手肘往外帶。

4. 重複 6 下後，換邊做。

木棍踝關節活動度練習

1. 採高跪姿，右膝在前，拿一根棍子垂直豎立在右腳前方。

2. 身體向前傾，帶動右膝向前。

3. 訓練數次後，換邊做。

靠牆羅馬尼亞硬舉

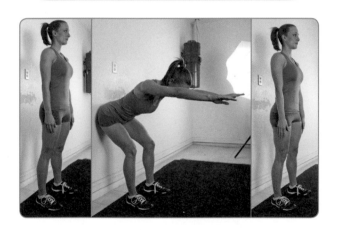

1. 站立，雙腳與骨盆同寬，背對牆壁距離大約 60 公分。

2. 向後坐，使髖關節屈曲，並注意腿後肌群是否有受到伸展的感覺。

3. 回到預備位置。重複做 6~8 次。

靠健力架羅馬尼亞硬舉

1. 站立，雙腳與骨盆同寬，背對健力架距離大約 60 公分。

2. 雙手放在骨盆上，身體向前傾，臀部向後坐，使髖關節屈曲，直到你碰到身後的健力架。

3. 雙膝微微放鬆與彎曲，大部分的動作應該由髖關節完成。

4. 回到預備位置。重複做 6~8 次。

抗力球髖內旋

1. 躺在抗力球上，雙腳踩地，雙手抱胸。

2. 在膝蓋保持朝前的狀態下，慢慢地將兩個腳掌向外挪移。

3. 腳掌會漸漸移動到膝蓋外面，相對而言膝蓋就是向內的，剛好跟深蹲時對膝蓋的要求是相反的。

4. 讓球往身後滾動一些，將髖部往下降。

5. 然後往回滾動。重複做 6~8 次。

伸手單腳羅馬尼亞硬舉

1. 以右腳站立，膝蓋微彎。

2. 臀部微微向後坐，驅動髖關節以產生髖屈曲。

3. 隨著你向前屈曲，將你的手往前舉，後腿抬高，讓手指到腳後跟呈一直線。

4. 重複 6~8 次，然後換邊做。

❹ 肌肉啟動訓練

啟動訓練有助於讓肌肉對於即將面臨的工作做好準備。想像一下在沒有預熱烤箱的情況下烤蛋糕,可以想見烘烤時間會拖得更長,而且烤出來的結果可能不如預期。就如同為了烤蛋糕而預熱烤箱一樣,啟動訓練能幫助你熱身。

啟動訓練主要是針對容易被抑制的肌肉,被抑制的意思是指,由於肌肉接收到了被曲解的訊號,或是根本就沒有神經衝動輸入,因而被迫停工。我們的身體包含許多肌肉,其中一些終其一生都很容易燃燒做功,反之,另一些如果沒有持續啟動,很容易就處在休眠狀態,變得越來越虛弱。在我們的日常生活中,會持續啟動股四頭肌和小腿肌肉,但臀大肌就很少被啟動。我們經常進行這些啟動訓練,可以避免肌肉休眠,並且幫助它們在日常活動中能適度發揮作用。

當你在做啟動訓練時,應該要重質不重量。一名強壯的女性或許可以連續徒手做 100 下臀橋,但是在做啟動訓練時,或許只會做 10 下,專注在高度的啟動臀肌,並且盡可能在動作過程中減少豎脊肌和膕旁肌的參與。

鳥狗式

1. 四肢著地,手臂伸直在肩膀下方,膝蓋與髖部同寬,且背部保持平坦。
2. 舉起你的右手臂和左腳。
3. 避免軀幹左右偏移或旋轉。
4. 當移動髖部和肩膀時,要穩定核心。
5. 放下右手和左腳,抬起左手和右腳。
6. 每側做 6~8 下。

這個動作可以啟動臀大肌。

消防栓式側抬腿

1. 四肢著地，手臂伸直在肩膀下方，膝蓋與髖部同寬，且背部保持平坦。

2. 膝蓋維持彎曲，盡可能把左腿向外側打開，但要保持肩膀、骨盆與地面平行。

3. 回到起始位置，單側重複 6~8 下後，再換邊進行。

這個動作可以啟動髖部的旋轉肌群和臀肌上半部。

四足跪姿髖伸

1. 四肢著地，手臂伸直在肩膀下方，膝蓋與髖部同寬，且背部保持平坦。

2. 膝蓋維持彎曲，把右腿往後方、朝向天花板的方向抬起。

3. 把腿抬高，並保持脊椎中立，避免下背過度伸展。

4. 回到起始位置，單側重複 6~8 下後，再換邊進行。

這個動作可以啟動臀大肌。

前鋸肌挺身

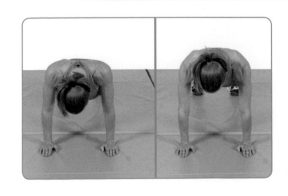

1. 由伏地挺身的姿勢開始，雙手與肩膀同寬。

2. 啟動核心肌群和臀肌，讓身體從頭到腳踝呈一直線。

3. 維持手臂處於伸直的姿勢，在下降胸部的同時，收縮背肌讓兩邊肩胛骨相互靠近。

4. 由最低點的位置，用力把背推向天花板的方向，將兩邊肩胛骨相互分離。

5. 回到起始位置，重複做 6~8 下。

這個動作可以啟動前鋸肌。

側姿髖外展

1. 把腳伸直側躺，雙腳維持中立姿勢相疊。

2. 下方手撐住頭部，上方手則靠在側邊。

3. 把大腿抬高，直到臀部能感受到充分的收縮。膝蓋要保持伸直，不要讓髖關節往前後移動。

4. 回到起始位置，訓練數次後，換邊做。

這個動作可以啟動臀肌上半部。

側姿蛤蜊式

1. 側躺，雙膝彎曲呈 90 度角，髖關節為 135 度角。

2. 把頭撐在下方手之上，上方手則靠在身體前方。

3. 腳踝緊貼，藉由旋轉髖關節把膝蓋打開。

4. 避免下背出現扭轉或位移。

5. 回到起始位置，重複做 6~8 下後，再換邊進行。

這個動作可以啟動髖外旋肌群和臀肌上半部。

超人式

1. 臉朝下躺在地板上。

2. 手掌朝下，將雙臂往你的前方完全伸展。

3. 同時將你的雙臂、雙腿和胸部抬離地板，在動作的高點維持收縮的姿勢一會兒。

4. 用力收縮你的臀部，以將雙腳抬離地板。

5. 重複做 6~8 下。

這個動作可以啟動臀大肌和豎脊肌。

仰臥骨盆後傾

1. 使用訓練椅或箱子,把肩膀靠在訓練椅上,雙腳踩在地板上,膝關節呈 90 度角。

2. 讓你的肩膀維持在訓練椅上,把臀部往地板降,同時凹背讓骨盆前傾。

3. 接著臀部用力收縮,骨盆後傾(往前頂),讓你的髖部和骨盆回到起始位置。

4. 維持骨盆的動作節律,重複做 8~12 下。

這個動作可以啟動臀大肌。雖然臀大肌具有骨盆後傾的重要功能,但大多數人都未經訓練,對這個動作相當陌生。

徒手臀橋

1. 背靠地板躺著,雙腳貼於地板,雙手置於身體兩側。

2. 在動作的低點,膝關節會呈 90 度角左右,而髖關節大約是 135 度角。

3. 以腳跟為支點施力,盡可能在不拱背的情況下,把你的髖部抬高,感受到你的動作主要發生於臀部。

4. 在動作的高點,你的肩膀到膝蓋將會呈現一直線。

5. 重複做 8~12 次

這個動作可以啟動臀大肌。

❺ 臀肌主導的動作

如果你想要擁有飽滿圓潤的翹臀，臀部主導的動作就非常重要了。當你屈膝時，腿後肌群會變得較鬆弛，這時腿後肌群髖伸展的力量就會受到侷限，那麼猜猜哪個肌肉會接手腿後肌群的工作？答案就是臀大肌！詳見「肌力訓練相關詞彙」單元裡的「主動不足」（p.164），以獲得更多資訊。

臀部主導的動作大致上是屈膝狀態下的髖伸。一般的股四頭肌主導動作，大多是在髖屈曲到低點時鍛鍊到臀肌；而臀部主導的動作則不一樣，它們在全關節活動度都會活化很多臀部肌群，尤其是髖部鎖定在完全伸展的姿勢時。換句話說，它們將給予你的臀部「全面的肌力發展」。

由於這類動作在鎖定姿勢（髖伸展的末端）會給予臀部最大的張力，並且引發臀部最大的神經衝動，因此這些運動可以最大程度的強化臀部。這個姿勢同時也會讓臀部擁有最佳後移大腿的力舉（髖伸展）。基於以上理由，女性通常滿喜歡這類動作，因為她們可以感受到臀部在整個關節的移動範圍都確實運作著。這也同時解釋了為什麼像臀舉這樣的運動可以造成泵感——也就是科學家所謂的細胞腫脹，並且能協助肌肉長大。

做臀部主導動作的另一個益處是，雙側（雙腿）運動的各種變化式十分穩定，讓你可以舉起大重量、製造極大的肌肉張力。另外，單側（單腿）變化式的訓練益處在於，它們無論在何處都可以執行，要是做得正確，也是相當具有挑戰性的。對於單腿的動作而言，單純徒手的阻力訓練就是相當棒的臀部訓練。

臀部主導的動作很適合搭配各種不同的進階技巧訓練。詳見「肌力訓練相關詞彙」單元裡有關持續張力法、停息法、停頓法及等長維持法（p.165~169）的資訊。

我經常被問到：如果要打造翹臀的話，槓鈴臀橋和槓鈴臀舉，哪種比較好？我必須說，臀舉在此類運動仍舊勝出，因為其髖部動作的活動度較大。但是，因為臀橋可以負荷更大的重量，因此能更大量的活化臀部。所以，我認為在你的課表裡，必須包含這兩樣訓練。除了常做臀舉外，偶爾也要做臀橋，盡可能舉起更大的重量，以給予臀部更大的刺激。一個好的課表應該要結合這兩者，以打造美麗且強壯的臀部曲線。

還記得「翹臀曲線計畫」的座右銘嗎？「你的臀部越強壯，身材曲線就越美。」你的臀舉和臀橋練得越強，臀部看起來就越美。但每個人的目標不同，同樣的說法並不一定適用於深蹲和硬舉。因為深蹲可能會鍛鍊到太多股四頭肌，而硬舉可能會練到太多背肌，雖然這麼說可能會讓你嚇到不做深蹲或硬舉。但別太擔心，真的很少有女性會練到「太壯」，尤其是體重維持一定時。

我常見到女性在經過一年的努力訓練後，可以全蹲 185 磅、硬舉 275 磅，而且重點是她們的身形看起來還是非常好，不過，這些女性通常不會允許身體囤積多餘的脂肪就是了。就長遠而言，臀舉 250 磅 10 下，可以定為很不錯的目標。

臀部主導的動作對於飽受背痛之苦的人，意外地有幫助，因為這些動作能讓你的身體學會由臀肌主導髖伸，而非下背或膕旁肌。在進行髖關節動作時，維持脊椎中立，對於避免背部的過度負擔，是很關鍵的。

除此之外，臀部主導的動作對於體育競賽也很重要。由於肌肉大小和肌力確實有一定的關聯，所以發育良好的肌肉會有更大的施力潛能。此外，因為功率是力乘上速度，強壯的臀部可以透過提升力來增加功率（假設速度維持一定）。再來，臀部主導的動作也可強化髖伸末端的肌力，髖伸末端恰好是創造力量及驅動身體向前的最重要區域。由於在絕大多數的競賽裡，髖伸展所帶來的速度與加速度，具有絕對的重要性，所以臀部主導的訓練動作永遠屹立不搖。

抬腳式臀橋

抬腳式臀橋除了針對臀部肌肉外，還能訓練膕旁肌。這個變化式會增加動作的關節活動度，但由於在動作高點會使身體呈現接近垂直的角度，所以需要對抗的阻力比較少。對於習慣股四頭肌主導動作的人而言，這是學習啟動臀肌相當有效的方法。如果你覺得自己的臀橋與臀舉是由股四頭肌所主導，試著每週練「兩組各 30 下」兩次。

有感的肌肉：臀部、膕旁肌

訣竅

★ 由放在訓練椅上的腳跟施力，保持你的腳趾頭向上。

★ 以臀部的力量將身體往上推，而不是用下背的力量。

★ 躺在訓練椅前方的地板上，讓膝關節夾角大約呈 90 度角。

★ 背部保持中立，不要過度凹背或拱腰。

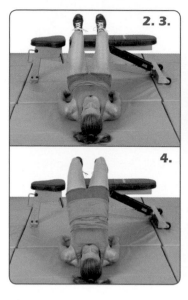

怎麼做

1. 首先，躺在訓練椅前方，雙腳置於地板上。

2. 將雙腳腳跟放在訓練椅上，腳趾頭向上。

3. 身體稍微往後移一點，讓你的膝關節夾角大約呈 90 度角。

4. 把你的髖部往上推，以腳跟為支點施力，直到中背和膝蓋呈一直線。

5. 下降回到起始位置。

徒手臀舉

這類的臀舉是抬高肩膀而非腳部。與標準的臀橋相較，這個動作能讓髖部的活動度增加，增進更多臀部肌力、強化更多股四頭肌，以穩定身體。

有感的肌肉：臀部、股四頭肌

訣竅

★ 以腳跟為支點施力，腳趾著地，膝蓋和腳趾方向維持一致。

★ 以臀部的力量將身體往上推，而不是用下背或膕旁肌的力量，雖然它們應該會有一定程度的參與，但不應過度替臀部代償。

★ 整個動作過程維持流暢。

★ 不要過度拱背或凹腰。

★ 在動作的高點，你的軀幹應該要和地板平行。

怎麼做

1. 坐著，背部靠著訓練椅，雙腳置於地板上。

2. 把肩膀抬高到訓練椅上。以腳跟為支點施力。用臀部把髖關節往上抬，直到你的髖部和肩膀呈一直線，且膝關節夾角為 90 度角。

3. 回到起始位置。

抬肩及抬腳式臀舉

這個變化式同時把肩膀和腳部抬高，不僅增加了關節的活動範圍，也提高了強度。由於髖伸的幅度變大，同時膝關節需要更多的穩定，因此能強化更多的臀部肌群與膕旁肌。

有感的肌肉：膕旁肌

訣竅

★ 以腳跟為支點施力，腳趾著地，膝蓋和腳趾方向維持一致。

★ 以臀部的力量將身體往上推，而不是用下背或膕旁肌的力量，雖然它們應該會有一定程度的參與，但不應過度替你的臀部代償。

★ 整個動作過程維持流暢。

★ 不要過度拱背或凹腰。

★ 在動作的高點，你的軀幹應該要和地板平行。

怎麼做

1. 坐著，背靠訓練椅，雙腳置於地板。

2. 將雙腳放在距離髖部約 16 吋（40 公分）遠的凳子上。

3. 以腳跟為支點施力。把肩膀抬高至訓練椅，並用臀部把髖關節往上抬，直到髖部和肩膀呈一直線，且膝蓋為 90 度角。

4. 回到起始位置。

抬腳式單腿臀橋

這是單腳臀橋變化式中最簡單的，但它依舊非常值得用來訓練，因為它以相當大的關節活動度訓練臀部，並且讓膕旁肌發揮效能。

有感的肌肉：臀部、膕旁肌

訣竅

★ 由在訓練椅上的腳跟施力，腳趾頭維持向上。

★ 以臀部的力量將身體往上推，而不是用下背的力量。

★ 背靠於訓練椅上，讓你的膝關節夾角略大於 90 度角。

★ 背部保持中立，不要過度拱背或凹腰。

怎麼做

1. 首先，背躺在訓練椅前方，雙腳置於地板上。

2. 將右腳腳跟放在訓練椅上，腳趾頭指向上，左腳一樣放在地板上。

3. 身體稍微往後移一點，讓抬起的右腳膝關節夾角可以略大於 90 度角。

4. 地板上的左腳稍微抬離地板，並於待會兒做動作時往胸口方向移動。

5. 以右腳腳跟為支點施力，把你的髖部往上推，直到中背和膝蓋呈一直線。

6. 背部降到起始位置，重複欲練習的次數，接著換邊做。

單腳臀橋

在沒有任何設備的情況下,這是非常棒的動作,可以高度活化臀部肌群。很多人都太小看它的困難度了。當它被正確執行時,非常具有挑戰性。而且在任何地點都可以做這個動作。我現在偶爾還是會做幾組,一組 20 下,是簡單卻有效的臀部訓練。

有感的肌肉:臀部

訣竅

★ 以腳跟為支點施力,盡量不要讓腳趾負重。

★ 不要拱背,以避免由背肌代償。

★ 感受你的臀部正在施力,而非膕旁肌。這可能需要多做幾組才能感受出來,請耐心練習。

★ 髖部與肩膀要呈一直線。

★ 在動作的最高點,短暫維持姿勢。

怎麼做

1. 首先,以背躺地,雙腳貼於地板上,雙手置於身體兩側。

2. 膝蓋彎曲,將左腿稍微抬高靠近胸口。

3. 髖部施力往上,右腳跟踩穩地面,身體抬高呈橋式姿勢。

4. 回到起始位置,重複欲練習的次數,接著換邊做。

抬肩式臀部行軍

臀部行軍是將肩膀而非將腳部抬高,並藉由行軍的姿勢,一次訓練單側腳,以增加強度。這可以培養髖關節末端角度的肌力與穩定性。

有感的肌肉:臀部、膕旁肌

訣竅

★ 藉由推蹬腳跟施力,腳趾頭維持向上。

★ 以臀部的力量將身體往上推,而不是用下背或膕旁肌的力量,雖然它們應該會有一定程度的參與,但不應過度替你的臀部代償。

★ 背部保持中立,不要過度拱背或凹腰

★ 在動作過程中,你的軀幹應該要和地板平行。

怎麼做

1. 首先,背靠在訓練椅前方,雙腳置於地板上。

2. 以腳跟為支點施力,抬高髖部,將肩膀貼放在訓練椅上,直到髖部和肩膀呈一直線,且膝關節的夾角呈 90 度角。

3. 維持高點的姿勢,將你的左腳舉離地板,並將膝蓋舉往胸口方向,維持這個姿勢兩秒鐘。

4. 回到起始位置,然後舉起右腳,維持姿勢兩秒鐘。

5. 重複欲練習的次數。

抬肩單腳臀舉

抬肩單腳臀舉將肩膀抬高，並藉由一次只訓練單側腳來增加強度。這個變化式能增加髖關節的活動度，提升更多臀部肌力，同時強化更多的股四頭肌，以增加穩定度。

有感的肌肉：臀部、膕旁肌

訣竅

★ 由踩地的腳跟施力。

★ 以臀部的力量將身體往上推，而不是以下背的力量。

★ 背靠於訓練椅上，讓膝關節夾角略大於 90 度角。

★ 背部保持中立，不要過度拱背或凹腰。

★ 在動作的高點，你的軀幹應該要和地板平行。

怎麼做

1. 首先，背靠在訓練椅前，雙腳置於地板上。

2. 將左膝抬起，讓左腿往胸口靠近。

3. 以右腳腳跟為支點施力，將肩膀推上訓練椅，抬高髖部，直到髖部和肩膀呈一直線，且膝關節的夾角 90 度角。

4. 回到起始位置。

5. 重複欲練習的次數，接著換腳做。

槓鈴臀橋

槓鈴臀橋是徒手臀橋（參見「❹ 肌肉啟動訓練」單元）的進階版。增加這個動作的負重，有助於在較小的活動度內打造更強壯的臀部。這個運動能讓你在極穩定的姿勢下，使用極大的負重。在嘗試槓鈴臀舉前，先精通這個動作，將會有很大的幫助，因為它的關節活動範圍較小，較容易讓你啟動臀部肌群。

有感的肌肉：臀部

訣竅

★ 以腳跟為支點施力，你可能會發現，如果把腳趾翹起來的話，會比較容易一些。

★ 以臀部的力量將身體往上推，而不是用下背或膕旁肌的力量，雖然它們應該會有一定程度的參與，但不應過度替你的臀部代償。

★ 核心維持穩定，不要拱背或凹腰。

★ 在動作的最高點短暫停留，撐一會兒。

怎麼做

1. 腳伸直坐在運動地墊上，將負重的槓鈴置於前方。

2. 把槓鈴滾過你的腳，直到骨盆的位置。

3. 身體向後躺，雙腳踩地，將膝蓋彎曲靠近臀部。

4. 抓住槓鈴，好讓槓鈴在你往上抬起身體時，可以維持在骨盆的位置。

5. 以腳跟為支點施力，將髖部抬離地板，讓上背到膝蓋呈現一直線。

6. 回到起始位置。

槓鈴臀舉

有感的肌肉：臀部，股四頭肌

訣竅

★ 以腳跟為支點施力，腳趾踩在地面，膝蓋與腳趾的方向維持一致。

★ 以臀部的力量將身體往上推，而不是用下背或膕旁肌的力量，雖然它們應該會有一定程度的參與，但不應過度替你的臀部代償。

★ 整個動作過程維持流暢。

★ 核心維持穩定，不要拱背或凹腰。

★ 在動作的最高點，你的軀幹應該要和地板平行。

★ 在動作的最高點短暫停留，撐一會兒。

槓鈴臀舉是打造臀部的最佳動作之一。由於膝蓋保持彎曲，讓膕旁肌的參與受限，強迫臀部肌肉要做更多功。它與其他受歡迎的臀部訓練不同之處，在於這個動作的過程會讓臀部一直處於高度張力的環境中。持續的張力會讓深層的臀肌燃燒，讓你知道自己的臀部費了多少勁。同時，因為臀舉在最高點需要大量的臀大肌肌力，所以能讓臀部肌肉的活化達到最大。加上這個動作的高穩定性，也讓臀肌得以施予驚人的力量。另外，髖關節也能獲得不錯的活動度。臀舉還有一個優勢，其核心（背部力量）不是造成限制的因素，可以讓臀大肌好好做它的工作，且最大化其產能。

增加臀部的肌力和肌肉量，不只可以改善身形、強化運動時臀部產生的力矩和力量，也會正面影響身體移動與傳遞力量的型態。

怎麼做

1. 坐在地板上，上背（約略肩胛骨下緣的位置）靠著訓練椅。要確保訓練椅穩固、不會滑動。

2. 將槓鈴置於橫跨骨盆（約在恥骨上方）的位置，抓住槓鈴，讓槓鈴在你移動時，可以維持在骨盆的位置。可以使用漢普頓護墊或 Airex 牌的平衡墊，以減少槓鈴對腹部的壓力。

3. 如果使用的重量夠重（如 135 磅），大的槓片可以讓槓鈴輕易地滾過腳的上方到髖部。

4. 屈曲髖部和膝蓋，讓腳掌踩在地面上靠近臀部。

5. 確保在運動時，你的背以訓練椅為支點移動，而非前後滑動，也不要讓槓鈴前後滾動。

6. 深呼吸，將髖部抬起，以腳跟為支點施力，讓膝蓋與腳趾的方向維持一致。

7. 當髖部舉起之後，你的腰椎會試圖超伸展（凹腰），然後後骨盆會想要前傾。你不能讓這個情況發生。

8. 要讓臀肌用力將髖部向上推，使動作僅限於髖部而沒有脊椎的參與，也同時確保骨盆不會前傾。

9. 盡可能將髖部舉高，同時要維持脊椎中立。

10. 如果從側面觀察動作鎖定（最高點）的姿勢，髖部應該要完全伸展（或是些微的超伸展），膝蓋大約呈 90 度角，同時你的腳應該要平踩在地面上。

11. 緩緩地放下重量，並回到起始位置。

美式臀舉

這是槓鈴臀舉的變化式，將支點移動，以負荷更大的重量。由於背部承受的壓力較少，使得臀部的負擔可能會增加。除此之外，這個動作能夠自然引起骨盆後傾與髖伸展，也因此臀肌必須表現多重功能，以此推論美式臀舉可以啟動更多的臀肌。美式臀舉大概是啟動臀肌的最佳運動，但我還是比較喜歡標準的臀舉，因為每次訓練時，上背都會放在臥椅的同一個位置，比較好統一。不過，你仍應該不時地做美式臀舉，這是非常棒的變化式。

有感的肌肉：臀部、股四頭肌

訣竅

★ 以腳跟為支點施力，腳趾踩在地面，膝蓋與腳趾的方向維持一致。

★ 以臀部的力量將身體往上推，而不是用下背或膕旁肌的力量，雖然它們應該會有一定程度的參與，但不應過度替你的臀部代償。

★ 整個動作過程維持流暢。

★ 核心維持穩定，不要拱背或凹腰。事實上，在動作的高點時，你應該要稍微骨盆後傾，以訓練到更多臀部。

★ 在動作的最高點，你的軀幹應該要和地板平行。

★ 在動作的最高點短暫停留，撐一會兒。

怎麼做

1. 坐在訓練椅前方，雙腳伸直，槓鈴跨在小腿上方。

2. 將槓鈴滾向你的髖部，雙腳踩地，膝蓋以舒適的角度彎曲。

3. 抓住槓鈴，讓槓鈴在你移動時可以維持在骨盆的位置。

4. 身體向上滑動，讓背的中段搭在訓練椅上，在握住槓鈴的同時，你的手肘也同樣置於訓練椅上。

5. 以腳跟為支點施力，用力縮臀並抬起髖部。

6. 在動作的高點，髖部和肩膀要呈一直線，且膝關節的夾角為 90 度角。

7. 髖部往下降，避免槓鈴碰到地板。接著，完成欲訓練的次數

臀舉常見的錯誤及矯正方法

過度凹下背

請注意凱莉在圖片中過度凹她的下背（即腰椎的超伸展），同時伴隨著骨盆前傾，也就是骨盆的前方往下掉，而後方往上抬。你可以發現到，凱莉的胸部並沒有保持中立，而是拱得太高了，她的腰椎也是。當你的臀部很虛弱，髖關節活動被腰椎骨盆活動取代時，就會發生這樣的情況。解決之道是，降低負重，學會讓脊椎維持中立的穩定姿勢，並使用臀部肌肉把髖關節往上推，讓活動僅限於髖關節，且同時避免骨盆前傾。

（譯注：想像骨盆是開口朝頭頂的杯子，杯子往身體前方傾，就是骨盆前傾，往身體後方傾，就是骨盆後傾。）

脖子擺位

我先前認為這是不適當的技巧，但我後來理解到，「收下巴，讓視線維持朝向槓鈴」是理想的姿勢，因為這可以防止肋骨架往上抬，並避免脊椎過度伸展，同時亦有助於讓骨盆自然後傾，以加強啟動臀肌。

髖部伸展不足

在這張圖中，凱莉沒有完全伸展她的髖部。這會發生於使用的重量超過所能負荷，讓你無法完成全關節活動度動作的時候。解決辦法是，降低負重，並且感受到你的臀肌把髖部推向動作的高點。

踮腳尖

注意在圖片中，凱莉把腳尖踮起。這常會發生在「以訓練股四頭肌為主」的人身上。試著將腳掌踩在地面上，以腳跟為支點施力。習慣之後，動作做起來就會覺得相當自然了。

鐘擺機四足髖伸

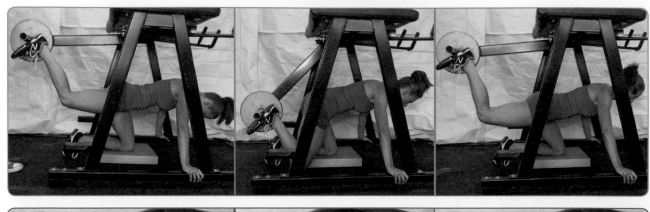

這個動作能讓臀部維持一定的張力,且需要大量運用核心肌群以維持穩定,避免軀幹傾斜或扭轉。當我擁有自己的工作室時,常把這個動作納入學員的訓練課程,它深受許多女性客戶的喜愛。這種器材在健身房裡非常少見,如果你有機會使用到,絕對要試試,因為它對臀部的訓練效果絕佳。

有感的肌肉:臀部、膕旁肌、核心肌群

訣竅

★ 避免軀幹往左右偏或扭轉。

★ 以腳掌的中間為支撐點用力推。

★ 握著側邊的扶手支撐。

★ 控制你的核心,維持緊繃。

怎麼做

1. 把你的雙手和膝蓋放在反向髖伸的機器下方。注意側邊扶手的位置。

2. 把右腳放在擺錘的正中央。

3. 將負重往上推,直到大腿和軀幹呈一直線,在過程中,膝蓋保持彎曲。

4. 在動作的最高點,用力收縮臀肌。

5. 回到起始位置,重複訓練數次。接著換腳做。

抬肩及抬腳式單腳臀舉

2.

4.

2.

4.

這個運作把肩胛骨和一隻腳抬高，一次只訓練單側腳，以增加動作的強度和活動度。這樣可以增加髖部的旋轉穩定性，並且有效的訓練臀部。另外，在動作過程中，因為膕旁肌被強迫同時做兩件事，即伸展髖部和穩定膝關節，使其負擔量變大。這是臀舉變化式中最難的一種。對進階的重量訓練者而言，就算無法到健身房，只需要利用沙發和椅子，就可以做這個運動。但要避免在動作的中途讓沙發和椅子越滑越遠。

有感的肌肉：臀部、膕旁肌

訣竅

★ 腳踏在板凳上，以腳跟為支點施力，膝蓋與腳趾的方向維持一致。

★ 以臀部的力量將身體往上推，而不是用下背或膕旁肌的力量，雖然它們應該會有一定程度的參與，但不應過度替你的臀部代償。

★ 整個動作過程維持流暢。

★ 核心維持穩定，不要拱背或凹腰。

★ 在動作的最高點，你的軀幹應該要和地板平行。

怎麼做

1. 背靠在訓練椅前方，雙腳置於地板。

2. 右腳腳跟放在板凳上，大約距離你的髖部 16 吋（40 公分）。

3. 將你的左膝抬起，大腿往胸部靠近。

4. 以右腳跟為支點施力，將肩膀抬到訓練椅上，用臀部的力量將髖部往上抬，直到髖部與肩膀呈一直線，且膝關節為 90 度角。

5. 回到起始位置。

6. 重複訓練數次，接著換腳做。

❻ 臀部輔助訓練

臀部輔助訓練是相當重要卻常被忽略的動作類別。許多訓練課表都只專注於髖伸的動作，例如股四頭肌、髖關節或臀部主導的訓練動作。雖然專注於髖伸的訓練是不錯的，尤其是那些可以讓你負大重量的運動，但完全將臀部的輔助訓練摒除在外，卻很不明智。

臀部輔助訓練包括髖外展、髖水平外展及髖外旋（詳見「肌力訓練相關詞彙」單元）。髖外展能訓練較多的臀肌上部，而髖外旋可以啟動整個臀肌。事實上，髖外旋能夠給予臀大肌相當大的強化，這是常被許多訓練課表忽略的。臀大肌有相當優越的髖外旋力矩，所以要學會在髖外旋的運動中，感受臀肌扭轉髖關節，這是很重要的。

在這個分類中的每一個運動，都能加強其他重要的髖部肌肉，例如：髖外旋肌群、臀中肌及臀小肌。這些肌肉對於腰椎骨盆—髖關節的功能性，是非常重要的。

每當你奔跑時，髖關節會在站立期執行它的外展功能（或者說，抗內收功能）。因為當你單腳著地時，腿部會很自然地有向內塌陷的傾向，而臀中肌和上部的臀大肌會阻止這樣的情形發生。不僅如此，每當你以髖部為軸心進行動作，如側向移動，或是揮動、投擲物體時，倚賴的是髖部側向及旋轉的動作。髖部的外展肌群和內旋肌群，在你進行深蹲、登階、跳躍及著地的動作時，會適度的啟動，以避免你的膝蓋內塌。基於上述這些理由，儘管臀部輔助訓練的這個分類很小，卻相當重要，應該收錄在你的課表中。

坐姿彈力帶髖外展

這個動作在坐姿且髖屈曲的姿勢下，訓練臀肌上部。加強在深蹲時將膝蓋向外推的力量。這個運動儘管執行起來很簡單，但做得正確時，臀部也可以感受到很棒的燃燒感。

有感的肌肉：臀部上部
訣竅

★ 一開始讓雙腳比肩寬，膝蓋內夾為 X 形。接著雙腳打開至讓膝蓋和腳的方向呈一直線。

★ 或是你一開始可以讓雙腳與肩膀同寬，把膝蓋往外推超過腳的範圍。

★ 在動作末端短暫停留一下，再回到起始位置。

怎麼做

1. 坐在訓練椅或板凳上，將彈力帶圈在大腿，其位置大約在膝蓋下方。如果你的彈力帶比較長的話，可以繞成兩圈。

2. 打開雙腳，讓膝蓋往內夾。

3. 坐正，臀肌上部用力收縮，將膝蓋往外推對抗彈力帶的阻力。

4. 回到起始姿勢，接著重複動作。

X 形彈力帶側走

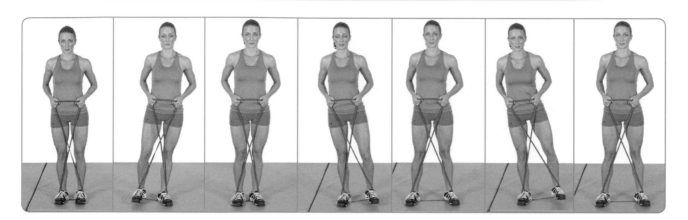

X 形彈力帶側走，以常見的運動員式站姿加強臀部的上半部。這個訓練是我許多客戶最愛的臀肌啟動訓練之一。

有感的肌肉：臀部上部

訣竅

★ 你可以感受到雙側髖部同時施力。

★ 身體挺直站好。

★ 保持小步伐，腳掌不要離地太遠。

★ 專注於使用踩在地面的那隻腳施力，而非懸空的另一腳。

怎麼做

1. 雙腳踩住彈力帶，使其橫過腳掌中間。

2. 讓彈力帶在你的膝蓋前方交叉，形成一個 X 形。

3. 雙手將彈力帶拉至髖部的高度，固定手肘的位置。

4. 維持良好的站姿。

5. 腳保持伸直，碎步往右。

6. 接著換左側重複動作。

站姿滑輪髖外展

站姿滑輪髖外展針對臀肌上部，同時加強兩側的髖外展肌。踩在地面的那隻腳維持等長收縮，而懸空的那隻腳則以全關節活動度活動。這是相當具有挑戰性的動作，不應該低估它的訓練效益。

有感的肌肉：上臀部

訣竅

★ 當你把腳舉起來時，身體不要側彎。

★ 維持良好的姿勢，腳抬高至能感受臀部的收縮即可，不必抬太高。

★ 過程中，站著的那隻腳也會使力，且可能很容易感到疲倦。可以稍微彎曲膝蓋以減輕壓力。

怎麼做

1. 身體左側朝向滑輪機。將腳踝綁帶綁在右腳踝。調整至適當的重量。

2. 握住滑輪機一旁的把手或柱子，將左腳置於右腳後方。

3. 保持身體的良好姿勢，往外側舉起右腳，並稍微往後抬，直到感受到上臀部的收縮。

4. 回到起始位置，重複訓練數次後，換邊做。

雙側四足髖外展

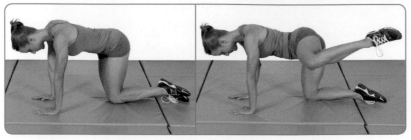

四足髖外展是很特別的運動，它在髖屈曲的姿勢下加強上臀的肌力，這對深蹲之類的訓練是很重要的。雖然這需要一段時間的練習，但你絕對會愛這個動作更勝於消防栓式側抬腿，因為它的關節活動範圍更大。

有感的肌肉：臀部、膕旁肌、核心

訣竅

★ 專注讓髖部盡可能地外展。

★ 保持整個過程中動作的流暢度。

怎麼做

1. 手掌和膝蓋就位，膝蓋位於髖關節正下方，手臂則在肩膀下方。

2. 在上半身不旋轉的情況下，將重心轉移到右側。在身體往右下沉的同時，左腿稍微離開地板。

3. 將雙側髖部同時往外推。側抬左腿，同時右腿施力讓身體向左傾。你將會感受到上臀部在收縮。

4. 收回雙腿，再次將重心轉回右髖部。

5. 重複訓練數次後，換邊做。

站姿雙側髖外展

站姿雙側髖外展也是個獨特的動作，它可以加強上臀部的肌力，並同時促進平衡感與協調性。這個動作並沒有看起來的那麼簡單。在掌握訣竅前，可以先嘗試握住某個東西以維持平衡，接著再嘗試手不握外物的版本。

有感的肌肉：臀部、膕旁肌、核心

訣竅

★ 在動作的高點停留，並用力收縮臀部一會兒。

★ 保持整個過程中動作的流暢度。

★ 如果失去平衡的話，就回到起始位置再重新開始。

怎麼做

1. 以右腳站立，髖部稍微彎曲。

2. 保持右膝微彎，將左腳向後勾，左腳掌抬離地板。

3. 由 1/4 蹲的姿勢，將重心轉移到右側髖部，髖部可以稍微地向內塌陷。

4. 接著拉起塌陷的右髖，同時將左腳抬高至髖部的高度，然後將重心轉移到左側。

5. 放下左腳，重複訓練數次後，換邊做。

側姿抬髖

側姿抬髖以側躺的姿勢訓練上臀部。在開始訓練這個動作之前，你應該先精熟側姿髖外展和側平板撐體，因為側姿抬髖是較具有挑戰性的訓練。

有感的肌肉：上臀部

訣竅

★ 調整好脊椎的位置，避免前後傾。

★ 運動過程保持流暢。

★ 過程中，兩側的髖部會同時施力。

怎麼做

1. 右側躺，將手臂擺在肩膀下方，以手肘支撐身體的重量。

2. 彎曲右膝，將右腳往後擺，左腳置於右腳上方

3. 調整好脊椎的位置，避免拱背或前傾。

4. 抬起左腳並往天花板的方向舉。左腳可以伸直或彎曲。

5. 將左腳舉起的同時，右側髖部施力外展。

6. 重複訓練數次後，換邊做。

站姿彈力帶髖外展

站姿彈力帶髖外展針對上臀部訓練，同時加強雙側髖外展肌群。踩在地面的那隻腳維持等長收縮，而懸空的那隻腳則以全關節活動度活動。在嘗試這個變化式前，最好先熟練站姿滑輪髖外展，因為彈力帶的變化式可能需要一段時間調整與熟悉。

有感的肌肉：上臀部

訣竅

★ 你可以使用毛巾繞在腳踝做為緩衝，避免彈力帶滑動。

★ 當你把腳舉起來時，身體不要側彎。

★ 維持良好的姿勢，腳抬高至能感受臀部的收縮即可，不必抬太高。

★ 過程中，站著的那隻腳也會使力，而且可能很容易感到疲倦。可以稍微彎曲膝蓋以減輕壓力。

怎麼做

1. 身體左側朝向架子或柱子。

2. 將彈力帶纏繞在柱子上。

3. 把右腳腳踝放進彈力帶內。

4. 握住一旁的把手或柱子，以做為支撐。

5. 向外跨步，將右腳交叉於左腳的前方或後方，以製造彈力帶的張力。

6. 保持身體的良好姿勢，往外側舉起右腳，並稍微往後抬，直到你感受到臀部上部的收縮。

7. 回到起始位置，重複訓練數次後，換邊做。

滑輪髖旋轉

滑輪髖旋轉可幫助你加強髖部產生旋轉動作的肌群，特別是臀大肌，因為它具有最佳的旋轉力矩。這個動作具有相當高的挑戰性，要做得正確並不容易。一旦你上手之後，臀肌將會感受到高度的啟動，而且當你旋轉髖部時，將會覺得強壯且充滿力量。

有感的肌肉：臀部肌肉、腹斜肌

訣竅

★ 當你旋轉時，前方的髖關節會往內轉，後側的髖關節則會向外轉。

（譯注：當你旋轉大腿讓腳尖朝外，就是髖關節外旋，反之則是髖關節內旋。右圖中，凱莉在旋轉身體後，後腳腳尖相對於身體變得更朝外了，因此是髖關節外旋。）

★ 把手臂伸直於身體前方，以維持足夠的抗力矩。滑輪不要太靠近身體，否則張力會消失。

★ 以髖關節旋轉，核心要保持中立。

★ 轉身時，臀部用力推，在回到起始位置前，於動作的末端好好地用力收縮臀部。

怎麼做

1. 在運動員式站姿下，伸直雙臂，並且握住滑輪機的把手。

2. 側身面對滑輪。向外跨步遠離滑輪機，以製造張力。

3. 手臂保持伸直，以髖部為軸心旋轉。在動作終止時，讓滑輪在離你的身體最遠的位置。

4. 回到起始位置，完成欲訓練的次數後，換邊做。

❼ 股四頭肌主導的動作

股四頭肌主導的動作大致上和深蹲的動作類似，但可能是雙腳或單腳的動作。動作中，膝關節的活動幅度相當大，而且髖關節屈曲，通常會使臀肌伸展的程度大增。當膝蓋彎曲時，膕旁肌放鬆，可以增加髖關節的活動度，使髖部下降得較低。因此，股四頭肌主導的動作最適合在負重下伸展臀肌，這也就是為什麼在眾多臀部運動中，它們能引起最多痠痛的原因。如果你曾在全蹲或負重的跨步蹲中途休息，然後又繼續訓練，應該很能體會這種痠痛感。其中，跨步蹲有可能是能製造最多臀部痠痛的動作，尤其是在離心（下降）的部分。因此，在股四頭肌主導的動作中，確保使用足夠的負重，以及髖部有確實下降，是很重要的。

　　許多剛接觸這類肌力訓練的新手，並沒有讓髖部好好參與其中。他們將重心往前移，在往下蹲時多以膝蓋彎曲，而非往後坐讓髖部吸收負重的衝擊。而在跨步蹲時，他們踮起腳尖而沒有好好蹲低。這些代價可能會不斷發生，你必須非常努力以避免落入這些圈套。你必須學會以腳跟為支點施力，感受髖部在動作時做功。

　　就肌肉啟動的程度和關節活動幅度方面來說，這類動作訓練股四頭肌的效果最好，同時，它們對內收肌的訓練效果也相當不錯。一雙結實美麗的大腿常是許多人努力追逐的目標，而這些動作可以幫助你達成想要的體態。

　　這類動作的表現相當受到身形比例的影響，意思是，或許你可以很自然的把深蹲和跨步蹲做得很好，但也有可能這對你而言是件難事。不要因為你的深蹲做不好就覺得難過，有些人天生就不適合做深蹲。儘管它們對你而言或許並不簡單，但你仍要努力訓練。

　　這類動作可以製造許多痠痛，但你千萬不要誤以為痠痛感是肌肉成長的最重要條件。要記住，適度的痠痛是好事，但是太多的痠痛反而會阻礙肌力成長。我們的目標不是要讓你痠的只能像蝸牛一樣爬一個星期。如果你可以用各式各樣的動作訓練臀肌和其他的肌肉，便有機會獲得最佳的成果。

　　這類動作對於避免膝蓋疼痛也很重要。當以正確的方式訓練時，它可以強化股四頭肌，讓髖部學習參與複合性運動，使膝蓋沿著正確的路徑移動，以減輕膝蓋的壓力。

　　就如同臀部主導的動作一樣，股四頭肌主導的動作對於體育競賽的表現，也相當有助益。股四頭肌對於許多競賽的動作，包括跑步、跳躍、側向位移等，都非常重要。這類動作可以在低位點增加臀肌肌力，提升跳躍落地時吸收衝擊的能力。深蹲絕對是下肢訓練的頭幾個選擇，它需要背部核心的穩定、卓越的股四頭肌肌力、在低位點的髖部肌力，以及良好的下肢關節活動度。但是，深蹲以及其他股四頭肌主導的動作，例如跨步蹲，就無法像硬舉或臀舉一樣高度啟動臀肌。這就是為什麼想要讓臀部有最大的成長，就必須做各種臀部訓練的原因了。

徒手高位箱上深蹲

箱上深蹲是教導人們在深蹲時如何往後坐，以及如何使用髖關節動作的極佳變化式。對於膝蓋有舊疾，或是不能做傳統深蹲的人來說，是不錯的替代選項。箱子越高，動作就越簡單。因此，在嘗試做低位箱上深蹲前，應該先熟悉高位動作。

有感的肌肉：股四頭肌、臀肌

訣竅

★ 抬頭挺胸，維持下背自然的弧度。

★ 把膝蓋推往外，讓它們可以沿著腳趾的方向移動。

★ 重心放在腳跟上。

★ 在這個變化式中，往後坐的同時，膝蓋不往前移，讓脛骨和地面垂直。

★ 用力收縮臀部至鎖定位置。

怎麼做

1. 以寬步距站在約與膝蓋同高的訓練椅或箱子前。許多人喜歡將腳趾往外大約 30~45 度，可依個人而定。

2. 雙臂交叉於胸前，像「木乃伊」一樣。

3. 深呼吸，臀部大幅度的往後推，向下蹲，脛骨保持和地面垂直。上半身需要大量前傾。

4. 往下蹲到訓練椅的高度，膝蓋向外。在箱子的上方停數秒，且脊椎維持中立姿勢。

5. 起身，用力收縮臀部至鎖定位置，然後回到起始位置。

徒手箱上深蹲

箱上深蹲是教導人們在深蹲時如何往後坐，以及如何使用髖關節動作的極佳變化式。對於膝蓋有舊疾，或是不能做傳統深蹲的人來說，是不錯的替代選項。

有感的肌肉：股四頭肌、臀肌

訣竅

★ 抬頭挺胸，維持下背自然的弧度。

★ 把膝蓋推往外，讓它們可以沿著腳趾的方向移動。

★ 重心放在腳跟上。

★ 在這個變化式中，往後坐的同時，膝蓋不往前移，讓脛骨和地面垂直。

★ 用力收縮臀部至鎖定位置。

怎麼做

1. 以寬步距站在約與膝蓋同高的訓練椅或箱子前。許多人喜歡將腳趾往外大約 30~45 度，可依個人而定。

2. 雙臂交叉於胸前，像「木乃伊」一樣。

3. 深呼吸，臀部大幅度的往後推，向下蹲，脛骨保持和地面垂直。上半身需要大量前傾。

4. 往下蹲到箱子的高度，膝蓋向外。在箱子的上方停數秒，且脊椎維持中立姿勢。

5. 起身，用力收縮臀部至鎖定位置，然後回到起始位置。

徒手低位箱上深蹲

這個動作是用以確認重量訓練者在深蹲時可以蹲得夠低的好方法。它同時也可以加強在動作低點的肌力以及改善姿勢。在做高位箱上深蹲時，膝蓋不可以往前，但在低位箱上深蹲中，你往後往下蹲時，膝蓋會些微向前，讓髖關節和膝關節一起分擔負重。在這個變化式中，建議你的雙腳與肩膀同寬，以學習啟動髖關節與膝關節。

有感的肌肉：股四頭肌、臀肌

訣竅

★ 抬頭挺胸，維持下背自然的弧度。

★ 把膝蓋推往外，讓它們可以沿著腳趾的方向移動。

★ 重心放在腳跟上。

★ 動作過程中，保持脊椎中立。

★ 用力收縮臀部至鎖定位置。

怎麼做

1. 雙腳與肩同寬，站在比膝蓋低的訓練椅或箱子前。許多人喜歡將他們的腳趾往外大約 30~45 度，可依個人而定。

2. 雙臂交叉於胸前，像「木乃伊」一樣。

3. 深呼吸，臀部大幅度往後蹲，上身盡量保持直立。

4. 往下蹲到訓練椅的高度，膝蓋向外。在箱子的上方停數秒，且脊椎維持中立姿勢。

5. 起身，用力收縮臀部至鎖定位置。

6. 回到起始位置。

徒手深蹲

徒手深蹲是人類基本的動作形式。在開始負重前，你必須先熟悉徒手動作。學會讓髖關節和膝關節分擔負重，是很重要的，長期下來才能維持關節的健康，並且確保最佳的運動表現。

有感的肌肉：股四頭肌、臀肌

訣竅

★ 抬頭挺胸、收下巴，維持脖子和脊椎的良好姿勢。

★ 髖部往下蹲時，位在雙腳之間，並讓膝蓋向外，方向與腳掌一致。膝蓋將會沿著腳趾的方向移動。要注意避免讓膝蓋往內塌陷。

★ 上身盡量保持直立，前傾是正常的，但是幅度不要太多。還有，不要圓背。

★ 當你往下蹲時，下背保持自然的弧度。不要讓你的臀部往前捲。

★ 以腳跟為支點施力，不要踮腳尖。

怎麼做

1. 雙腳與肩膀同寬，腳趾只要放在你覺得舒適的位置即可。你可以讓腳尖指向前，或是微微向外。往外 30 度角還滿常見的。

2. 身體挺直，雙臂交叉於胸前。

3. 以髖關節為樞紐往後坐。

4. 由髖部開始動作，接著才是膝蓋。

5. 在不圓背的情況下盡量蹲低；每個人能夠蹲多低的情況都不同，但至少臀部要低於你的膝蓋。

6. 在整個動作的過程中，避免上半身過度前傾。

7. 回到起始位置。

啞鈴高腳杯深蹲

高腳杯深蹲對於初學者和中階程度的人，是相當重要的訓練方式。將負重置於胸前的高腳杯姿勢，是由徒手深蹲開始進階訓練的最佳方法。

有感的肌肉：股四頭肌、臀肌

怎麼做

1. 雙腳與肩膀同寬，腳趾的方向只要你覺得舒適即可，你可以讓腳尖朝前或微微朝外。

2. 身體挺直，雙手握住一個啞鈴的兩端。

3. 身體直直地往下降，上身幾乎維持垂直，不要有太多前傾。保持挺胸。

4. 往下蹲，直到你的髖關節比膝蓋低。在動作的過程中，膝蓋往外打開。

5. 以腳跟為支點施力起身，保持把膝蓋往外推，避免它們往內塌陷。

6. 回到起始位置。

訣竅

★ 抬頭挺胸、收下巴，維持脖子和脊椎的良好姿勢。

★ 往下蹲的同時，手臂維持靠近身體。

★ 上身直直地往下蹲時，讓膝蓋往外，方向與腳趾平行。

★ 當你往下蹲時，下背保持自然的弧度。不要讓你的臀部往前捲。

★ 起身的時候，臀肌要施力。

壺鈴高腳杯深蹲

訣竅

★ 抬頭挺胸、收下巴，維持脖子和脊椎的良好姿勢。

★ 往下蹲的同時，手臂維持靠近身體。

★ 上身直直地往下蹲時，讓膝蓋往外，方向與腳趾平行。

★ 當你往下蹲時，下背保持自然的弧度。不要讓你的臀部往前捲。

★ 起身的時候，臀肌要施力。

高腳杯深蹲對於初學者和中階程度的人是相當重要的訓練方式。將負重置於胸前的高腳杯姿勢，是由徒手深蹲進階訓練的最佳方法。

有感的肌肉：股四頭肌、臀肌

怎麼做

1. 雙腳與肩膀同寬，腳趾的方向只要你覺得舒適即可，你可以讓腳尖朝前或微微朝外。

2. 身體挺直，雙手握住壺鈴的握把，置於下巴下方。

3. 身體直直地往下降，上身幾乎維持垂直，不要有太多前傾。保持挺胸。

4. 往下蹲，直到你的髖關節比膝蓋低。在動作的過程中，膝蓋往外打開。

5. 以腳跟為支點施力起身，保持把膝蓋往外推，避免它們往內塌陷。

6. 回到起始位置。

啞鈴椅間深蹲

這個運動常見於我訓練女性的課表中。這是很棒的深蹲變化式，可以讓髖關節以較大的關節活動度活動，而且能讓臀肌在伸展的狀態下受到充分的訓練。對於剛開始學習負重深蹲的初學者和中階程度訓練者而言，也是極佳的運動。

有感的肌肉：股四頭肌、臀肌

怎麼做

1. 雙腳與肩膀同寬，腳趾的方向只要你覺得舒適即可，你可以讓腳尖朝前或微微朝外。

2. 身體挺直，雙手握住啞鈴（或是壺鈴）的一端。

3. 身體直直地往下降，上身幾乎維持垂直，不要有太多前傾。保持挺胸。

4. 往下蹲，直到你的髖關節比膝蓋低。在動作的過程中，膝蓋往外打開。

5. 以腳跟為支點施力起身，保持把膝蓋往外推，避免它們往內塌陷。

6. 回到起始位置。

訣竅

★ 抬頭挺胸、收下巴，維持脖子和脊椎的良好姿勢。

★ 往下蹲的同時，手臂維持靠近身體。

★ 上身直直地往下蹲時，讓膝蓋往外，方向與腳趾平行。

★ 當你往下蹲時，下背保持自然的弧度。不要讓你的臀部往前捲。

★ 起身的時候，臀肌要施力。

啞鈴全蹲

許多人很難將這個變化式做得正確。但是當動作正確時，啞鈴全蹲是個相當有效的深蹲訓練法。

有感的肌肉：股四頭肌、臀肌

怎麼做

1. 雙腳與肩膀同寬，腳趾的方向只要你覺得舒適即可，你可以讓腳尖朝前或微微朝外。

2. 雙手各握一個啞鈴於身體兩側，手心朝內。

3. 以髖關節為樞紐往後坐。由髖部開始動作，接著才是膝蓋。

4. 向下蹲，直到你的髖關節比膝蓋低。在動作的過程中，膝蓋保持往外打開。

5. 以腳跟為支點、臀部施力起身，保持膝蓋往外推，避免它們往內塌陷。

6. 回到起始位置。

訣竅

★ 要記住這是深蹲，不是硬舉。你的膝蓋會彎曲，而且你會感受到股四頭肌的活動。

★ 抬頭挺胸，保持窄步距。

★ 當你手握著啞鈴往下降的同時，手臂保持伸直。

★ 往後坐的同時，盡量維持上半身直立。

★ 不要讓你的膝蓋往內塌陷。

★ 以腳跟為支點施力。

槓鈴半深蹲

槓鈴半深蹲對於受限於舊疾或是關節活動度而無法做全蹲的人而言，是個相當好的替代訓練。此外，因為槓鈴半深蹲可以負更大的重量，所以偶爾將其排入訓練課程也有助益。儘管許多運動員和教練偏好這項訓練，但我個人相信，若姿勢正確的話，全蹲還是效果比較好的動作。

有感的肌肉：

股四頭肌、臀肌

訣竅

★ 往後坐，讓髖關節吸收負重的衝擊，感受髖部在動作過程中施力，而不是只有股四頭肌。

★ 重心維持在腳跟。

怎麼做

1. 雙腳略寬於肩膀。

2. 將槓鈴跨於你的上背。你可以將槓子放在肩胛骨的上部或下部，只要你感到舒適且槓子不會亂晃即可。

3. 深呼吸，往下深蹲。

4. 往下往後坐，直到大腿與小腿的夾角至約 110 度角（如果你的大腿蹲到與地面平行，表示你蹲得太低了）。

5. 起身，確保臀部用力收縮至鎖定位置。

6. 回到起始位置。

槓鈴高位箱上深蹲

箱上深蹲有助於教導學員學習如何在深蹲時向後坐，並且讓髖關節多參與。對於膝蓋有疾患而無法做傳統深蹲的人而言，也是個不錯的替代選項。

有感的肌肉：股四頭肌、臀肌

訣竅

★ 抬頭挺胸、收下巴，下背保持自然的弧度。

★ 讓膝蓋往外，方向與腳趾平行。

★ 重心放在腳跟上。

★ 在這個變化式中，身體往後坐，小腿脛骨和地面盡量垂直，膝蓋不要往前移動。

★ 臀部用力收縮至鎖定位置。

怎麼做

1. 站在約與膝蓋同高的訓練椅或箱子前。許多人喜歡將腳趾往外大約 30~45 度，可依個人而定。

2. 將槓鈴跨於你的上背。你可以將槓子放在肩胛骨的上部或下部，只要你感到舒適且槓子不會亂晃即可。

3. 深呼吸，髖部向後推，往後下蹲。小腿脛骨和地面盡量垂直，讓膝蓋不要往前移動。上半身需要大量前傾。

4. 蹲至箱子的高度，並且同時讓膝蓋往外、不向內塌陷，維持脊椎中立。在訓練椅的高度停留數秒。

5. 起身，確保臀部用力收縮至鎖定位置。

6. 回到起始位置。

槓鈴平行蹲

這個變化式所需的關節活動度比全蹲小，對於腳踝或髖部活動度較差的人而言，是理想的訓練動作。

有感的肌肉：股四頭肌、臀肌

訣竅

★ 抬頭挺胸、收下巴，維持脖子和脊椎的良好姿勢。

★ 往後坐，讓髖關節吸收負重的衝擊。

★ 上身盡量保持直立，前傾是正常的，但幅度不要太多。還有，不要圓背。

★ 由腳跟為支點施力，不要踮腳尖。

怎麼做

1. 雙腳步距略寬於肩膀，許多人喜歡將腳趾往外大約 30 度角，可依個人喜好而定。

2. 將槓鈴跨於你的上背。你可以將槓子放在肩胛骨的上部或下部，只要你感到舒適且槓子不會亂晃即可。

3. 深呼吸，往下深蹲。

4. 深蹲至大腿與地面平行，膝蓋往外，方向與腳趾一致。

5. 起身，確保臀部用力收縮至鎖定位置。

6. 回到起始位置。

槓鈴相撲深蹲

這個相撲式的深蹲變化式較常見於健力訓練，比窄步距的深蹲可啟動更多臀肌。當你越來越熟練這個動作後，它也可以讓你使用更大的負重。槓鈴寬步蹲和箱上深蹲的技巧很相近，差別只在不需要箱子而已。

有感的肌肉：股四頭肌、臀肌、內收肌群

訣竅

★ 抬頭挺胸、收下巴，下背保持自然的弧度。

★ 膝蓋往外，方向與腳趾平行。

★ 重心放在腳跟上

★ 在這個變化式中，身體往後坐，小腿脛骨和地面盡量垂直，讓膝蓋不要往前移動。

★ 臀部用力收縮至鎖定位置。

怎麼做

1. 以寬步距站立，腳趾朝外，至於角度大小，只要你覺得舒適即可。（許多人喜歡往外大約 45 度）。

2. 將槓鈴跨於你的上背。你可以將槓子放在肩胛骨的上部或下部，只要你感到舒適且槓子不會亂晃即可。

3. 深呼吸，往下深蹲。

4. 蹲至你的髖關節恰好比膝蓋低的高度。

5. 起身，確保臀部用力收縮至鎖定位置。

6. 回到起始位置。

槓鈴低位箱上深蹲

低位箱上深蹲是用以確認重量訓練者在深蹲時可以蹲得夠低的一個好方法。它同時也可以加強在動作低點的肌力，以及改善姿勢。在做高位箱上深蹲時，必須往後坐且膝蓋不可往前，但在低位箱式深蹲中，你直直地往下蹲時，膝蓋會些微向前，讓髖關節和膝關節一起分擔負重。另外，在這個變化式中，你的雙腳與肩膀同寬，但在高位箱上深蹲中，步距就要比肩膀寬。

有感的肌肉：股四頭肌、臀肌

訣竅

★ 抬頭挺胸、收下巴，下背保持自然的弧度。

★ 讓膝蓋往外，方向與腳趾平行。

★ 重心放在腳跟上。

★ 上半身維持直立。

★ 臀部用力收縮至鎖定位置。

怎麼做

1. 站在高度比膝蓋低的訓練椅或箱子前。雙腳與肩膀同寬。許多人喜歡將腳趾往外大約 30~45 度，可依個人而定。

2. 將槓鈴跨於你的上背。你可以將槓子放在肩胛骨的上部或下部，只要你感到舒適且槓子不會亂晃即可。

3. 深呼吸，髖部向後坐，上半身盡量維持直立。

4. 蹲至箱子的高度，同時讓膝蓋往外、不向內塌陷，維持脊椎中立。在訓練椅的高度停留數秒。

5. 起身，確保臀部用力收縮至鎖定位置。

6. 回到起始位置。

槓鈴全蹲

全蹲可說是任何臀部訓練課表的必備項目，但要蹲到夠低的位置，對許多女性而言就不是件簡單的事。腳踝的柔軟度差、髖關節活動度受限，或是上背僵硬，都有可能導致難以深蹲的問題。核心穩定度差或背部肌力弱，也可能造成深蹲困難。

若有正確的指導，許多女性可以隨著時間進步而蹲得更低，但也有一些重量訓練者可能永遠都無法蹲低於平行的位置。例如，有些重量訓練者的髖關節結構不適合特定的角度，強迫蹲低時，可能會導致下背和骨盆關節受傷。

無論你的深蹲有多強，在訓練深蹲動作時，同時改善活動度和穩定度，是不錯的想法。隨著你越來越進步，深蹲的姿勢會越來越自然，且能增加更多負重。但不是每個人都可以安全且舒適的深蹲。如果你無法做到的話，做平行蹲舉或是只比平行稍微低一點，也無妨。千萬別強迫自己處在可能受傷的姿勢。

全蹲在動作最低點——也是髖關節處於伸展狀態且臀肌被拉長的位置，訓練到最多臀肌。它也同時訓練股四頭肌和束脊肌，可幫助打造大腿肌肉和背肌。另外，對運動員而言，深蹲有助於增進垂直跳和加速度的表現。

有感的肌肉：股四頭肌、臀肌

訣竅

★ 抬頭挺胸，下背保持自然的弧度。

★ 讓膝蓋往外，方向與腳趾平行。

★ 重心放在腳跟上。

★ 讓髖部在你的雙膝間往下降。

怎麼做

1. 雙腳比肩膀稍寬，腳趾稍微向外約 30 度角。

2. 將槓鈴跨於你的上背。將槓子放在肩胛骨的下部（低位槓）或上部（高位槓），取決於你的目標，只要你感到舒適且槓子不會亂晃即可。

3. 深呼吸，維持挺胸以及下背的弧度，髖部往下降至全蹲的位置。

4. 讓你的膝蓋維持往外，方向與腳趾平行。

5. 當你往下蹲的時候，下背會想要屈曲（圓背），且骨盆想要後傾（往前捲），不要讓這樣的情況發生。

6. 確保你的重心沒有往前偏移，並以腳跟為支點施力。

7. 在動作低點的位置，挺起胸膛，膝蓋向外，下背保持自然的弧度，並且雙腳貼地。

8. 起身，確保臀部用力收縮至鎖定位置。

9. 回到起始位置。

槓鈴前蹲舉

在這個深蹲的變化式中,你的身體呈現比較直立的狀態,可減少脊椎的參與,同時仍讓腿部和核心做功。許多教練和運動員偏好這個動作,因為他們覺得這個動作比背蹲舉安全。有些女性一開始會抱怨,槓鈴在肩膀上讓她們感到不舒服,但這個狀況會隨著時間改善。

有感的肌肉:股四頭肌、臀肌

訣竅

★ 抬頭挺胸,下背保持自然的弧度。

★ 將負重置於你的肩膀上,而不是手腕和手。

★ 抬高手肘並往內收。

★ 讓膝蓋往外,方向與腳趾平行。

★ 重心放在腳跟上。

★ 讓髖部在你的雙膝間往下降。

怎麼做

1. 走向訓練架,架上槓鈴的高度約為肩膀位置,把肩膀的前側當作放置槓鈴的架子,將槓鈴放在肩膀靠近脖子的位置。

2. 抬高手肘,由訓練架往後退。雙腳步距略寬於肩膀。

3. 髖部於雙膝間往下降,下蹲至你的髖關節恰好比膝蓋低的高度。過程中,膝蓋往外,方向與腳趾平行。

4. 當你下降到一個舒適的位置時,用力起身,並確保你的上身是直立的。

5. 回到起始位置。

澤奇深蹲

在所有深蹲的變化式中,這個種類可以最大程度地啟動臀肌和核心。但是,這也可能是讓你感到最不舒服的動作,因為用手臂勾住槓鈴是很痛的。隨著時間過去,這種疼痛和不適會消退,你將可以增加訓練強度。

有感的肌肉:股四頭肌、臀肌、核心肌群

訣竅

★ 抬頭挺胸,下背保持自然的弧度。

★ 讓膝蓋往外,方向與腳趾平行。

★ 重心放在腳跟上。

★ 讓髖部在你的雙膝間往下降。

怎麼做

1. 走向訓練架,架上槓鈴的高度約為腰際,將槓鈴放在手肘彎曲處。

2. 由訓練架往後退,挺直身體,讓槓鈴緊靠自己。雙腳步距略寬於肩膀。

3. 髖部往後往下坐,蹲至你的髖關節比膝蓋低。過程中,膝蓋往外推,方向與腳趾平行。

4. 往下蹲至你的手肘碰到大腿,並維持核心緊繃。

5. 回到起始位置。

深蹲常見的錯誤及解決方法

先啟動膝蓋／重心往前移

注意在圖片中,凱莉在一開始就彎曲膝蓋、讓重心往前,同時上半身仍為直立。你可以試著想像,有個人在你背後,用繩子綁住你的髖部並且往後拉,這樣一來,動作就會由髖部開始。你也必須將重心放在腳跟上,然後往後往下坐。

上身過度前傾

深蹲時,你的身體確實需要往前傾,但幅度不需要太多。雖然你的身形比例對於深蹲的形式有很大的影響,但你絕對不需要將身體對折成兩半。

圓下背

深蹲時，永遠要保持背部的弧度，不要圓背。很多人常因為髖關節屈曲的活動度不足，而在深蹲動作的低點圓背，讓骨盆後傾。脊椎也跟著屈曲。所以，蹲低的前提是要保持脊椎中立。

膝蓋外翻

膝蓋外翻，或是膝蓋向內塌陷，可能是深蹲最常見的錯誤。這是由於虛弱的臀肌和髖外旋肌群所致。在過程中，要持續施力將膝蓋往外推，尤其是在深蹲動作的低點，讓它們可以沿著你腳趾的方向移動。

脖子的姿勢不良

許多人在深蹲時眼睛會往上看，雖然這可能不是什麼大問題，但是維持脖子的中立位置，可能是比較安全且有效率的方式。因此，避免往上看，要維持脖子和脊椎的良好位置。

踮腳尖

許多人在深蹲時常會踮腳尖，尤其是在動作的低點。這是由於踝關節背屈的活動度不足，或是過度緊繃的蹠屈肌所導致。你應該維持腳跟著地，並且增加踝關節的活動度，以求適當的深蹲深度與表現。

徒手前跨步蹲

徒手前跨步蹲針對膝關節與股四頭肌進行訓練，同時對打造臀部也有不錯效果。這可能是跨步蹲的變化式中訓練股四頭肌效果最好的，但若提到臀部訓練，則是反向跨步蹲較佳。

有感的肌肉：股四頭肌、臀肌

訣竅

★ 腳要往前跨得夠遠，讓前腳的膝關節和腳踝垂直。

★ 身體往下降，讓前腳膝關節呈 90 度角。不要將前腳的膝蓋往前推。

怎麼做

1. 雙腳與髖部同寬，雙手置於髖關節兩側。

2. 右腳往前跨，同時上半身維持直立。

3. 身體往下降，直到左腳的膝蓋恰好停在地板上方。

4. 起身回到起始位置，完成欲訓練的次數後，換邊做。

徒手後跨步蹲

徒手後跨步蹲是在加上負重之前，必須先熟悉的基礎動作形式。往後跨步可以減少對於膝關節的衝擊，並使用更多臀部肌群。另外，跨步時讓上半身微微前傾，也有類似的效果。

有感的肌肉：股四頭肌、臀肌

訣竅

★ 腳要往後跨得夠遠，讓前腳的膝蓋和腳踝呈一直線。

★ 身體往下降讓前腳膝關節呈 90 度角。不要將前腳的膝蓋往前推。

★ 上身稍微往前傾，且脊椎同時維持良好的姿勢。

★ 以前腳的髖關節為樞紐，讓身體往下降。

怎麼做

1. 雙腳與髖部同寬，雙手置於髖部兩側。

2. 右腳往後跨，且上半身稍微前傾。

3. 身體往下降，直到右腳的膝蓋恰好停在地板上方。

4. 起身回到起始位置，完成欲訓練的次數後，換邊做。

啞鈴行走跨步蹲

啞鈴行走跨步蹲是我最喜歡的臀部訓練之一。目前已知，它讓臀肌的下半部在伸展狀態下承受負重，可以製造臀部最多的痠痛感。但是別忘了，痠痛不是肌肉生長的必要條件，所以千萬不要過度練習這個動作，以免弊大於利。雖然我們都喜歡在訓練的隔天還感到一點痠痛，好提醒我們曾經有過辛苦的訓練，或是想像肌肥大的現象正在發生。但是，肌肉過度的損傷將會妨礙運動表現，並且阻礙我們突破個人紀錄。所以，我們不需要特意避開這個動作，但也不必練個五組到力竭，導致接下來一整個星期都無法訓練。記得，要聰明的訓練！

有感的肌肉：股四頭肌、臀肌

訣竅

★ 腳要往前跨得夠遠，讓你前腳的膝蓋和腳踝呈一直線。

★ 身體往下降讓前腳膝關節呈 90 度角。不要將前腳的膝蓋往前推。

★ 上半身稍微前傾，同時要保持脊椎的良好姿勢。

★ 在動作低點，也就是臀肌被伸展的位置，用力收縮你的臀肌，然後起身，並同時維持上身的穩定。不要讓你的髖部比肩膀早抬起，它們應該要同時起來。

怎麼做

1. 雙腳與髖部同寬，雙手各握一個啞鈴於身體兩側。

2. 右腳往前跨步。

3. 身體往下降，直到左腳的膝蓋恰好停在地板上方。

4. 運用一些爆發力往前站起，接著換左腳繼續往前。

啞鈴赤字後跨步蹲

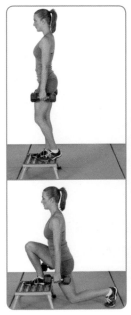

這是對下半身極具訓練效益的動作，在鍛鍊股四頭肌的同時，也在動作低點伸展並訓練臀肌。使用啞鈴負重，可讓動作更為穩定，另外，讓動作赤字化（編按：即往下蹲那隻腳的低點低於在原位的那隻腳），可以讓關節活動度更大。

有感的肌肉：股四頭肌、臀肌

訣竅

★ 腳要往後跨得夠遠，讓前腳的膝蓋和腳踝呈一直線。

★ 身體往下降讓前腳關節呈 90 度角。不要將前腳的膝蓋往前推。

★ 上身稍微往前傾，且脊椎同時維持良好的姿勢。

★ 以前腳的髖關節為樞紐，讓身體往下降。

怎麼做

1. 雙腳與髖部同寬，站在台階上，雙手各握一個啞鈴於身體兩側。

2. 左腳往後跨步，上半身稍微向前傾。

3. 身體往下降，直到左腳的膝蓋恰好停在地板上方。

4. 起身回到起始位置。完成欲訓練的次數後，換邊做。

槓鈴反向跨步蹲

這是對下半身極具訓練效益的動作，在鍛鍊股四頭肌的同時，也在動作低點伸展並訓練臀肌。往後跨步可以減少對於膝關節的衝擊，並使用更多臀部肌群。另外，跨步時讓上半身微微前傾，也有類似的效果。

有感的肌肉：股四頭肌、臀肌

訣竅

★ 腳要往後跨得夠遠，讓前腳的膝蓋和腳踝呈一直線。

★ 身體往下降讓前腳膝關節呈 90 度角。不要將前腳的膝蓋往前推。

★ 上身稍微往前傾，且脊椎同時維持良好的姿勢。

★ 在動作低點的伸展姿勢下，用力收縮你的臀肌。

怎麼做

1. 雙腳與髖部同寬，舉起訓練架上的槓鈴，架到你的背上，接著由往後退。

2. 右腳往後跨，且上半身稍微前傾。

3. 身體往下降，直到右腳的膝蓋恰好停在地板上方。

4. 起身回到起始位置。完成欲訓練的次數後，換邊做。

徒手保加利亞分腿蹲

徒手保加利亞分腿蹲是個相當棒的運動，能夠發展單腳肌力和髖關節穩定度，而且隨地都可以做（使用一張椅子、咖啡桌或沙發即可）。當我在家或出外度假時，我喜歡以高重複次數練習這個動作。對初學者或中階程度的重量訓練者而言，以低至中度的重複次數訓練，仍是具有挑戰性的。

有感的肌肉：股四頭肌、臀肌

訣竅

★ 上身保持些微前傾，但不要讓髖部比肩膀還要早起來。

★ 重心主要放在前腳，你的後腳是用來維持平衡，而非支撐主力。

★ 前腳要往前跨得夠遠，這樣在你往下降時，前腳的膝蓋才不會往前移動太多。

★ 後腳的膝蓋下降時，應該幾乎快要碰到地板。

★ 確保前腳的膝蓋和腳尖呈一直線，而且在訓練的過程中，膝蓋不往內或往外塌。

怎麼做

1. 站在訓練椅前，雙手置於髖部兩側。

2. 右腿往後，將腳勾在訓練椅上方。

3. 身體往下降，直到右腳的膝蓋幾乎要碰到地板，接著起身。

4. 重複訓練數次，然後換腿練。

徒手保加利亞赤字分腿蹲

保加利亞分腿蹲是個相當棒的運動，能夠發展單腳肌力和髖關節穩定度，對於脊椎的負荷也比深蹲少。另外，這個姿勢可以讓關節活動度更大，使臀肌獲得更大的伸展。

有感的肌肉：股四頭肌、臀肌

訣竅

★ 上身保持些微前傾，但不要讓髖部比肩膀還要早起來。

★ 重心主要放在前腳，你的後腳是用來維持平衡，而非支撐主力。

★ 前腳要往前跨得夠遠，這樣在你往下降時，前腳的膝蓋才不會往前移動太多。

★ 後腳的膝蓋下降時，應該幾乎快要碰到地板。

★ 確保前腳的膝蓋和腳尖呈一直線，而且在訓練的過程中，膝蓋不往內或往外塌。

怎麼做

1. 背對訓練椅，距離訓練椅約三到四步，雙手置於髖部兩側或頭部後方。左腿往後，將腳勾在訓練椅上方。（鞋帶那面朝向地板。）

2. 身體往下降，直到左腿的膝蓋幾乎要碰到地板，接著起身。

3. 重複訓練數次，然後換腿練。

啞鈴保加利亞分腿蹲

保加利亞分腿蹲是個相當棒的運動，能夠發展單腳肌力和髖關節穩定度，對於脊椎的負荷也比深蹲少。使用啞鈴負重的姿勢相當穩定，可增加肌肉所承受的張力。

有感的肌肉：股四頭肌、臀肌

訣竅

★ 上身保持些微前傾，但不要讓髖部比肩膀還要早起來。

★ 重心主要放在前腳，你的後腳是用來維持平衡，而非支撐主力。

★ 前腳要往前跨得夠遠，這樣在你往下降時，前腳的膝蓋才不會往前移動太多。

★ 後腳的膝蓋下降時，應該幾乎快要碰到地板。

★ 確保前腳的膝蓋和腳尖呈一直線，而且在訓練的過程中，膝蓋不往內或往外塌。

怎麼做

1. 站在訓練椅前，雙手各握住一個啞鈴。右腿往後，將腳勾在訓練椅上方。

2. 身體往下降，直到右腳的膝蓋幾乎要碰到地板，接著起身。

3. 重複訓練數次，然後換腿練。

槓鈴保加利亞分腿蹲

保加利亞分腿蹲是相當棒的運動，能夠發展單腳肌力和髖關節穩定度，對於脊椎的負荷也比深蹲少。對於已經熟悉徒手和持啞鈴訓練的人而言，槓鈴負重是比較進階的方法。這也是許多運動員和教練最愛的訓練之一，是建立腿部肌力的極佳方法。

有感的肌肉：股四頭肌、臀肌

訣竅

★ 上身保持些微前傾，但不要讓髖部比肩膀還要早起來。

★ 重心主要放在前腳，你的後腳是用來維持平衡，而非支撐主力。

★ 前腳要往前跨得夠遠，這樣在你往下降時，前腳的膝蓋才不會往前移動太多。

★ 後腳的膝蓋下降時，應該幾乎快要碰到地板。

★ 確保前腳的膝蓋和腳尖呈一直線，而且在訓練的過程中，膝蓋不往內或往外塌。

怎麼做

1. 站在訓練椅前，將槓鈴跨過背部上方。

2. 左腿往後，將腳勾在訓練椅上方。

3. 身體往下降，直到左腿的膝蓋幾乎要碰到地板，接著起身。

4. 重複訓練數次，然後換腿練。

徒手登階

假如動作正確的話，徒手登階是個極佳的訓練變化式。留意你的姿勢，讓臀肌和大腿可以獲得適當的負重。這對於所有重量訓練的入門者而言，是必須熟練的基礎動作。

有感的肌肉：
股四頭肌、臀肌

訣竅

★ 踏在訓練椅上的那隻腳要將整個腳掌踏滿，而不是只有腳趾頭踏著。

★ 站上訓練椅時，身體不要前傾太多。

★ 試著在整個動作過程中都用同一隻腳施力，盡量不要讓另一隻腳負重，或是用「彈」的方式起身。

★ 以緩慢且受控的速度回到起始位置，避免直接猛墜到地面。

★ 不要讓兩隻腳都踩滿訓練椅，因為這樣一來，隨著動作次數增加，練到後面會變成 1/4 蹲，或是用雙腳完成動作。你只需用一隻腳施力起身至鎖定位置。

怎麼做

1. 雙手置於髖部兩側。面向訓練椅，站在前面約 3~6 吋（7~15 公分）的距離。

2. 整個右腳腳掌踏在訓練椅上，而左腳確實踩在地上。

3. 以右腳腳跟為支點施力，站上訓練椅。

4. 抬起左腳，腳趾輕觸訓練椅就好，不要把負重轉移到左腳上。

5. 回到起始姿勢，但右腳繼續放在訓練椅上。

6. 重複訓練右腳數次後，換左腳。

啞鈴登階

啞鈴登階是極佳的訓練變化式，但在額外負重之前，你必須先熟悉徒手訓練。這個動作被許多運動員和教練低估了。

有感的肌肉：股四頭肌、臀肌

訣竅

★ 踏在訓練椅上的那隻腳要將整個腳掌踏滿，而不是只有腳趾頭踏著。

★ 站上訓練椅時，身體不要前傾太多。

★ 試著在整個動作過程中都用同一隻腳施力，盡量不要讓另一隻腳負重，或是用「彈」的方式起身。

★ 以緩慢且受控的速度回到起始位置，避免直接猛墜到地面。

★ 不要讓兩隻腳都踩滿訓練椅，因為這樣一來，隨著動作次數增加，練到後面會變成 1/4 蹲，或是用雙腳完成動作。你只需用一隻腳施力起身至鎖定位置。

怎麼做

1. 雙手各握住一個啞鈴。面向訓練椅，站在前面約 3~6 吋（7~15 公分）的距離。

2. 整個右腳腳掌踏在訓練椅上，而左腳確實踩在地上。

3. 以右腳腳跟為支點施力，站上訓練椅。

4. 抬起左腳，腳趾輕觸訓練椅就好，不要把負重轉移到左腳上。

5. 回到起始姿勢，但右腳繼續放在訓練椅上。

6. 重複訓練右腳數次後，換左腳。

登階／後跨步蹲的複合動作

這個變化式是非常被低估的臀部及大腿訓練動作，無論在健身房或家裡都可以做。你只需要一個台階，高度可能是 12~24 吋（30~60 公分）不等。事實上，這是我在家或外出度假時，最喜歡的訓練之一。

有感的肌肉：股四頭肌、臀肌

訣竅

★ 儘管這是個複合動作，還是要讓動作流暢。

★ 試著盡可能降下髖部，以真正訓練到臀肌。

★ 腳往後退的距離要夠遠，才有辦法往下蹲跨。

★ 身體保持平衡，不要旋轉或往左右晃動。

怎麼做

1. 雙腳站在訓練椅上。

2. 右腳踩在訓練椅上，穩定控制左腳往後降。

3. 左腳輕輕著地，接著轉換成跨步蹲的動作，蹲至左腳的膝蓋幾乎快要碰到地板。

4. 由跨步蹲的姿勢起身，並再次站到訓練椅上。

5. 重複訓練數次，接著換腿練。

徒手高登階

徒手高登階對於打造臀部的效果遠超過一般人的想像，但你必須好好下功夫以做出正確的動作。這個動作中，前腳的膝蓋要高於髖部，所以髖關節的活動幅度會相當大。高度越高越好。這也適合進階的重量訓練者用徒手的方式訓練。在適度的高度與節奏下，你的臀肌可以獲得相當高程度的強化。

有感的肌肉：股四頭肌、臀肌

訣竅

★ 踏在訓練椅上的那隻腳要將整個腳掌踏滿，而不是只有腳趾頭踏著。

★ 站上訓練椅時，身體不要前傾太多。

★ 台階不要高到讓你在動作低點抬腿時無法維持脊椎的中立。

★ 試著在整個動作過程中都用同一隻腳施力，盡量不要讓另一隻腳負重，或是用「彈」的方式起身。

★ 以緩慢且受控制的速度回到起始位置，避免直接猛墜到地面。

★ 不要讓兩隻腳都踩滿訓練椅，因為這樣一來，隨著動作次數增加，練到後面會變成 1/4 蹲，或是用雙腳完成動作。你只需用一隻腳施力起身至鎖定位置。

怎麼做

1. 雙手置於髖部兩側。面向訓練椅，站在前面約 3~6吋（7~15 公分）的距離。

2. 整個右腳腳掌踏在訓練椅上，而左腳確實踩在地上。

3. 以右腳腳跟為支點施力，站上訓練椅。

4. 抬起左腳，腳趾輕觸訓練椅就好，不要把負重轉移到左腳上。

5. 回到起始姿勢，但右腳繼續放在訓練椅上。

6. 重複訓練數次，接著換腿練。

澤奇登階

澤奇登階這個變化式受喜愛的程度，常勝過傳統的槓鈴登階。雖然將槓鈴扣在手肘上，一開始會有點不舒服，但這個不適感會隨著時間減輕。屈臂的姿勢十分穩定，可使動作更協調、更流暢。

有感的肌肉：股四頭肌、臀肌

訣竅

★ 踏在訓練椅上的那隻腳要將整個腳掌踏滿，而不是只有腳趾頭踏著。

★ 站上訓練椅時，身體不要前傾太多。

★ 試著在整個動作過程中都用同一隻腳施力，盡量不要讓另一隻腳負重，或是用「彈」的方式起身。

★ 以緩慢且受控制的速度回到起始位置，避免直接猛墜到地面。

★ 不要讓兩隻腳都踩滿訓練椅，因為這樣一來，隨著動作次數增加，練到後面會變成 1/4 蹲，或是用雙腳完成動作。你只需用一隻腳施力起身至鎖定位置。

怎麼做

1. 將槓鈴放在訓練架上約腰部的高度，然後拿起槓鈴，並置於手肘彎曲的位置。

2. 往後退，挺直身軀，讓槓鈴緊貼著你的身體。

3. 面向訓練椅，站在其前方約 3~6 吋（7~15 公分）的距離。整個右腳腳掌踏在訓練椅上，而左腳確實踩在地上。

4. 以右腳腳跟為支點施力，站上訓練椅。

5. 抬起左腳，腳趾輕觸訓練椅就好，不要把負重轉移到左腳上。

6. 回到起始姿勢，但右腳繼續放在訓練椅上。

7. 重複訓練數次，接著換腿練。

槓鈴登階

這是訓練腿部的極佳變化動作。和深蹲比起來，由於脊椎的負擔較小，所以有些運動員偏好大重量的槓鈴登階。但是我認為，就減輕脊椎負擔這個考量的話，保加利亞分腿蹲可能更適合。不過無論如何，只要動作正確，槓鈴登階仍是一個相當有效的訓練。

有感的肌肉：股四頭肌、臀肌

訣竅

★ 踏在訓練椅上的那隻腳要將整個腳掌踏滿，而不是只有腳趾頭踏著。

★ 踏上訓練椅時，身體不要前傾太多。

★ 試著在整個動作過程中都用同一隻腳施力，盡量不要讓另一隻腳負重，或是用「彈」的方式起身。

★ 以緩慢且受控制的速度回到起始位置，避免直接猛墜到地面。

★ 不要讓兩隻腳都踩滿訓練椅，因為這樣一來，隨著動作次數增加，練到後面會變成 1/4 蹲，或是用雙腳完成動作。你只需用一隻腳施力起身至鎖定位置。

怎麼做

1. 將槓鈴跨於你的上背。你可以將槓子放在肩胛骨的上部或下部，只要你感到舒適且槓子不會亂晃即可。

2. 面向訓練椅，站在其前方約 3~6 吋（7~15 公分）的距離。將整個右腳腳掌踏在訓練椅上，而左腳確實踩在地上。

3. 以右腳腳跟為支點施力，站上訓練椅。

4. 抬起左腳，腳趾輕觸訓練椅就好，不要把負重轉移到左腳上。

5. 回到起始姿勢，但右腳繼續放在訓練椅上。

6. 重複訓練數次，接著換腿練。

啞鈴高登階

高登階是打造臀部的效果相當傑出的運動，但你必須先好好下功夫以做出正確的動作。在這個動作中，前腳的膝蓋要高於髖部，所以髖關節的活動幅度會相當大。高度越高越好，但必須確保動作正確。以啞鈴負重會讓這個動作更具有挑戰性，光是雙手各握五磅啞鈴，訓練難度就大大不同，不過，千萬不要為了增加負重而犧牲姿勢的正確性。

有感的肌肉：股四頭肌、臀肌

訣竅

★ 踏在訓練椅上的那隻腳要將整個腳掌踏滿，而不是只有腳趾頭踏著。

★ 踏上訓練椅時，身體不要前傾太多。

★ 台階不要高到讓你在動作低點抬腿時無法維持脊椎的中立。

★ 試著在整個動作過程中都用同一隻腳施力，盡量不要讓另一隻腳負重，或是用「彈」的方式起身。

★ 以緩慢且受控制的速度回到起始位置，避免直接猛墜到地面。

★ 不要讓兩隻腳都踩滿訓練椅，因為這樣一來，隨著動作次數增加，練到後面會變成 1/4 蹲，或是用雙腳完成動作。你只需用一隻腳施力起身至鎖定位置。

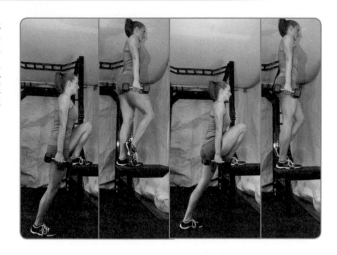

怎麼做

1. 雙手各垂握一個啞鈴。

2. 面向訓練椅，站在其前方約 3~6 吋（7~15 公分）的距離。將整個右腳腳掌踏在訓練椅上，而左腳確實踩在地上。

3. 以右腳腳跟為支點施力，站上訓練椅。

4. 抬起左腳，腳趾輕觸訓練椅就好，不要把負重轉移到左腳上。

5. 回到起始姿勢，但右腳繼續放在訓練椅上。

6. 重複訓練數次，接著換腿練。

單腳箱上深蹲

單腳箱上深蹲可以訓練單腳的肌力和穩定度。箱子的高度可以漸漸下調以增加難度。和槍式深蹲（見 p.230）相較，因為槍式深蹲比較容易圓下背，而適當的單腳箱上深蹲不會發生這樣的情況，較為理想。單腳箱上深蹲一次只訓練一隻腳，所以是真正的單腳訓練。

有感的肌肉：股四頭肌、臀肌

訣竅

★ 身體下降時避免左右偏移。

★ 握住輕量的壺鈴、啞鈴或槓片在身體前方，以維持平衡。

★ 保持挺胸，避免在動作的低點圓下背。

★ 不要一下子就坐在箱子上，要控制下降的速度。

怎麼做

1. 雙腳與肩膀同寬，站在箱子前。左腳在地板上稍微抬起，右腳踩地並維持平衡。

2. 髖關節與膝關節屈曲，身體往下降。

3. 在下降的同時，雙手往前舉。左腳鎖定，保持在前方，不要碰到地板。

4. 往後輕輕地坐到箱子上。

5. 臀部用力，起身回到起始位置。

6. 重複訓練數次，接著換腿練。

滑冰者深蹲

滑冰者深蹲除了訓練平衡感和協調性外，也能打造單腳的肌力和穩定度。這是對膝關節相當友善的變化動作，應該要常安排在你的健身課表裡。

有感的肌肉：股四頭肌、臀肌

訣竅

★ 讓動作緩慢且受到控制，避免直接撞到地板。

★ 你可以放一個護墊在後腿的膝蓋下方，以便知道已下降到適當高度。

怎麼做

1. 以左腳站立，右腳離地屈膝約 90 度角，手臂放在身體兩側。

2. 往下蹲，直到右腿的膝蓋到達地板的上方，身體稍微前傾。

3. 在下降的同時，雙手往前舉。

4. 接著臀部用力，起身回到起始位置

5. 重複訓練數次，接著換腿練。

槍式深蹲

這個深蹲的變化式，除了訓練平衡感和協調性外，也可打造單腳的肌力和穩定度。這很有可能是目前為止最具挑戰性的單腳訓練。許多人做這個訓練時，姿勢都很糟糕。請確認你自己在訓練時，能保持良好姿態。

有感的肌肉：股四頭肌、臀肌

訣竅

★ 為了讓這個動作簡單一點，一開始可以先站在一個箱子前，先蹲至箱子的高度，大約讓大腿和地面平行。接著，降低箱子的高度，直到可以全蹲而不需要用到箱子。

★ 身體下降時避免左右偏移。

★ 握住輕量的壺鈴、啞鈴或槓片在身體前方，以維持平衡。

★ 保持挺胸，避免在動作的低點圓下背。

怎麼做

1. 雙腳與肩膀同寬。以右腳站立，左腳往前伸並保持離地。

2. 屈曲髖關節和膝關節，讓右腳往下蹲。

3. 在下降的同時，雙手往前舉，並保持左腳在你的前方，避免碰到地板。

4. 臀部用力，起身回到起始位置

5. 重複訓練數次，接著換腿練。

⑧ 髖關節主導的動作

髖關節主導的動作類型需要一定程度的訓練經驗。但你可以隨著時間由新手慢慢進步、累積經驗。當你做深蹲或跨步蹲時，會感到股四頭肌做很多功，且因為膝蓋移動的活動度很大，因此它們被歸於股四頭肌主導的動作。

那硬舉呢？做硬舉時膝蓋會些微彎曲，雖然股四頭肌也很用力收縮，但因膝蓋彎曲的程度比深蹲時小，啟動的程度較少。另一方面，因為硬舉時的膝蓋比深蹲時較直，膕旁肌比較好施力，而有較多的參與；再加上髖部的活動度大，膝蓋彎曲程度不大，因此這個動作主要集中於髖部。基於上述這些理由，硬舉及其他類似的運動，被歸於髖關節主導的運動。

髖關節主導的運動，將大多壓力施加於處在屈曲狀態下的髖伸展肌，其實有點類似深蹲，但這兩者的主要差異在於，髖關節主導動作的膕旁肌啟動度較高；膕旁肌處於較適合伸展髖部、挺直身軀的長度。其中，硬舉是髖關節主導動作中最受歡迎的。在硬舉動作中，由於大重量的槓鈴必須緊握在手中，上半身的肌肉一定要用力，以收緊肩胛骨和上背，維持核心緊繃，然後才能伸展髖部、膝蓋和腳踝。所以，硬舉實際上是一項全身性運動，且因可以舉起驚人的負重，使得硬舉成為相當有效率的全身性運動。

經過適度的訓練後，大多數女性都可以將硬舉練習得相當好，但她們必須先了解硬舉和深蹲的不同。硬舉的髖關節位置較高，且膕旁肌的參與程度相當高。背部的伸展肌群和臀部肌肉也受到高度啟動。

了解硬舉有各種不同的方式與種類，也是很重要的。「早安運動」又被稱為「俄式硬舉」，因為它和硬舉很類似，但是槓鈴的位置在上背而非手中。

髖關節主導的動作並不如股四頭肌主導的動作那樣，會造成高度的臀部肌肉痠痛，因為它們伸展臀部肌群的程度並沒那麼高。不過，髖關節主導的動作，可以啟動較多的臀部肌肉。

事實上，以髖關節為樞紐（或稱髖關節絞鏈）的動作模式，是許多訓練動作不可或缺的關鍵，所以了解「腰椎骨盆─髖關節」在此動作模式中如何運作，也變得很重要。硬舉需要大幅度的髖屈曲，因此相當適合增進髖關節絞鏈的技巧。另外，知道如何移動髖部又維持核心的穩定，也對避免下背痛相當重要，尤其是對長期的重量訓練者而言。

屈膝前拉髖伸

前拉髖伸是經常被低估的臀部運動，如果正確進行的話，訓練臀部的效果將會相當好。由於要維持平衡和穩定，很難使用大重量來訓練。但透過練習，你將可以增進協調性，並且改善使用大負重量訓練的能力。

有感的肌肉：臀部、膕旁肌

訣竅

★ 抬頭挺胸，彎曲髖部時，維持頭和頸部姿勢中立。

★ 先往後坐，再利用臀部肌肉的力量把髖部往前推。

怎麼做

1. 握住纜繩（可以利用纜繩握把或 ∨ 形把手），讓纜繩位在兩腿之間，並背向滑輪機。

2. 往前站幾步，製造纜繩的張力，但也不要站太遠，否則待會兒在訓練時，鐵片就會碰到機器頂端。

3. 保持脊椎和頸部姿勢中立，髖部彎曲往後坐。

4. 臀部用力收縮把髖部往前推，確保髖部有完全伸展。

5. 完成欲訓練的次數。

六角槓硬舉

六角槓硬舉是世界各地許多肌力教練的最愛。它其實是深蹲和硬舉的結合，因此也被稱為「深蹲舉」。在動作過程中因膝蓋不會像使用傳統槓鈴時被限制住，因此能增加彎曲幅度，會稍微增加股四頭肌的張力、減少膕旁肌的張力。膕旁肌柔軟度較差的人，通常可以利用六角槓來訓練硬舉。這個動作對脊椎的負擔也較小，對於有背部疾患的人而言可能較適合。

有感的肌肉：背部、股四頭肌、臀部、膕旁肌

訣竅

★ 這個動作仍屬於硬舉而非深蹲，所以髖部要比深蹲時的位置來得高。

★ 維持脊椎中立，以髖部為樞紐動作。

★ 以腳跟為支點施力，臀部用力收縮到鎖定位置。

★ 確保離心（下降）和向心（起身）的動作互為鏡像。

怎麼做

1. 站在六角槓的中央，確保左右手臂的位置對稱，並且和握把呈一直線。

2. 彎身向下，握住握把的中央位置，保持你的脊椎和頸部中立。

3. 將槓子舉起，臀部用力收縮到鎖定位置。

4. 反向動作。接著完成欲訓練的次數。

啞鈴羅馬尼亞硬舉

啞鈴羅馬尼亞硬舉很適合用來學習髖關節絞鏈。這個動作不僅適用於初學者，其變化式對進階的重量訓練者而言也很適合。

有感的肌肉：背肌、膕旁肌、臀部

訣竅

★ 往後坐時，感受你的膕旁肌承受張力，讓重心保持在腳跟的位置。

★ 維持脊椎中立，避免圓背。

★ 在這個運動中，不要太過在意使用的負重。如果姿勢很標準的話，不需要拿太重，就可以獲得相當不錯的訓練成效。

怎麼做

1. 拿起啞鈴，以站姿為起始姿勢。

2. 往後退，雙腳與肩膀同寬。

3. 往後坐，屈曲髖關節。當你將髖部向後移動時，膝蓋也會同時彎曲。試著盡可能感受到動作主要發生在膕旁肌，並讓核心在中立姿勢維持穩定。

4. 接著反向動作，並用力收縮臀部到鎖定位置。

羅馬尼亞硬舉

這個變化式很適合用來教導練習者如何往後坐，以及如何使用髖部和腿後肌群。以髖部為樞紐的動作類型，對養成正確的重訓姿勢是很重要的，而羅馬尼亞硬舉是教導此動作類型的先驅運動。

有感的肌肉：背部、膕旁肌、臀部

訣竅

★ 往後坐時，感受你的膕旁肌承受張力，讓重心保持在腳跟的位置。

★ 維持脊椎中立，避免圓背。

★ 在這個運動中，不要太過在意使用的負重。如果姿勢很標準的話，不需要拿太重，就可以獲得相當不錯的訓練成效。

怎麼做

1. 拿起舉重架上的槓鈴，確認雙手握的位置對稱。並以站姿為起始姿勢。

2. 往後退，雙腳與肩膀同寬。

3. 往後坐，屈曲髖關節。當你將髖部向後移動時，膝蓋也會同時彎曲。試著盡可能感受到動作主要發生在膕旁肌，並讓核心在中立姿勢維持穩定。

4. 接著反向動作，並用力收縮臀部到鎖定位置。

架上拉

有感的肌肉：背部、膕旁肌、臀部

訣竅

★ 不要「以深蹲的方式」將重量舉起，畢竟這是以髖部為樞紐的動作。記得要往後坐，並且屈曲髖關節。膝關節也同時會些微彎曲，但你的膕旁肌將會受到伸展。你的膝蓋也不要往前移動太多。

★ 維持脊椎中立。

★ 用力收縮臀部到鎖定位置。

怎麼做

1. 雙腳與肩膀同寬，臉朝下，腳尖朝前。

2. 槓鈴的位置大概在膝蓋下方，並且緊貼你的身體。

3. 往後坐，屈曲髖關節，並同時維持脊椎中立。當負重增加時，你可以由雙手正握，改為正反握。

4. 深呼吸，屏住氣，接著將槓鈴舉起。

5. 用力收縮臀部到鎖定位置。

6. 接著反向動作，讓槓鈴滑過你的腿。

架上拉有許多好處。首先，因為髖部關節的活動度較小，對初學者而言是不錯的訓練。而膕旁肌柔軟度較差的人，仍舊可以用這個動作來練習髖關節絞鏈的動作模式，先增進核心的穩定和髖關節的活動度，最後再嘗試全關節活動度的硬舉。其次，架上拉可以承受較大的負重，偶爾採用這樣的訓練，是很棒的策略。

啞鈴美式硬舉

美式硬舉是我最喜歡的臀部運動之一。它和羅馬尼亞硬舉很類似，差別只在於動作的高點時，臀部必須用力收縮，讓骨盆後傾。美式硬舉在動作低點強調膕旁肌的訓練，在高點則加強臀部。大多數人骨盆的動作控制能力很差，美式硬舉則可以改善這樣的情形，這對核心的穩定度很重要。在使用槓鈴負重之前，你可能要先以啞鈴熟悉這個動作模式。

有感的肌肉：背部、膕旁肌、臀部

訣竅

★ 往後坐，在動作低點維持背部良好的弧度，將壓力施於膕旁肌。

★ 當你起身時，用力收縮臀部，後傾骨盆以加強臀部用力。

★ 讓啞鈴在整個舉重的過程中都貼近身體。

★ 維持頸部的中立位置。

怎麼做

1. 拿起啞鈴，雙腳與肩膀同寬，並以站姿為起始姿勢。

2. 維持脊椎中立，往後坐，彎曲髖關節。維持背部良好的弧度及適度的骨盆前傾。在你往後下方坐時，將會感到膕旁肌受到良好的伸展。

3. 接著反向動作，將啞鈴舉起。用力收縮臀部到鎖定位置。

4. 完成欲訓練的次數。

啞鈴硬舉

啞鈴硬舉是個不錯的變化式，尤其是對還沒準備好使用槓鈴的初學者而言。

有感的肌肉：背部、膕旁肌、臀部

訣竅

★ 硬舉和深蹲不同，它是以髖部為樞紐的動作。髖部的高度比深蹲時還高。

★ 不要讓啞鈴的位置跑到你的前方。讓啞鈴貼著身體。

★ 離心（下降）和向心（起身）的動作互為鏡像。別忽略離心收縮的技巧。

★ 留意頸部的姿勢，在整個硬舉的過程中維持中立。

★ 肩膀的位置稍微比啞鈴前面一些。

★ 不要圓背或過度伸展背部。維持脊椎中立，並且以髖部為軸心動作。

怎麼做

1. 一開始以窄距站好，腳尖朝前。

2. 屈曲髖部，往後往下坐，然後緊握啞鈴。

3. 抬頭挺胸，如果你前方有鏡子，你應該可以在鏡子裡看到 T 恤上的字。

4. 從側邊看，你的髖部應該要比膝蓋高，且肩膀要比髖部高。而肩膀的位置稍微比啞鈴的握把前面一些。

5. 在開始舉重前，眼睛向下看，讓頸部處於中立的位置。（很顯然地，你無法再由鏡子看到 T 恤上的字）。

6. 深呼吸，將啞鈴舉起，確保在整個過程中，啞鈴緊貼著身體。

7. 身體會有圓背（腰部屈曲）或是把骨盆後傾的傾向，試著避免這個情況發生。

8. 起身至完全挺直身軀，利用臀肌的力量將髖部往前推到鎖定位置。

9. 往後坐讓身體下降，就像在做羅馬尼亞硬舉一樣。維持下背中立的弧度，讓啞鈴持續貼在身旁。

10. 一旦啞鈴比你的膝蓋還低時，彎曲膝蓋繼續往下降，直到回到起始位置。

啞鈴跨步羅馬尼亞硬舉

啞鈴跨步羅馬尼亞硬舉是個可以偶爾訓練的變化式。有些人會覺得做起來比單腳羅馬尼亞硬舉自然。另外，這個動作對膝關節相當友善。

有感的肌肉：
膕旁肌、臀部

訣竅

★ 挺胸，不要圓下背。

★ 找尋最適合的步伐大小，不要跨太大或太小步。

怎麼做

1. 緊握啞鈴，以站姿為起始姿勢。

2. 右腳往前跨，彎曲髖部並保持脊椎中立。

3. 將軀幹抬起，左腳往前跨，屈曲髖部的同時，保持脊椎中立。

4. 雙腳交替向前跨，直到完成欲訓練的次數。

啞鈴單腳外展羅馬尼亞硬舉

單腳外展羅馬尼亞硬舉和保加利亞分腿蹲有些類似。但其實它不算是真正的單腳運動,因為你用「沒在運動」的那隻腳來支撐。這個單腳變化式的平衡與穩定度較高,因而可以負荷相對大的重量。

有感的肌肉:膕旁肌、臀部

訣竅

★ 將大部分的負重交給運動的那隻腳,利用另一腳維持穩定和平衡。

★ 讓啞鈴下降的路徑位在雙腳之間。

怎麼做

1. 左手握住啞鈴,右腳踩在地面,左腿向外伸直靠在一個小箱子上。

2. 彎曲髖部,並同時保持脊椎中立。

3. 用力收縮臀部到鎖定位置,接著控制啞鈴以穩定的速度往下降。

4. 讓右腿完成欲訓練的次數。

5. 換右手拿啞鈴,由左腿重複動作。

啞鈴單腳羅馬尼亞硬舉

單腳羅馬尼亞硬舉是個教導平衡與本體感覺的極佳動作。這個動作結合大量的平衡感、協調度、膕旁肌柔軟度,還有穩定的核心。一開始,你可能會覺得怪怪的、不協調。但經過一段時間的練習後,做起來會覺得自然許多。

有感的肌肉:膕旁肌、臀部

訣竅

★ 髖部屈曲時,後腿與軀幹呈一直線。

★ 在動作的高點,後腿應直直地指向後方。

★ 和雙側的羅馬尼亞硬舉一樣,臀部往後坐。

★ 專注在維持平衡,如果這一下搞砸了,重新調整之後再繼續。

★ 以髖關節為樞紐運動時要維持核心穩定,不要圓背。

怎麼做

1. 緊握啞鈴,以站姿為起始姿勢,重心轉移到右腳。

2. 用力夾緊左邊的臀部,當你屈身時,臀部也要用力,讓腿和身體維持一直線。

3. 臀部往後坐,就如同雙側的羅馬尼亞硬舉一樣屈曲髖部,並同時保持脊椎和頸部的中立。

4. 感受膕旁肌受到伸展,接著回到起始姿勢,起身時讓臀部用力。

5. 完成欲訓練的次數。接著換左腳。

美式硬舉

美式硬舉是我最喜歡的臀部運動之一。它和羅馬尼亞硬舉類似,只是在動作高點時,臀肌會用力收縮,將骨盆後傾。美式硬舉在動作低點時強調膕旁肌訓練,在高點則加強臀部。大多數人骨盆的動作控制能力很差,美式硬舉則可以改善這樣的情形,這對核心的穩定度很重要。

有感的肌肉:背部、膕旁肌、臀部

訣竅

★ 往後坐,在動作低點維持背部良好的弧度及骨盆前傾,以加強膕旁肌訓練。

★ 當你起身時,用力收縮臀部,並後傾骨盆。

★ 讓槓鈴在整個舉重的過程中,都貼近身體。

★ 維持頸椎的中立位置。

怎麼做

1. 拿起槓鈴,雙腳與肩膀同寬,並以站姿為起始姿勢。

2. 維持脊椎中立,往後坐,彎曲髖關節。維持背部良好的弧度及適度骨盆前傾,在你往下坐時,將會感到膕旁肌受到良好的伸展。

3. 接著反向動作,將槓鈴舉起。用力收縮臀部到鎖定位置。

4. 完成欲訓練的次數。

傳統硬舉

如果能正確執行，傳統硬舉是打造臀部的優異訓練動作。雖然大多數人在圓背的狀態下會比較強，但這不是做硬舉的安全方式。硬舉時，將脊椎保持自然中立的弧度，可以保護脊椎，且就長遠眼光看來，這可以讓你的脊椎保持健康。

在整個硬舉的過程中，從將槓鈴由地上舉起，到正確地將動作釘在鎖定位置等，臀部都有施力做功。然而，硬舉不只有訓練到臀部，還有整個後側鏈，以及用來抓握槓鈴的肌群，包括小腿肌、膕旁肌、束脊肌、闊背肌、後三角肌、菱形肌，以及斜方肌。對某些人而言，尤其是膕旁肌柔軟度不佳的人，在硬舉動作的低點要維持正確姿勢會是一個問題。如果你有這樣的情況，在改善髖關節屈曲和膕旁肌的活動度前，先以架上拉或六角槓進行硬舉訓練，是比較適合的選擇。

硬舉對於增進功能性及有效肌力有很棒的成效，而且對運動競賽的表現也有相當助益。另外，突破硬舉個人紀錄的感受真是太美妙了，不但可以帶來成就感，還可以增強自信心。

有感的肌肉：臀部、膕旁肌

訣竅

★ 硬舉和深蹲不一樣。硬舉是以髖部為樞紐的動作。髖部的位置要比深蹲時高。

★ 不要讓槓鈴的位置往前跑。讓槓鈴貼著身體。

★ 離心（下降）和向心（起身）的動作互為鏡像。別忽略離心收縮的技巧。

★ 留意頸部的姿勢，在整個硬舉的過程中維持中立。

★ 肩膀的位置稍微比槓鈴前面一些。

★ 不要圓背或過度伸展背部。維持脊椎中立，並以髖部為軸心動作。

怎麼做

1. 一開始先站好，步距不要太寬。雙腳腳尖朝前，且小腿和槓鈴的距離約 2~3 吋（5~8 公分）。

2. 屈曲髖部，往後往下坐，然後緊握地上的槓鈴，確認握的位置對稱（可以雙手正握，或是舉大重量時使用正反握）。

3. 抬頭挺胸，維持背部良好的弧度。如果你的前方有鏡子，你應該可以在鏡子裡看到 T 恤上的字。

4. 從側邊看，你的髖部應該要比膝蓋高，且肩膀要比髖部高。而肩膀的位置稍微比槓鈴的握把前面一些。

5. 在開始舉重前，眼睛往前下方看，讓頸部處於中立的位置。（很顯然地，你無法再由鏡子看到 T 恤上的字。）

6. 深呼吸，將槓鈴舉起，確保在整個過程中槓鈴緊貼著身體。

7. 上舉的途中，身體會有圓背（腰部屈曲）或是把骨盆後傾的傾向，試著避免這個情況發生。

8. 起身至完全挺直身軀，利用臀肌的力量，將髖部往前推到鎖定位置。

9. 往後坐讓身體下降，就像在做羅馬尼亞硬舉一樣。維持下背中立的弧度，讓槓鈴持續貼在身旁。

10. 一旦槓鈴比你的膝蓋還低時，彎曲膝蓋繼續往下降，直到回到起始位置。

相撲硬舉

這個硬舉的變化式對下背的負擔比較小，且相較於傳統硬舉，更強調臀部和股四頭肌。許多人喜歡相撲硬舉勝於傳統硬舉。相撲硬舉和深蹲比較類似，且對於膕旁肌柔軟度的需求較小。

有感的肌肉：
背部、股四頭肌、臀部、膕旁肌、內收肌群

訣竅

★ 不要讓槓鈴的位置往前跑。讓槓鈴貼著身體。

★ 離心（下降）和向心（起身）的動作互為鏡像。別忽略離心收縮的技巧。

★ 留意頸部的姿勢，在整個硬舉的過程中維持中立。

★ 肩膀的位置稍微比槓鈴前面一些。

★ 不要圓背或過度伸展背部。維持脊椎中立，並且以髖部為軸心動作。

怎麼做

1. 一開始以寬步距站好，腳尖朝外，小腿和槓鈴的距離約 2~3 吋（5~8 公分）。

2. 屈曲髖部，往後往下坐，然後緊握槓鈴，確認握的位置對稱（可以雙手正握，或是舉大重量時使用正反握）。

3. 抬頭挺胸，維持背部良好的弧度。如果你的前方有鏡子，你應該可以在鏡子裡看到 T 恤上的字。

4. 從側邊看，你的髖部應該要比膝蓋高，且肩膀要比髖部高。而肩膀的位置稍微比槓鈴的握把前面一些。

5. 在開始舉重前，眼睛往前下方看，讓頸部處於中立的位置。（很顯然地，你無法再由鏡子看到 T 恤上的字。）

6. 深呼吸，將槓鈴舉起，確保在整個過程中槓鈴緊貼著身體。

7. 上舉的途中，身體會有圓背（腰部屈曲）或是把骨盆後傾的傾向，試著避免這個情況發生。

8. 起身至完全挺直身軀，利用臀肌的力量，將髖部往前推到鎖定位置。

9. 往後坐讓身體下降，就像在做羅馬尼亞硬舉一樣。維持下背中立的弧度，讓槓鈴持續貼在身旁。

10. 一旦槓鈴比你的膝蓋還低時，彎曲膝蓋繼續往下降，直到回到起始位置。

箱上赤字硬舉

這種硬舉的變化式能讓髖關節和膝關節以較大的幅度活動，因此更具挑戰性。由於動作需要膕旁肌充分的柔軟度，因此在追求大重量之前，最好先確認你具備足夠的能力可正確進行動作。

有感的肌肉：背部、膕旁肌、臀部

訣竅

★ 硬舉和深蹲不一樣。這是以髖部為樞紐的動作。髖部的位置比深蹲時高。

★ 不要讓槓鈴的位置往前跑。讓槓鈴貼著身體。

★ 離心（下降）和向心（起身）的動作互為鏡像。別忽略離心收縮的技巧。

★ 留意頸部的姿勢，在整個硬舉的過程中維持中立。

★ 肩膀的位置稍微比槓鈴前面一些。

★ 不要圓背或過度伸展背部。維持脊椎中立，並且以髖部為軸心動作。

怎麼做

1. 用窄步距站在一個箱子上，雙腳朝前，讓槓鈴緊貼你的小腿。

2. 屈曲髖部，往後往下坐，然後緊握槓鈴，確認握的位置對稱（可以雙手正握，或是舉大重量時使用正反握）。

3. 抬頭挺胸，維持背部良好的弧度。如果你的前方有鏡子，你應該可以在鏡子裡看到 T 恤上的字。

4. 從側邊看，你的髖部應該要比膝蓋高，且肩膀要比髖部高。而肩膀的位置稍微比槓鈴的握把前面一些。

5. 在開始舉重前，眼睛往前下方看，讓頸部處於中立的位置。（很顯然地，你無法再由鏡子看到 T 恤上的字。）

6. 深呼吸，將槓鈴舉起，確保在整個過程中槓鈴緊貼著身體。

7. 上舉的途中，身體會有圓背（腰部屈曲）或是把骨盆後傾的傾向，試著避免這個情況發生。

8. 起身至完全挺直身軀，利用臀肌的力量，將髖部往前推到鎖定位置。

9. 往後坐讓身體下降，就像在做羅馬尼亞硬舉一樣。維持下背中立的弧度，讓槓鈴持續貼在身旁。

10. 一旦槓鈴比你的膝蓋還低時，彎曲膝蓋繼續往下降，直到回到起始位置。

槓片上赤字硬舉

這種硬舉的變化式能讓髖關節和膝關節以較大的幅度活動，因此更具挑戰性。由於動作需要膕旁肌充分的柔軟度，因此在追求大重量之前，最好先確認你具備足夠的能力可正確進行動作。

有感的肌肉：背部、膕旁肌、臀部

訣竅

★ 硬舉和深蹲不一樣。這是以髖部為樞紐的動作。髖部的位置比深蹲時高。

★ 不要讓槓鈴的位置往前跑。讓槓鈴貼著身體。

★ 離心（下降）和向心（起身）的動作互為鏡像。別忽略離心收縮的技巧。

★ 留意頸部的姿勢，在整個硬舉的過程中維持中立。

★ 肩膀的位置稍微比槓鈴前面一些。

★ 不要圓背或過度伸展背部。維持脊椎中立，並且以髖部為軸心動作。

怎麼做

1. 用窄步距站在一片槓片上，雙腳朝前，讓槓鈴和小腿距離約 2~3 吋（5~8 公分）。

2. 屈曲髖部，往後往下坐，然後緊握槓鈴，確認握的位置對稱（可以雙手正握，或是舉大重量時使用正反握）。

3. 抬頭挺胸，維持背部良好的弧度。如果你的前方有鏡子，你應該可以在鏡子裡看到 T 恤上的字。

4. 從側邊看，你的髖部應該要比膝蓋高，且肩膀要比髖部高。而肩膀的位置稍微比槓鈴的握把前面一些。

5. 在開始舉重前，眼睛往前下方看，讓頸部處於中立的位置。（很顯然地，你無法再由鏡子看到 T 恤上的字。）

6. 深呼吸，將槓鈴舉起，確保在整個過程中槓鈴緊貼著身體。

7. 上舉的途中，身體會有圓背（腰部屈曲）或是把骨盆後傾的傾向，試著避免這個情況發生。

8. 起身至完全挺直身軀，利用臀肌的力量，將髖部往前推到鎖定位置。

9. 往後坐讓身體下降，就像在做羅馬尼亞硬舉一樣。維持下背中立的弧度，讓槓鈴持續貼在身旁。

10. 一旦槓鈴比你的膝蓋還低時，彎曲膝蓋繼續往下降，直到回到起始位置。

槓鈴單腳外展羅馬尼亞硬舉

單腳外展羅馬尼亞硬舉和保加利亞分腿蹲有些相似。但它不算是真正的單腳運動，因為你用「沒在運動」的那隻腳來支撐。這個單腳變化式的平衡與穩定度較高，因而可以負荷相對大的重量。你可以由啞鈴開始做起，不過一旦肌力增加之後，可能就需要開始使用槓鈴來訓練了。

有感的肌肉：膕旁肌、臀部

訣竅

★ 將大部分的負重交給運動的那隻腳，利用另一腳維持穩定和平衡。

★ 試著揣摩傳統羅馬尼亞硬舉的動作，只是其中一隻腳往外展。

★ 往後坐，讓槓鈴緊貼你的身體。

怎麼做

1. 握住槓鈴，左腳踩著地面，右腿向外伸直靠在一個小箱子上。

2. 屈曲髖部，同時保持脊椎中立。

3. 用力收縮臀部到鎖定位置，接著控制負重緩緩地往下降。

4. 完成欲訓練的次數後，換邊做。

槓鈴單腳羅馬尼亞硬舉

單腳羅馬尼亞硬舉是適合學習平衡與本體感覺極佳的動作。這個動作需要結合相當的平衡感、協調度、膕旁肌柔軟度，還有穩定的核心。一開始，你可能會覺得怪怪的、不協調。但經過一段時間的練習，做起來會覺得自然許多。

有感的肌肉：膕旁肌、臀部

訣竅

★ 髖部彎曲時，後腿與軀幹呈一直線。

★ 在動作的高點，後腿應直直地指向後方。

★ 和雙側的羅馬尼亞硬舉一樣往後坐。

★ 專注在維持平衡，如果這一下搞砸了，重新調整之後再繼續。

★ 進行髖關節絞鏈時要維持核心穩定，不要圓背。

★ 保持槓鈴靠近你的身體。

怎麼做

1. 緊握槓鈴，以站姿為起始姿勢，重心放在右腳。

2. 用力夾緊左邊的臀部，當你屈身時，臀部也要用力，讓後腿和身體維持一直線。

3. 以髖部為樞紐，把負重往地板的方向降下，並維持讓槓鈴靠近身體。當你降下槓鈴時，把後腿往後伸。

4. 將槓鈴下降到膝蓋或略低於膝蓋的高度，後腿與脊椎呈一直線。

5. 由這個位置，慢慢起身，將軀幹抬起並把後腿放到地板，回到起始姿勢。

6. 完成欲訓練的次數後，換邊做。

硬舉常見的錯誤及修正方式

頸部的姿勢不適當

如同你在圖片中所見，凱莉過度伸展她的頸椎。你應該要往前下方看，讓你的頭、脖子和身體維持一直線。

圓背

這是硬舉中最常見的錯誤，且最常在硬舉動作的低點出現。罪魁禍首有可能是過度緊繃的膕旁肌和差勁的核心穩定度。但也可能只是因為在圓背時，你的背肌比較強壯好施力。你要規定自己養成習慣，在以髖關節為樞紐運動的同時，必須要維持核心穩定，並且保持背部的中立位置。熟能生巧。

將負重以深蹲的方式舉起

硬舉和深蹲不同，許多人在硬舉時都把髖部降得太低。你的髖關節應該比你的膝蓋高，但比肩膀低。你的膕旁肌應該處於緊繃狀態，以做好拉起槓鈴的準備。

肩膀的位置在槓子的後方

在起始姿勢中，你的肩膀應該在槓鈴的正上方，或者稍微比槓鈴前面一些。肩膀的位置不該在槓鈴後方，這是初學者常犯的錯誤。

步距和握距太寬

硬舉合適的準備姿勢包括：窄步距，腳尖向前，且雙臂的位置在腳的外側。不要站太寬或是握太寬。

手臂置於雙腿前

手臂合適的位置，在傳統硬舉中為腳的外側，在相撲硬舉中則為腳的內側。不要把手放在腳的前方，否則槓鈴無法緊貼並滑過你的身體。這會讓你的下背動作更困難。

距離槓鈴太遠

在整個硬舉的過程中，槓鈴應緊靠身體。避免讓槓鈴距離身體超過 1 吋（2~3 公分）。

背部過度伸展

這個硬舉的錯誤常發生在動作的高點，原因是虛弱的臀部肌肉。臀肌本來應該將髖部往前推到完全伸展的位置，但要是臀肌無力，或是練習者不知如何使用臀肌，取而代之的是過度使用豎脊肌，導致過度腰屈曲，可能造成潛在傷害。應該讓臀肌在動作高點做功，將髖部往前推，並維持背的中立姿勢。

聳肩

曾有健美經驗的初學者，手臂會習慣將重量過分的往上拉，你會看到他們在硬舉的過程中彎曲手肘或聳肩。這不僅沒效率，而且會阻撓你變得更強壯。硬舉動作發生的位置應該在髖部，而非手臂或肩胛，你的手臂扮演的角色就如同鉤子一樣，只是握住槓鈴而已。

槓鈴早安運動

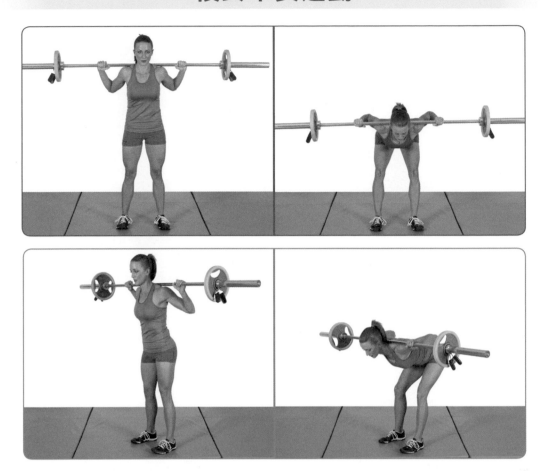

這個運動的訓練目標為膕旁肌,並且能在髖屈曲的情況下相當有效的訓練髖部。這個動作不僅能建立可觀的核心穩定度,對深蹲和硬舉的肌力表現也有不錯的助益,因此是許多健力選手喜愛的運動之一。

有感的肌肉:背部、膕旁肌、臀部

訣竅

★ 往後坐,感受你的膕旁肌承受張力,讓重心保持在腳跟的位置。

★ 維持脊椎中立,避免圓背。

★ 在這個運動中,不要太過在意使用的負重。如果你的姿勢很標準,不需要負太重就可以獲得相當不錯的訓練成效。

怎麼做

1. 拿起槓鈴,將其置於「高槓」的位置,即在肩胛骨上被稱為「肩胛棘」的小骨頭上方。

2. 往後退,雙腳與肩膀同寬。

3. 往後坐,屈曲髖關節。當你將髖部向後移動時,膝蓋也同時會彎曲。試著盡可能感受到動作主要發生在膕旁肌,並讓你的核心在中立姿勢維持穩定。

4. 接著反向動作,並用力收縮臀部到鎖定位置。

俄式盪壺

俄式盪壺是個打造臀部的好運動。由於這個動作需要爆發性的重複訓練和大量的關節活動度，因此提高新陳代謝的效果十分卓越。在正確執行下，盪壺鈴是評估腰椎骨盆－髖關節複合體力學的重要動作。它強迫你以髖部為樞紐動作時，維持腰椎的中立和適當的骨盆位置。因此，盪壺鈴是許多運動者喜愛的運動。就單獨執行而言，它是相當有效率的訓練。但可惜的是，多數壺鈴訓練者使用的重量不夠重，無法讓臀肌接受足夠的刺激。使用較重的壺鈴，可以增加臀肌的啟動，並且挑戰你的耐力。所以，當你的肌力進步後，你可能會想要投資重一點的壺鈴。另一個替代方案是打造 T 型握把（詳情可見布瑞特的 YouTube 頻道）。

有感的肌肉：膕旁肌、臀部

訣竅

★ 把盪壺想成是羅馬尼亞硬舉和臀舉的結合。

★ 在以髖關節為軸心活動的同時，脊椎也要保持中立。

★ 確保主要施力做功的是髖部，而非手臂。

怎麼做

1. 站在壺鈴前。彎曲髖部，緊握壺鈴。伸展你的膕旁肌，並維持挺胸的姿勢。啟動你的闊背肌。

2. 將壺鈴往後盪起於雙腿之間。

3. 接著專注於收縮臀部肌肉，同時臀部用力把壺鈴往前推。

4. 雙手保持伸直，讓動量把負重驅動向前。不要用手臂把壺鈴舉到不自然的高度，將壺鈴盪到你的髖部可以推到的高度就好。

5. 讓重力驅使反向動作。當壺鈴靠近你的身體時，手臂使力讓壺鈴加速，以增加臀部和膕旁肌的負荷。

6. 維持抬頭挺胸，並維持頸部和脊椎的中立。將髖部往後退，拉長膕旁肌，接著用力地將髖部往前推，在關節活動度的末端用力收縮臀肌。

7. 完成欲訓練的次數。

美式盪壺

美式盪壺和俄式盪壺的差異在於，美式盪壺的髖關節主導稍微少一些，且需要較多上肢的參與，壺鈴的活動範圍也較大。這兩種變化式都相當具有訓練價值。

有感的肌肉：
膕旁肌、臀部、上背部、肩部肌群

訣竅

★ 以髖部為軸心運動時，你的脊椎維持於中立的位置。

★ 你的髖部、股四頭肌、上背和肩部肌群，都有做功。

★ 與俄式盪壺相較，髖部彎曲的程度較小。

怎麼做

1. 站在壺鈴前。彎曲髖部，緊握壺鈴。伸展你的膕旁肌，並維持挺胸的姿勢。

2. 啟動你的闊背肌。

3. 將壺鈴往後盪起於雙腿之間。

4. 接著專注於收縮臀部肌肉，同時臀部用力把壺鈴往前推。

5. 雙手保持直立，使用上肢肌群將壺鈴往上高舉過頭頂。

6. 交由重力驅使反向動作。屈膝，並盡量讓髖部吸收負重的衝擊力。

7. 重複訓練數次。

鐘擺機四足髖伸

這個運動能夠施予臀部持續的張力，並且需要大量的穩定核心，以避免身體偏移或扭轉。它對大腿的訓練效果也很好。大部分的健身房並沒有這樣的訓練機器，如果你有機會使用到的話，一定要偶爾將這個動作排入訓練課表。

有感的肌肉：臀部、股四頭肌、核心肌群

訣竅

★ 避免軀幹往左右偏或扭轉。

★ 由腳掌的中間為支撐點用力推。

★ 握著側邊的扶手支撐。

★ 控制你的核心，維持緊繃。

怎麼做

1. 把雙手和膝蓋放在反向髖伸的機器下方。注意可以握的側邊扶手的位置。

2. 把右腳放在擺錘的正中央。

3. 將負重往上推，同時伸展髖關節和膝關節，讓髖關節在鎖定位置時是處於完全伸展的狀態。

4. 在動作的高點用力收縮臀部。

5. 回到起始位置，重複訓練數次。接著換腳做。

⑨ 髖關節主導的直腿動作

這個運動的名字不言而喻。你的膝蓋要保持挺直，並且以髖關節為軸心運動。這些運動能夠同時增加膕旁肌的柔軟度和肌力。在髖屈曲動作的低點，可以主動伸展膕旁肌，而當起身伸展髖部時，也可啟動膕旁肌。

如同先前介紹的每種髖伸動作（臀肌主導、股四頭肌主導、髖關節主導及髖關節主導的直腿運動）所提及的，在進行髖關節動作的同時，應避免過度凹下背，這點是相當重要的。當女性學習到如何以臀部肌群做背部伸展的訓練之後，這些運動立即變成她們的愛好之一，因為她們可以親身感受到臀肌用力收縮將身軀抬起。

和深蹲、臀橋、分腿蹲等一樣，當徒手動作變得越來越容易時，你就必須使用啞鈴負重或彈力帶來增加阻力，以突破自己的極限。但基本上，在髖關節主導的直腿運動，我們不會使用太重的重量，也因此脊椎的伸展肌群在這類運動裡的活化程度不會太高。

大多數的重量訓練者沒有機會使用俯臥髖伸的訓練機器，但如果你很幸運，常去的健身房裡有的話，你很有可能會愛上俯臥髖伸。但即使你沒有使用這個器材的機會，仍然可以做徒手訓練，如果能正確進行，也是相當有效的。

即使我可以握住非常重的啞鈴，或用彈力帶繞在我的脖子上增加阻力，有時我在做背部伸展運動時，還是會使用徒手進行的方式，以專注於使用臀肌，使髖伸展肌群持續處於張力，並在髖伸時些微地後傾骨盆，讓臀部肌群可以完全發揮潛能。這麼做相當有效，但要做好並不簡單。以徒手訓練而言，姿勢正確的話，只需要 20 下就是很不錯的臀部訓練了。

滑輪後踢

即使滑輪後踢並非訓練臀部最好的方式，但我仍將它納入本書中，因為滑輪訓練也很適合做髖屈曲、髖外展及髖內收。能夠同時刺激四個方位，迅速完成全面性的髖部運動，是非常好的。

有感的肌肉：臀部、股四頭肌、核心肌群

訣竅

★ 過程中維持軀幹穩定，不要有太多扭轉。

★ 不要利用擺盪的慣性來驅使動作。用力收縮臀肌，並且在整個動作的範圍都要好好控制負重。

怎麼做

1. 把腳踝綁帶扣在低位的滑輪上，並把腳踝綁帶的帶子綁在右腳踝，雙手握住兩側的柱子，面向滑輪。

2. 收縮臀肌將右腿伸展向後，此時右腿要維持伸直。

3. 接著右腿下降到起始位置。完成欲訓練的次數後，換邊做。

直腿前拉臋伸

直腿前拉臋伸是相當不錯的臀部和膕旁肌的訓練動作,健力選手和運動員偶爾會用這個動作來訓練。如果你可以學習在這個動作中保持穩定,將是不錯的訓練。

有感的肌肉:臀部、膕旁肌

訣竅

★ 要非常專注於維持平衡,隨著負重增加,平衡會變得越來越困難。

★ 髖部向下和向後移動時,也要維持背部的中立姿勢。

★ 使用臀肌將髖部一路往前推至完全髖伸的位置。

★ 保持頸部的中立姿勢。

怎麼做

1. 把繩子接在低位的滑輪上。背向滑輪,身體彎曲向前傾,將繩子握於雙腳之間。

2. 往前走幾步,以製造繩子的張力。

3. 雙腳略寬於肩膀,膝蓋微彎,伸直雙臂,將髖部往前推,伸展髖部直到身體接近直立。

4. 回到起始位置,重複訓練數次。

抗力球背部伸展

雖然抗力球背部伸展並非最佳的訓練,但我仍將它納入本書中,因為只要你有抗力球,無論在家或是一般旅館的健身房裡都可以做。如果你學會在抬起上半身時,感受臀肌和膕旁肌在施力,你將會愛上這個運動。

有感的肌肉:膕旁肌、臀部

訣竅

★ 如果沒有夥伴可以壓住你的腳,腳可以靠在牆壁上維持穩定。

★ 先以膕旁肌將你的上半身抬起來,接著在動作高點以臀肌用力作結。

★ 學會讓你的核心維持在中立的位置,並且避免過度伸展腰椎以及讓骨盆前傾。

★ 保持頸部的中立姿勢。

怎麼做

1. 臉部朝下,靠在抗力球上,雙腳確實頂在地板上,讓身體靠於球上。如果你有夥伴的話,讓他壓住你的腳。

2. 雙手置於頭後或是在胸前交叉。

3. 脊椎放鬆,臀肌和膕旁肌用力收縮把上半身抬起。

4. 上半身再次往下降,接著重複訓練數次。

抗力球俯臥髖超伸

抗力球俯臥髖超伸是另一個只要有抗力球就可以在家或一般旅館的健身房裡進行的動作。俯臥髖伸比傳統的背部伸展動作簡單，因為將上半身穩定靠在抗力球上，然後移動下肢，比雙腿穩定靠在球上，移動上半身，來得容易。當姿勢正確且做高重複次數的訓練時，它會是很有效的臀部運動。

有感的肌肉：膕旁肌、臀部、豎脊肌

訣竅

★ 不要過度伸展下背或是前傾骨盆。確保動作以髖關節為軸心，並且維持核心的中立姿勢

★ 維持上肢穩定。如果你可以抓握住某個東西，會比較容易。

★ 保持頸部的中立姿勢。

怎麼做

1. 臉部朝下，靠在抗力球上，雙手向外展支撐住。

2. 雙腳稍微抬離地板，當作起始姿勢。

3. 脊椎放鬆，臀肌用力收縮把腿抬起。

4. 放下雙腿，接著重複訓練數次。

45 度髖超伸

45 度髖超伸是我訓練課表中的常客。當姿勢正確時，在動作的低點將會針對膕旁肌訓練，在高點則是臀部肌肉。許多人做的姿勢並不正確，因為在活動髖關節的同時，他們很難將核心穩定在中立的姿勢。我通常要花很多時間指導新客戶如何正確地做這個動作，並運用這個動作來建立正確的髖伸展機制。

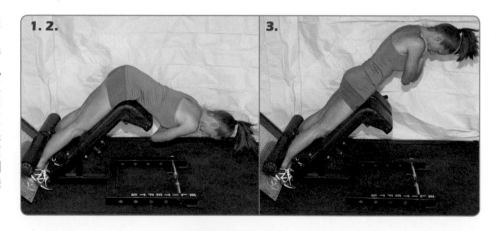

有感的肌肉：
膕旁肌、臀部

訣竅

★ 脊椎放鬆，臀肌和膕旁肌用力收縮，把身體抬起。

★ 感受臀部在高點主導動作。

★ 不要過度伸展下背，學會以髖關節為軸心動作。

★ 起身時，頸椎由中立轉成微微彎曲，可以增加臀肌的感受度。

怎麼做

1. 大腿靠在護墊上，腳踝頂在踏墊邊緣（或是把腳勾在下方護墊上）。

2. 雙臂抱於胸前，身體向下彎至起始位置。

3. 由低點開始，慢慢釋放背肌的張力，用力收縮臀部肌肉，直到你的髖關節完全伸展。

4. 身體往下降，接著重複訓練數次。

囚徒式 45 度髖超伸

囚徒式 45 度髖超伸也常出現在我的訓練課表中。當你的姿勢正確時，在動作的低點將會有效訓練到膕旁肌，在高點則可訓練臀部肌肉。把手放在囚徒姿勢（後腦勺）的位置，可增加抗力臂，且讓動作更具有挑戰性。

有感的肌肉：
膕旁肌、臀部

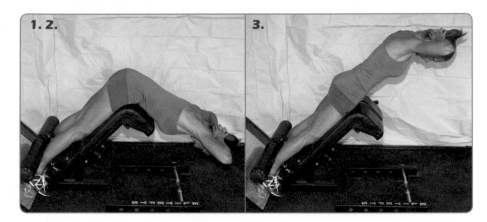

訣竅

★ 脊椎放鬆，臀肌和膕旁肌用力收縮，把身體抬起。

★ 感受臀部在高點主導動作。

★ 不要過度伸展下背，學會以髖關節為軸心動作。

★ 起身時，頸椎由中立轉成微微彎曲，可以增加臀肌的感受度。

怎麼做

1. 大腿靠在護墊上，腳踝頂在踏墊邊緣（或是把腳勾在下方護墊上）。

2. 雙手置於後腦勺處，身體向下彎至起始位置。

3. 由低點開始，慢慢釋放背肌的張力，用力收縮臀部肌肉，直到你的髖關節完全伸展。

4. 身體往下降，接著重複訓練數次。

單腳 45 度髖超伸

單腳 45 度髖超伸也常出現在我的訓練課表中。就如同其他 45 度的髖伸展動作，它在動作的低點能相當有效的訓練到膕旁肌，在高點則強調臀部肌肉。一次訓練一隻腳，可以增加膕旁肌和臀部肌群的活化。

有感的肌肉：
膕旁肌、臀部

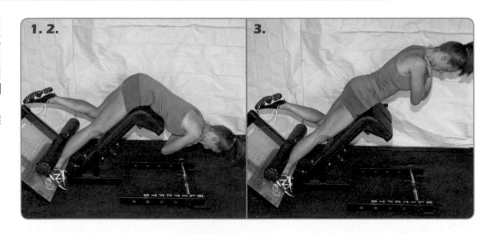

訣竅

★ 脊椎放鬆，臀肌和膕旁肌用力收縮，把身體抬起。

★ 感受臀部在高點主導動作。

★ 不要過度伸展下背，學會以髖關節為軸心動作。

★ 起身時，頸椎由中立轉成微微彎曲，可以增加臀肌的感受度。

怎麼做

1. 大腿靠在護墊上，右腳跟踩在踏墊邊緣（或是把腳勾在下方護墊上），左腳則維持懸空。

2. 雙臂抱於胸前，身體向下彎至起始位置

3. 由低點開始，慢慢釋放背肌的張力，用力收縮臀部肌肉，直到你的髖關節完全伸展。

4. 身體往下降。重複訓練數次後，換腿做。

單腳囚徒式 45 度髖超伸

單腳囚徒式 45 度髖超伸經常出現在我的訓練課表中。當姿勢正確時，就如同其他 45 度的髖伸展動作，它在動作的低點能相當有效的訓練到膕旁肌，在高點則強調臀部肌肉。一次訓練一隻腳，以及把手放在後腦勺，可以大幅增加膕旁肌和臀部的活化。

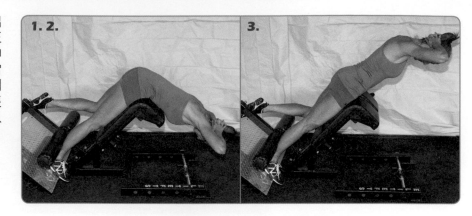

有感的肌肉：膕旁肌、臀部

訣竅

★ 脊椎放鬆，臀肌和膕旁肌用力收縮，把身體抬起。

★ 感受臀部在高點主導動作。

★ 不要過度伸展下背，學會以髖關節為軸心動作。

★ 起身時，頸椎由中立轉成微微彎曲，可以增加臀肌的感受度。

怎麼做

1. 大腿靠在護墊上，右腳跟踩在踏墊邊緣（或是把腳勾在下方護墊上），左腳則維持懸空。

2. 雙手置於後腦勺處，身體向下彎至起始位置。

3. 由低點開始，慢慢釋放背肌的張力，用力收縮臀部肌肉，直到你的髖關節完全伸展。

4. 身體往下降。重複訓練數次後，換腿做。

啞鈴 45 度髖超伸

啞鈴 45 度髖超伸是我訓練課表中的另一個常客。當姿勢正確時，它在動作的低點將會有效的針對膕旁肌，在高點則會針對臀部肌肉。握住啞鈴可以增加這個動作的難度。

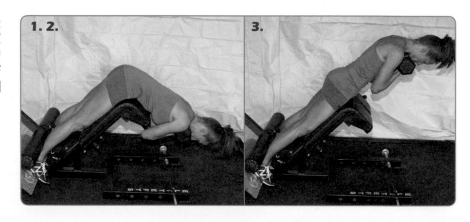

有感的肌肉：膕旁肌、臀部

訣竅

★ 脊椎放鬆，臀肌和膕旁肌用力收縮，把身體抬起。

★ 感受臀部在高點主導動作。

★ 不要過度伸展下背，學會以髖關節為軸心動作。

★ 起身時，頸椎由中立轉成微微彎曲，可以增加臀肌的感受度。

怎麼做

1. 大腿靠在護墊上，腳踝靠在踏墊邊緣（或是把腳勾在下方護墊上）。

2. 雙手手心朝向自己，握住同一個啞鈴的握把，將其置於胸前，身體向下彎至起始位置。

3. 由低點開始，慢慢釋放背肌的張力，用力收縮臀部肌肉，直到你的髖關節完全伸展。

5. 身體往下降，接著重複訓練數次。

彈力帶 45 度髖超伸

如同其他 45 度髖超伸的動作，彈力帶 45 度髖超伸常見於我的訓練課表中。姿勢正確時，它在動作的低點一樣會針對膕旁肌，在高點則針對臀部肌肉。利用彈力帶，可讓這個動作更有挑戰性。

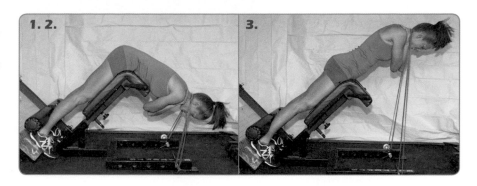

有感的肌肉：膕旁肌、臀部

訣竅

★ 脊椎放鬆，臀肌和膕旁肌用力收縮，把身體抬起。

★ 感受臀部在高點主導動作。

★ 不要過度伸展下背，學會以髖關節為軸心動作。

★ 起身時，頸椎由中立轉成微微彎曲，可以增加臀肌的感受度。

怎麼做

1. 將彈力帶的一端繞在機器底座的兩側。

2. 大腿靠在護墊上，腳踝踩在踏墊邊緣（或是把腳勾在下方護墊上）。

3. 雙臂抱於胸前，將彈力帶的一端繞在脖子上。可拿一條毛巾墊在彈力帶和脖子之間，可能會比較舒適。身體向下彎至起始位置。

4. 由低點開始，慢慢釋放背肌的張力，用力收縮臀部肌肉，直到你的髖關節完全伸展。

5. 身體往下降，接著重複訓練數次。

背部伸展

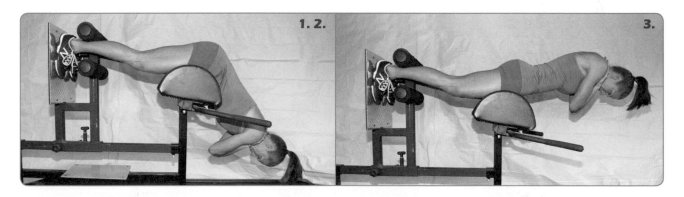

背部伸展是我最喜歡的後側鏈訓練之一。它可以高度啟動膕旁肌和臀部，並且建立髖伸活動度末端的肌力。在動作的低點，膕旁肌受到大大的伸展，而在動作的高點，臀部肌肉用力收縮，將髖關節和骨盆鎖住。

有感的肌肉：膕旁肌、臀部

訣竅

★ 脊椎放鬆，臀肌和膕旁肌用力收縮，把身體抬起。

★ 感受臀部在高點主導動作。

★ 不要過度伸展下背，學會以髖關節為軸心動作。

★ 起身時，頸椎由中立轉成微微彎曲，可以增加臀肌的感受度。

怎麼做

1. 使用超伸展或臀腿升體機，將大腿靠在前方大塊的護墊上，臉部朝下。腳靠在尾端護墊下方。

2. 雙手交叉於胸前，身體向下彎至起始位置。

3. 由低點開始，慢慢釋放背肌的張力，用力收縮臀部肌肉，直到你的髖關節完全伸展，身體和地板平行。

4. 身體往下降，接著重複訓練數次。

囚徒式背伸展

囚徒式背伸展也可以高度啟動膕旁肌和臀部，並且建立髖伸活動度末端的肌力。大多數人做這個動作的姿勢都不大正確。在動作的低點，膕旁肌應該要受到大大的伸展，而在動作的高點，臀部肌肉用力收縮，將髖關節和骨盆鎖住。把手放在腦勺後方（囚徒姿勢）可增加抗力臂，且讓動作更具挑戰性。

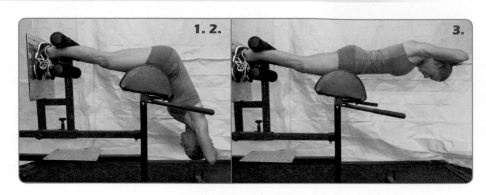

有感的肌肉：膕旁肌、臀部

訣竅

★ 脊椎放鬆，臀肌和膕旁肌用力收縮把身體抬起。

★ 感受臀部在高點主導動作，把髖部想像為釘子，而你要把它敲進護墊。

★ 不要過度伸展下背，學會以髖關節為軸心動作。

★ 起身時，頸椎由中立轉成微微彎曲，可以增加臀肌的感受度。

怎麼做

1. 使用超伸展或臀腿升體機，將大腿靠在前方大塊的護墊上，臉部朝下。腳靠在尾端護墊下方。

2. 雙手置於後腦勺，身體向下彎至起始位置。

3. 由低點開始，慢慢釋放背肌的張力，用力收縮臀部肌肉，直到你的髖關節完全伸展，身體和地板平行。

4. 身體往下降，接著重複訓練數次。

單腳背伸展

這個動作也是我最喜歡的後側鏈訓練之一。同樣的，它也可以高度啟動膕旁肌和臀部，並且建立髖伸活動度末端的肌力。大多數人做這個動作的姿勢都不大正確。在動作的低點，膕旁肌應該要受到大大的伸展，而在動作的高點，臀部肌肉用力收縮，將髖關節和骨盆鎖住。單側訓練較雙側的動作更具挑戰性。

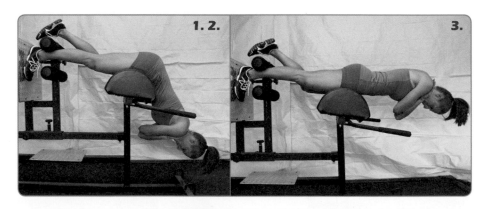

有感的肌肉：膕旁肌、臀部

訣竅

★ 脊椎放鬆，臀肌和膕旁肌用力收縮把身體抬起。

★ 感受臀部在高點主導動作，把髖部想像為釘子，而你要把它敲進護墊。

★ 不要過度伸展下背，學會以髖關節為軸心動作。

★ 起身時，頸椎由中立轉成微微彎曲，可以增加臀肌的感受度。

怎麼做

1. 使用超伸展或臀腿升體機，將大腿靠在前方大塊的護墊上，臉部朝下。右腳靠在尾端護墊下方，左腳懸空。

2. 雙手交叉於胸前，身體向下彎至起始位置。

3. 由低點開始，慢慢釋放背肌的張力，用力收縮臀部肌肉，直到你的髖關節完全伸展，身體和地板平行。

4. 身體往下降，重複訓練數次後，換腿做。

單腳囚徒式背伸展

單腳囚徒式背部伸展可以高度啟動膕旁肌和臀部，並且建立髖伸活動度末端的肌力。在動作的低點，膕旁肌受到大大的伸展，而在動作的高點，臀部肌肉用力收縮，將髖關節和骨盆鎖住。然而，這個動作是比較進階的訓練，因為不僅單側訓練較雙側的動作困難，而且將手放在後腦勺更提高了挑戰度。

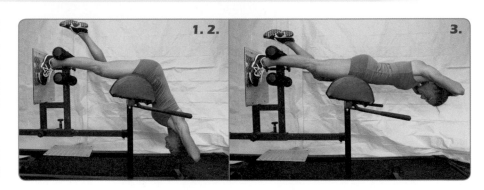

有感的肌肉：膕旁肌、臀部

訣竅

★ 脊椎放鬆，臀肌和膕旁肌用力收縮把身體抬起。

★ 感受臀部在高點主導動作，把髖部想像為釘子，而你要把它敲進護墊。

★ 不要過度伸展下背，學會以髖關節為軸心動作。

★ 起身時，頸椎由中立轉成微微彎曲，可以增加臀肌的感受度。

怎麼做

1. 使用超伸展或臀腿升體機，將大腿靠在前方大塊的護墊上，臉部朝下。右腳靠在尾端護墊下方，左腳懸空。

2. 雙手置於後腦勺，身體向下彎至起始位置。

3. 由低點開始，慢慢釋放背肌的張力，用力收縮臀部肌肉，直到你的髖關節完全伸展，身體和地板平行。

4. 身體往下降，重複訓練數次後，換腿做。

啞鈴背伸展

這個動作也是我喜歡的後側鏈訓練之一。啞鈴背部伸展可以高度啟動膕旁肌和臀部，並且建立髖伸活動度末端的肌力。在動作的低點，膕旁肌應該要受到大大的伸展，而在動作的高點，臀部肌肉用力收縮，將髖關節和骨盆鎖住。使用啞鈴增加負重，讓這個動作更具挑戰性。

有感的肌肉：膕旁肌、臀部

訣竅

★ 脊椎放鬆，臀肌和膕旁肌用力收縮把身體抬起。

★ 感受臀部在高點主導動作，把髖部想像為釘子，而你要把它敲進護墊。

★ 不要過度伸展下背，學會以髖關節為軸心動作。

★ 起身時，頸椎由中立轉成微微彎曲，可以增加臀肌的感受度。

怎麼做

1. 使用超伸展或臀腿升體機，將大腿靠在前方大塊的護墊上，臉部朝下。雙腳靠在尾端護墊下方。

2. 雙手手心朝向自己，握住同一個啞鈴的握把，將其置於胸前，身體向下彎至起始位置。

3. 由低點開始，慢慢釋放背肌的張力，用力收縮臀部肌肉，直到髖關節完全伸展，身體和地板平行。

4. 身體往下降，接著重複訓練數次。

彈力帶背伸展

有感的肌肉：膕旁肌、臀部

訣竅

★ 脊椎放鬆，臀肌和膕旁肌用力收縮把身體抬起。

★ 感受臀部在高點主導動作，把髖部想像為釘子，而你要把它敲進護墊。

★ 不要過度伸展下背，學會以髖關節為軸心動作。

★ 保持頸部的中立姿勢。

怎麼做

1. 將彈力帶的一端繞在超伸展機或臀腿升體機的兩側。

2. 使用超伸展或臀腿升體機，將大腿靠在前方大塊的護墊上，臉部朝下。雙腳靠在尾端護墊下方。

3. 雙臂抱於胸前，將彈力帶的一端繞在脖子上。可拿一條毛巾墊在彈力帶和脖子之間，會比較舒適。身體向下彎至起始位置

4. 由低點開始，慢慢釋放背肌的張力，用力收縮臀部肌肉，直到髖關節完全伸展，身體和地板平行。

5. 身體往下降，接著重複訓練數次。

這個動作也是我喜歡的後側鏈訓練之一。彈力帶背伸展可以高度啟動膕旁肌和臀部，並且建立髖伸活動度末端的肌力。在動作的低點，膕旁肌應該要受到大大的伸展，而在動作的高點，臀部肌肉用力收縮，將髖關節和骨盆鎖住。使用彈力帶將讓這個動作更具挑戰性。

擺鐘機器徒手俯臥髖伸

俯臥髖伸是另一個常見於我的訓練課表中的運動。只是在加上額外負重前，一定要先精熟徒手的訓練。如果你的姿勢正確，且沒有倚靠太多的慣性，就可以體會到它不僅是很好的核心訓練，臀部肌肉也相當有感。如果你的下背感到刺激，疼痛的感覺輻射到腿部，或只是覺得不舒服，試著減慢動作，並且調整為理想的姿勢。如果還是覺得不對勁，以後就完全捨棄這個訓練吧！

有感的肌肉：臀部、膕旁肌。

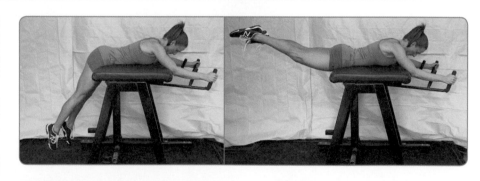

訣竅

★ 抬起雙腿，感受到臀肌施力。

★ 放下雙腿的過程，避免圓下背。在下降過程中，維持些微的骨盆前傾，讓膕旁肌處於拉長的狀態。

★ 抬起雙腿的過程，避免過度凹下背。在上升過程中，收縮臀肌，維持些微的骨盆後傾。

★ 保持頸部的中立姿勢。

怎麼做

1. 臉部朝下，腰部靠在護墊的邊緣。

2. 雙手握住握把支撐，垂下雙腿至 90 度角。

3. 由這個位置，用力收縮臀部肌肉，把腿往後抬起。

4. 把雙腿抬起至髖關節完全伸展，雙腿和地板平行。

5. 放下雙腿，接著重複訓練數次。

鐘擺機負重俯臥髖伸

俯臥髖伸是另一個常見於我的訓練課表中的運動。與徒手相較，使用擺錘做為額外的負重，可以增加動作的困難度。俯臥髖伸是個相當棒的核心、膕旁肌及臀部訓練，只是絕大多數的健身房並沒有俯臥髖伸的訓練機器。如果你幸運地有機會使用到的話，絕對要將這個動作偶爾排進你的課表裡。

有感的肌肉：臀部、膕旁肌。

訣竅

★ 抬起雙腿，感受到臀肌施力。

★ 放下雙腿的過程中，避免圓下背，要維持些微的骨盆前傾，讓膕旁肌處於拉長的狀態。

★ 抬起雙腿的過程中，避免過度凹下背，要收縮臀肌，維持些微的骨盆後傾。

★ 保持頸部的中立姿勢。

怎麼做

1. 臉部朝下，腰部靠在護墊的邊緣。

2. 雙手握住握把支撐，垂下雙腿至 90 度角。

3. 由這個位置，用力收縮臀部肌肉，把腿往後抬起。

4. 把雙腿抬起至髖關節完全伸展，雙腿和地板平行。

5. 放下雙腿，接著重複訓練數次。

單腳負重俯臥髖伸

許多人會比較偏好單腳反向髖伸的版本，因為核心的負荷較少，又能有效訓練到膕旁肌和臀部。如果執行雙腳俯臥髖伸有困難的人，通常可以安全地嘗試單腳訓練的版本。

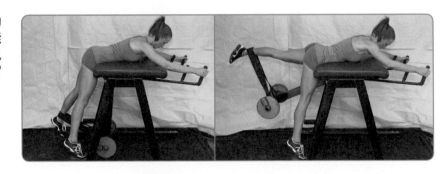

有感的肌肉：臀部、膕旁肌。

訣竅

★ 抬腿時，感受到臀肌施力。

★ 放下腿的過程，避免圓下背，要維持些微的骨盆前傾，讓膕旁肌處於拉長的狀態。

★ 抬腿的過程中，避免過度凹下背，要收縮臀肌，維持些微的骨盆後傾。

★ 保持頸部的中立姿勢。

怎麼做

1. 臉部朝下，腰部靠在護墊的邊緣。

2. 雙手握住握把支撐，垂下雙腿至 90 度角。

3. 由這個位置，用力收縮臀部肌肉，把左腿往後抬起。

4. 把左腿抬起至髖關節完全伸展，左腿和地板平行。

5. 放下左腿，重複訓練數次後，換腿做。

直腿硬舉

直腿硬舉在膕旁肌伸展時給予大量負重，而且可以同時建立肌力與柔軟度。直腿硬舉和羅馬尼亞硬舉的不同之處在於，你不需往後坐這麼多，膝蓋不需彎曲，槓鈴也不必緊貼身體。

有感的肌肉：背部、膕旁肌、臀部

訣竅

★ 整個過程維持脊椎的中立姿勢，降下重量時，不要圓背。

★ 整個動作的活動幅度大小，與膕旁肌的柔軟度相關。

★ 保持頸部的中立姿勢

怎麼做

1. 由架上取下槓鈴，可以正握或正反握。

2. 雙腳與肩膀同寬，伸直手臂和腿。彎曲髖部讓槓鈴下降，槓鈴可以與身體保持一些距離。

3. 下降至你感受到膕旁肌正在伸展的位置。

4. 接著回到高點的位置，然後重複訓練數次。

❿ 腿後肌群主導的動作

我在訓練女性客戶時總是專注於臀部肌群，因為要打造出令人讚歎的臀部並非一件簡單的事，大部分的訓練得聚焦在臀部力量上，但我覺得腿後肌群的力量也相當重要。具線條美的雙腿對大部分的女性來說是有吸引力的，尤其當女性的體態變得更精實時，經過訓練的雙腿會顯得更加耀眼。儘管大腿前側的股四頭肌線條很容易就能顯露出來，但腿後肌群卻是難以成就的。

再次強調，我比較關心的是臀舉、深蹲、硬舉這類多關節動作的力量，而非腿後肌群單純膝關節屈曲的力量。但許多女生不太擅長腿後肌群主導的動作，這類動作可以大量訓練到腿後肌群，並或多或少使用一些臀部肌群。

腿後肌群主導的動作會需要臀部與腿後肌群共同伸展髖關節，而腿後肌群還可以彎曲膝關節。因此，可以增強腿後肌群的髖伸展與膝屈曲功能。

我在本書提供了許多這類型的動作，不過要提醒你，這些動作大多都不是溫室裡的小花做得起來的，即便是徒手的滑行腿後勾或類似的動作，對於許多新手來說都太困難了。但是請你記得，「翹臀曲線計畫」是一套可以讓你使用多年的訓練範本，而某些你原本難以做好的動作，你遲早都會進步到能夠駕馭它們。

我從來沒有女性客戶能夠不用上半身支撐就做出俄式腿後勾，不過，我有一些相當健美的女同事做得到，但這需要她們花幾個月的時間練習。

腿後肌群在競技運動中是十分重要的，尤其是那些需要衝刺奔跑的運動。我認為，腿後肌群是產生奔跑速度中最關鍵的肌群，因為它們有著絕佳的髖伸展力臂，而且腿後肌群在奔跑的站立期還有著抗膝伸功能。而這些功能都會隨著奔跑速度增加而變得更重要。

這一系列的腿後肌群動作會偶爾出現在我們的訓練計畫中，因為它們對腿後肌群的活化程度非常好，不過這些動作對於臀部訓練來說，都不算是很好的選擇。所以，建議不要將這些動作優先於臀部與髖部的訓練。

抗力球後勾

抗力球腿後勾同時用了膝屈曲與髖伸展來針對腿後肌群，難易度相當適合初學者。

有感的肌肉：腿後肌群

訣竅

★ 確保你的髖部盡可能地提高，在進行膝屈曲時也不要讓髖部掉下來。

怎麼做

1. 仰躺在地上，小腿置於抗力球上，雙手貼在身旁地上幫忙支撐。

2. 將髖部抬起，並維持脊椎中立。

3. 彎曲膝關節，用腳跟把球往頭的方向滾近。

4. 慢慢回到原始姿勢，然後重複訓練數次。

滑盤腿後勾

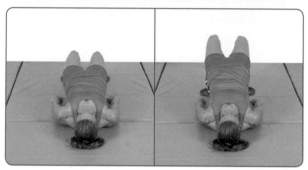

滑盤腿後勾藉由髖伸與膝屈的動作來針對腿後肌群，同時也需要運用一些臀部肌群。這個動作絕對會出乎你意料的困難，所以請先將抗力球腿後勾練好，再來挑戰這個動作。（註：滑盤不適合用在橡膠平面上。）

有感的肌肉：腿後肌群、臀部肌群

訣竅

★ 確保你的髖部盡可能地提高，在進行膝屈曲時也不要讓髖部掉下來。

怎麼做

1. 仰躺在地，雙腳腳跟踏上滑盤或毛巾。

2. 屈膝讓膝關節呈現 90 度角，同時也讓雙腳平踩在滑盤上。

3. 將骨盆抬起形成橋式的姿勢，雙手放在兩旁地面幫助支撐。

4. 盡可能將腳慢慢伸直，腳跟滑離原處，但不要讓臀部碰到地面。

5. 接著再慢慢滑回原處，然後重複訓練數次。

架下腿後勾

架下腿後勾是一項兼具創意與訓練效果的腿後肌群訓練動作，這個動作一樣會用到髖伸與膝屈。千萬別被這個動作的樣子給騙了，它看起來簡單，但實際上做起來是相當有難度的，如果做得正確，這個動作會讓你的腿後肌群相當吃力。

有感的肌肉：
腿後肌群、臀部肌群、束脊肌群、握力

訣竅

★ 確保你的髖部盡可能地提高，在進行膝屈曲時也不要讓髖部掉下來。

★ 盡可能用腿後肌群將身體往前拉，動作不要只做一半。

怎麼做

1. 臉部朝上躺臥，手抓住架上的槓子或其他懸吊裝置，腳可以放在箱子或椅凳上，以便在接下來的動作中大腿可與地面平行。

2. 將骨盆抬起，髖伸展讓頭到腳趾呈一直線。你的手不必用力彎曲，只要扮演好鉤子的角色即可。

3. 在保持骨盆抬高的姿勢下，彎曲膝關節，將身體往前帶。

4. 慢慢地倒退回到起始位置，然後重覆訓練數次。

俄式腿後勾

俄式腿後勾在體能教練之間非常流行，因為這個動作需要腿後肌群大量的離心收縮。這是一項高挑戰度的動作，要多加練習才能掌握訣竅。

有感的肌肉：腿後肌群

訣竅

★ 在下降的過程中，保持臀部和腹部收緊。

★ 避免下背部過伸展以及骨盆前傾。

★ 動作過程中，盡可能不要屈曲髖關節，而是讓上身與大腿呈一直線。

★ 隨著你越來越熟悉這個動作，可以試著逐漸減少手部的支撐，或許最終你的手可以全程都不用觸地。

怎麼做

1. 背對夥伴，採跪姿，膝蓋下方可以放個軟墊。如果你沒有同伴，可以使用滑輪下拉的椅凳或是將腳放在其他支撐物下方。

2. 腳部受到支撐後，慢慢地將身體往前傾，頭部到膝部盡可能保持一直線。

3. 盡可能讓身體往地面靠近，然後再上抬回原位。在上抬的過程中，你可以用手掌推地板做為輔助。接著重複訓練數次。

臀腿升體

臀腿升體是一個相當經典的腿後肌群訓練動作，受到健力選手、短跑選手或職業美式足球員的歡迎。這個動作的同義詞，大概就是「自體負重腿後勾」，如果能正確進行這個動作，可以強化大腿及小腿後肌群的力量，臀部肌群及豎脊肌群也能獲得成長。

有感的肌肉：腿後肌群、後小腿肌群、臀部肌群、豎脊肌群

訣竅

★ 在下降的過程中，保持臀部和腹部收緊。

★ 避免下背部過伸展以及骨盆前傾。

★ 動作過程中，盡可能不要屈曲髖關節，而是讓上身與大腿呈一直線。

怎麼做

1. 將腳踝置於臀腿升體機的筒狀軟墊下，腳掌踩著後方的平台。

2. 將大腿前下方撐靠於軟墊上。

3. 慢慢地將腿伸直的同時，身體往前傾，直到上身與地面平行。

4. 在動作的低點時，要保持臀肌與核心緊繃，然後彎曲膝關節，上抬身體，直到上身直立。

5. 慢慢地將腿伸直，讓上身往前傾，直到上身與地面平行。重複訓練數次。

啞鈴臀腿升體

臀腿升體是一個相當經典的腿後肌群訓練動作，受到健力選手、短跑選手或職業美式足球員的歡迎。這個動作的同義詞，大概就是「自體負重腿後勾」，如果能正確進行這個動作，可以強化大腿及小腿後肌群的力量，臀部肌群及豎脊肌群也能獲得成長。手持啞鈴可以增加動作的困難度。

有感的肌肉：
腿後肌群、後小腿肌群、臀部肌群、豎脊肌群

訣竅

★ 在下降的過程中，保持臀部和腹部收緊。

★ 避免下背部過伸展以及骨盆前傾。

★ 動作過程中，盡可能不要屈曲髖關節，而是讓上身與大腿呈一直線。

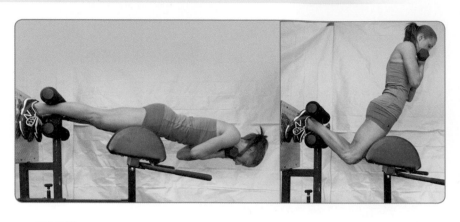

怎麼做

1. 將腳踝置於臀腿升體機的筒狀軟墊下，腳掌踩著後方的平台。

2. 將大腿前下方撐靠於軟墊上。

3. 慢慢地將腿伸直，同時身體往前傾，直到上身與地面平行。

4. 抓起啞鈴，雙手朝向自己，將啞鈴舉到胸前。

5. 在動作的低點時，要保持臀肌與核心緊繃，然後彎曲膝關節，上抬身體，直到上身直立。

6. 手持啞鈴重複訓練數次。

彈力帶臀腿升體

臀腿升體是一個相當經典的腿後肌群訓練動作，受到健力選手、短跑選手或職業美式足球員的歡迎。這個動作的同義詞，大概就是「自體負重腿後勾」，如果能正確進行這個動作，可以強化大腿及小腿後肌群的力量，臀部肌群及豎脊肌群也能獲得成長。以彈力帶來增加動作的挑戰度，可以產生不同於啞鈴的力學效果。

有感的肌肉：
腿後肌群、後小腿肌群、臀部肌群、豎脊肌群

訣竅

★ 在下降的過程中，保持臀部和腹部收緊。

★ 避免下背部過伸展以及骨盆前傾。

★ 動作過程中，盡可能不要屈曲髖關節，而是讓上身與大腿呈一直線。

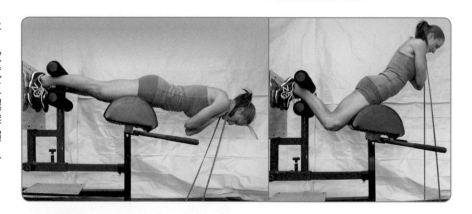

怎麼做

1. 將彈力帶一端壓置於臀腿升體機的下方。

2. 將腳踝置於臀腿升體機的筒狀軟墊下，腳掌踩著後方的平台。

3. 將大腿前下方撐靠於軟墊上。

4. 慢慢地將腿伸直，同時身體往前傾，直到上身與地面平行。

5. 將彈力帶的一端放到脖子後方。可墊毛巾保護皮膚，會舒適一些。

6. 在動作的低點時，要保持臀肌與核心緊繃，然後彎曲膝關節，上抬身體，直到上身直立。

7. 重複訓練數次。

抬腳式臀腿升體

臀腿升體是一個相當經典的腿後肌群訓練動作，受到健力選手、短跑選手或職業美式足球員的歡迎。這個動作的同義詞，大概就是「自體負重腿後勾」，如果能正確進行這個動作，可以強化大腿及小腿後肌群的力量，臀部肌群及豎脊肌群也能獲得成長。將腳抬高可以增加這個動作的挑戰度，並能夠讓施加在腿後肌群的張力持續更久。

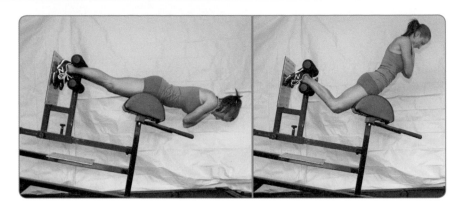

有感的肌肉：腿後肌群、後小腿肌群、臀部肌群、豎脊肌群

訣竅

★ 在下降的過程中，保持臀部和腹部收緊。

★ 避免下背部過伸展以及骨盆前傾。

★ 動作過程中，盡可能不要屈曲髖關節，而是讓上身與大腿呈一直線。

怎麼做

1. 使用小椅凳或其他平台墊在臀腿升體機的後下方，讓臀腿升體機向前傾斜大約 30 度角。

2. 將腳踝置於臀腿升體機的筒狀軟墊下，腳掌踩著後方的平台。

3. 將大腿前下方撐靠於軟墊上。

4. 慢慢地將腿伸直，同時身體往前傾，直到上身比水平面低 30 度角。

5. 在動作的低點時，要保持臀肌與核心緊繃，然後彎曲膝關節，上抬身體，回到原來的位置。

6. 重複訓練數次。

⑪ 水平拉動作

水平拉這個範疇的動作，基本上近似划船動作，手臂一開始會擺到身體前方，接著往身後方向拉。水平拉可以鍛鍊到斜方肌（特別是中、下斜方肌）、菱形肌、闊背肌、二頭肌、肱肌。

　　許多女性崇尚肌肉線條若隱若現的背部，因為她們認為這樣穿起露背洋裝或比基尼會更加性感，而水平拉動作就是邁向性感背部線條的最快捷徑。水平拉不僅能帶來外形上的改變，更能強化肩胛後收肌群（將肩胛骨彼此拉近的肌群），增進肩關節的健康與功能。許多常跑健身房的男性經常過度專注在水平推的動作，而忽略了水平拉的力量。如此一來，肌力會趨於失衡──肩胛骨會前突（肩胛骨彼此分開），肩關節會內旋（上臂向內轉），會使身體形成不好看、活動功能也不佳的姿勢。充分地進行水平拉訓練，就不必擔心不良姿勢的產生。

單臂啞鈴划船

單臂啞鈴划船是一項相當不錯的動作，可以鍛鍊到闊背肌、菱形肌、斜方肌、後三角肌，還能同時增進握力。

有感的肌肉：上背部、二頭肌

訣竅

★ 盡可能用背部肌肉拉動啞鈴，不要過度使用慣性借力，也不要扭動軀幹。

★ 好好地做完整個動作範圍，在起始姿勢時，背肌應該被完整伸展，接著將手往後收，直到手肘到達身體後端。

★ 盡可能維持好的姿勢，要做得跟運動員一樣專業：脊椎保持中立，脖子與脊椎呈一直線，手臂穩穩撐在訓練凳上，繃緊核心肌群，雙腿張開一定寬度以維持穩定，微微伸展後腿的腿後肌群。

怎麼做

1. 將右膝跪於訓練椅上，身體前傾，同時以右手支撐體重。

2. 將左腳往後外側移動，些微遠離訓練椅，左手手心朝內抓緊地上的啞鈴。想像用背肌的張力將啞鈴拉離地面。

3. 將啞鈴往身後拉，直到啞鈴到達肋骨旁，在這個過程中，需要做肩關節伸展與肘關節屈曲的動作。

4. 慢慢地下降啞鈴，直到手臂完全伸直。

5. 重複訓練數次，然後換邊做。

胸部支撐啞鈴划船

胸部支撐啞鈴划船是一項相當不錯且安全的背部訓練動作，可以鍛鍊到上背部與二頭肌。

有感的肌肉：上背部、二頭肌

訣竅

★ 請確認自己的頸椎維持在中立狀態，切勿過度伸展。

★ 全程握穩啞鈴，控制動作，勿使用慣性借力。

怎麼做

1. 胸口躺上傾斜的訓練椅，雙手緊握啞鈴，掌心相對。

2. 將啞鈴往你身後的方向拉動，直到肋骨的高度。

3. 緩緩地下放啞鈴，直到手臂完全伸直且肩膀前突。然後重複訓練數次。

站姿單臂滑輪划船

站姿單臂滑輪划船是一項相當具有功能性，也是對肩關節友善的背部運動，而它對於全身肌群的刺激，也有別於其他背部運動。基於這個理由，這個動作應該偶爾被排進我們的課表裡。

有感的肌肉：上背部、二頭肌

訣竅

★ 以運動預備姿勢站穩，雙腳打開，雙膝微彎，髖關節微屈。

★ 離心收縮時，讓背肌感受到伸展；向心收縮時，將肩胛骨往後收緊，好好地做完整個動作範圍。

怎麼做

1. 面向大約跟胸口同高的滑輪，單手握住握把，往後退一、兩步，讓肩膀與手臂自然被往前拉，背肌感受到張力。

2. 收縮你的背部肌群，將握把拉往身後，直到胸部的側邊。

3. 手部緩緩地往前伸回到起始位置，重複訓練數次，然後換邊做。

坐姿滑輪划船

坐姿滑輪划船是一項相當經典的背部運動，許多老練的健身者都喜愛這個動作。坐姿滑輪划船需要夾緊肩胛骨，這會讓你感受到肩胛後縮肌在充分的運作。

有感的肌肉：上背部、二頭肌

訣竅

★ 在動作過程中不要圓背，挺起胸膛，上身保持直立。

★ 使用一點點慣性是可接受的，但是切勿過度借力，因為這是一項上背部運動，而非下背部運動。

怎麼做

1. 坐在軟墊或椅凳上，雙膝微彎，腳掌踩穩在垂直固定的平台上（圖中未顯示）。雙手緊握握把。

2. 使纜繩的張力自然將肩膀往前拉，並伸展背部的肌肉。

3. 挺胸，後收肩胛，收縮背部的肌肉，將握把拉向軀幹。

4. 手部緩緩地回到起始位置，然後重複訓練數次。

坐姿向臉拉

向臉拉是一項相當獨特的上背部訓練動作，可以強化肩胛的後收肌群（中斜方肌與菱形肌），以及肩關節的外旋肌群。

有感的肌肉：上背部、後肩膀

訣竅

★ 保持頭部和頸部在中立位置，別讓頭部往前突。

★ 不要使用太大的重量，否則你無法做完整個動作範圍。

怎麼做

1. 面朝滑輪與繩索，坐在訓練凳或箱上。

2. 抓好繩索，讓繩索能將你的肩膀往前拉製造張力。

3. 將繩索往自己額頭的方向拉動，同時雙手自然地分開，直至拳頭到達臉部的兩側，上臂與肩膀呈一直線。

4. 手部緩緩地回到起始位置，然後重複訓練數次。

JC 彈力帶划船

有感的肌肉：上背部、二頭肌

訣竅

★ 以運動預備姿勢站穩，雙腳打開，雙膝微彎，髖關節微屈。

★ 離心收縮時，讓背肌感受到伸展；向心收縮時，將肩胛骨緊緊往後收，好好地做完整個動作範圍。

怎麼做

1. 把彈力帶繞在支撐物上，使彈力帶分成左右等長的兩束。

2. 手握住彈力帶，肩膀與手臂自然被往前拉，讓背肌感受到張力。

3. 穩穩地站好，然後收縮背部肌群，將彈力帶拉往身後，直到手部快要到達胸部側邊。

4. 手部緩緩地回到起始位置，重複訓練數次。

你可能偶爾無法到健身房進行訓練，這時候輕便的懸吊裝置和彈力帶就能派上用場，即使沒有大重量的槓片，也能進行高效的訓練。JC 彈力帶是相當不錯的划船式背部運動，在動作尾端時，會需要強力收縮背部肌群。

改良式懸吊裝置反向划船

反向划船是一項既有效又對關節友善的背部運動，如果你有一套懸吊裝置，就可以在家裡進行這項運動。彎曲膝關節進行這個動作，會比較簡單，適合新手執行。

有感的肌肉：上背部、二頭肌

訣竅

★ 反向划船的訓練強度是可以調整的，如果起始位置離地板越近，動作就會越困難。

★ 記得在動作的高點好好地收縮背肌，收緊肩胛骨。

★ 許多人在動作的高點時，姿勢會不自覺的變形。在動作全程請專注掌控自己的姿勢，如果發現動作跑掉了，就不要太勉強自己。

怎麼做

1. 雙手緊握握把，掌心朝內下，手臂完全伸直。

2. 雙腳往前移，讓膝關節呈現 90 度角

3. 收緊核心與臀肌，將身體往握把的方向拉近，這時可以將掌心轉向朝內。

4. 身體緩緩地回到動作的低點，然後重複訓練數次。

懸吊裝置反向划船

反向划船是一項既有效又對關節友善的背部運動，如果你有一套懸吊裝置，就可以在家裡進行這項運動。

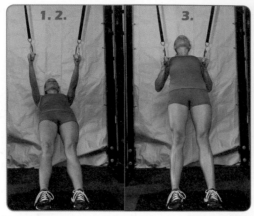

有感的肌肉：上背部、二頭肌

訣竅

★ 反向划船的訓練強度是可以調整的，如果起始位置離地板越近，動作就會越困難。

★ 記得在動作的高點好好地收縮背肌，收緊肩胛骨。

★ 許多人在動作的高點時，姿勢會不自覺的變形。在動作全程請專注掌控自己的姿勢，如果發現動作跑掉了，就不要太勉強自己。

怎麼做

1. 雙手緊握握把，掌心朝內下，手臂完全伸直。

2. 雙腳往前移，直到身體與地板成 45 度角。

3. 收緊核心與臀肌，將身體拉向空中，這時可以將掌心轉向朝內。

4. 身體緩緩地回到動作的低點，然後重複訓練數次。

改良式槓鈴反向划船

反向划船是一項既有效又對關節友善的背部運動。彎曲膝關節進行這個動作，會比較簡單，適合新手執行。

有感的肌肉：
上背部、二頭肌

訣竅

★ 反向划船的訓練強度是可以調整的，如果起始位置離地板越近，動作就會越困難。

★ 記得在動作的高點好好地收縮背肌，收緊肩胛骨。

★ 許多人在動作的高點時，姿勢會不自覺的變形。在動作全程請專注掌控自己的姿勢，如果發現動作跑掉了，就不要太勉強自己。

怎麼做

1. 調整舉重架上的槓鈴或使用史密斯機，讓橫槓的高度適合你做出動作。

2. 雙手緊握橫槓，掌心朝前，握距比肩膀寬一些。

3. 雙腳往前移動，讓膝關節呈現 90 度角。

4. 收緊核心與臀肌，將身體拉往橫槓，直到胸部碰到橫槓。

5. 身體緩緩地回到動作的低點，然後重複訓練數次。

槓鈴反向划船

你不一定要用槓鈴來執行動作，在家裡的話，用堅固一點的木棍搭配兩把高一點的椅凳，也是可行的。

有感的肌肉：上背部、二頭肌

訣竅

★ 反向划船的訓練強度是可以調整的，如果起始位置離地板越近，動作就會越困難。

★ 記得在動作的高點好好地收縮背肌，收緊肩胛骨。

★ 許多人在動作的高點時，姿勢會不自覺的變形。在動作全程請專注掌控自己的姿勢，如果發現動作跑掉了，就不要太勉強自己。

怎麼做

1. 調整舉重架上的槓鈴或使用史密斯機，讓槓子的高度適合你做出動作。

2. 雙手緊握槓子，掌心朝前，握距比肩膀寬一些。

3. 雙腳往前移動，讓胸部在橫槓的下方。

4. 雙手與雙腿完全伸直，使身體下降。

5. 收緊核心與臀肌，將身體拉往橫槓，直到胸部碰到橫槓。

6. 身體緩緩地回到動作的低點，然後重複訓練數次。

抬腳式懸吊裝置反向划船

反向划船是一項既有效又對關節友善的背部運動，如果你有一套懸吊裝置，就可以在家裡進行這項運動。腳抬高可以增加這個動作的難度，對於進階的訓練者來說較為理想。

有感的肌肉：上背部、二頭肌

訣竅

★ 反向划船的訓練強度是可以調整的，如果起始位置離地板越近，動作就會越困難。

★ 記得在動作的高點好好地收縮背肌，收緊肩胛骨。

★ 許多人在動作的高點時，姿勢會不自覺的變形。在動作全程請專注掌控自己的姿勢，如果發現動作跑掉了，就不要太勉強自己。

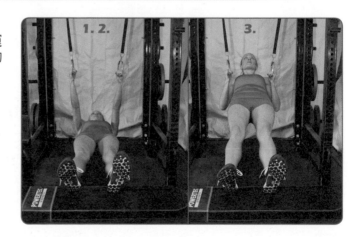

怎麼做

1. 雙手緊握握把，掌心朝內下，手臂完全伸直。

2. 雙腳往前移，將腳置於在椅凳上。記得椅凳要擺得夠遠，你的腳才能完全伸直。

3. 收緊核心與臀肌，將身體往上拉，這時候可以將掌心轉向朝內。

4. 身體緩緩地回到動作的低點，然後重複訓練數次。

抬腳式反向划船

反向划船是一項既具訓練效率又對關節友善的背部運動。腳抬高可以增加動作難度。

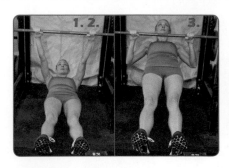

有感的肌肉：上背部、二頭肌

訣竅

★ 反向划船的訓練強度是可以調整的，如果起始位置離地板越近，動作就會越困難。

★ 記得在動作的高點好好地收縮背肌，收緊肩胛骨。

★ 許多人在動作的高點時，姿勢會不自覺的變形。在動作全程請專注掌控自己的姿勢，如果發現動作跑掉了，就不要太勉強自己。

怎麼做

1. 調整舉重架上的槓鈴或使用史密斯機，讓橫槓的高度適合你做出動作。

2. 雙手緊握橫槓，掌心朝前，握距比肩膀寬一些。

3. 雙腳往前移，將腳置於在椅凳上。記得椅凳要擺得夠遠，你的腳才能完全伸直。

4. 雙手與雙腿完全伸直，使身體下降。

5. 收緊核心與臀肌，將身體拉往橫槓，直到胸部碰到橫槓。

6. 緩緩地回到動作的低點，然後重複訓練數次。

啞鈴屈體划船

屈體划船也是一項歷久不衰的背部運動。要具備足夠的核心穩定度及腿後肌群柔軟度，才有辦法在動作過程中保持良好的姿勢。使用啞鈴可以增加動作的範圍。

有感的肌肉：上背部、下背部、腿後肌群、臀部肌群、二頭肌、前臂肌群

訣竅

★ 將軀幹保持在與地面平行的姿勢，會需要相當的腿後肌群柔軟度，如果你的柔軟度不足，容易圓背的話，那麼可以試著多彎曲膝關節，或是將上身抬高一些。

★ 緩緩地控制動作，勿借助過多慣性。

★ 在動作的低點，手臂要完全伸直；在動作的高點，手臂要盡可能往後方移動，好好地做完整個動作範圍。

怎麼做

1. 雙手抓握啞鈴，掌心朝向自己，雙膝微彎。

2. 背打直，上身向前屈，收縮背肌，夾緊肩胛骨，將啞鈴直直地向上拉往你的身後。

3. 緩緩地鬆開背肌，下放啞鈴，直到手臂完全伸直，然後重複訓練數次。

槓鈴屈體划船

屈體划船是一項經典的背部運動，但要具備足夠的核心穩定度及腿後肌群柔軟度才能夠好好地執行。

有感的肌肉：上背部、下背部、腿後肌群、臀部肌群、二頭肌、前臂肌群

訣竅

★ 將軀幹保持在與地面平行的姿勢，會需要相當的腿後肌群柔軟度，如果你的柔軟度不足，容易圓背的話，那麼可以試著多彎曲膝關節，或是將上身抬高一些。

★ 緩緩地控制動作，勿借助過多慣性。

★ 在動作的低點，手臂要完全伸直；在動作的高點，手臂要盡可能往後方移動，好好地做完整個動作範圍。

怎麼做

1. 掌心朝向自己，雙手距離比髖部寬，將槓鈴從舉重架上拾起。

2. 背打直，上身向前屈，直到大約與地面平行。

3. 收縮背肌，夾緊肩胛骨，盡可能將槓鈴拉向你的腹部。

4. 緩緩地鬆開背肌，下放槓鈴，直到手臂完全伸直，肩胛骨也被往前拉，然後重複訓練數次。

Ｔ字划船

Ｔ字划船也是一項歷久彌新的背部運動，是許多進階健美者必做的動作。但就跟槓鈴划船一樣，要具備足夠的核心穩定度及後側鏈的肌耐力，才能夠好好地執行。

有感的肌肉：上背部、下背部、腿後肌群、臀部肌群、二頭肌、前臂肌群

訣竅

★ 在某些健身房裡，會有一體成形的Ｔ字划船機，要是沒有，你可能會需要使用槓鈴與特定的拉桿（通常在滑輪機上）來組合，如圖片所示。

★ 如果你發現必須將上身升高到超過 45 度角才有辦法執行動作，那麼請你減輕負重，然後再將上身壓低一些。

怎麼做

1. 站在槓鈴或是Ｔ字划船機上方，將槓片裝載在前。

2. 抓緊拉桿，雙膝微彎，屈曲髖關節使上身向前傾。

3. 保持背打直，收縮背肌，夾緊肩胛骨，盡可能將槓子拉向上身。

4. 下放槓子，直到手臂完全伸直，肩胛骨被往前拉，然後重複訓練數次。

⑫ 水平推動作

水平推可以説是在男性族群中最受歡迎的動作類型，因為水平推可以打造強壯的胸肌，但是做水平推的效果可不只有如此，前三角肌與三頭肌也都是水平推的目標肌群。基於這個理由，一些女性喜歡做水平推的動作，來加強她們較弱的三頭肌。

水平推的動作大致是這樣的：動作開始於雙手在接近軀幹的位置，結束時雙手遠離軀幹。這類動作可以是將啞鈴或槓鈴推離身體，或是將身體推離地面，例如伏地挺身。

能使用良好的動作模式成功做出伏地挺身，是許多女性引以為傲的成就。在進行水平推訓練之餘，也要記得做一些水平拉訓練，以增進整體肌力與姿勢的平衡。

身體抬高式伏地挺身

伏地挺身是最知名的上肢推運動，歷久不衰。從體育課、軍事訓練到運動員訓練等，全世界各式各樣的訓練場合都可能出現伏地挺身。如果技巧正確，伏地挺身不僅可以增進上肢推的力量，還能夠強化肩胛穩定肌群，幫助建立腰椎骨盆的穩定性。將身體抬高，可以讓伏地挺身變得更容易進行，適合初學者操作。

有感的肌肉：胸部肌群、三頭肌

訣竅

★ 保持脊椎中立，讓肩膀到腳踝呈一直線。不要讓腰椎塌陷下去或是讓臀部翹高了。

★ 在動作過程中，保持腹肌與臀肌的張力。

★ 不要像蛇那樣只將胸部抬起。脊椎要保持挺直，使整個身體能同步升降。

★ 不要將手掌直直地放在頭部的前方，應該放在身體的側邊，這樣在動作的低點時才能讓手臂與軀幹形成 45 度角。

★ 盡可能將胸部靠近平台，做完整個動作範圍。

怎麼做

1. 準備好你要使用的訓練椅、平台或舉重架上槓鈴等，可以讓雙手撐靠的物體。

2. 將雙手搭在撐靠物的邊緣，雙手間距比肩膀稍寬一些，做出伏地挺身的預備姿勢。

3. 保持軀幹直立，將身體下降直到胸部即將碰到撐靠物，然後將身體往上推。

4. 接著重複訓練數次。

膝式伏地挺身

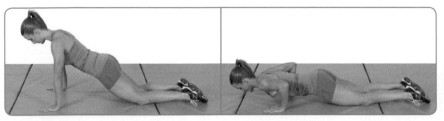

伏地挺身是知名的上肢推運動，歷久不衰，經常在全世界各式各樣的訓練場合中看到。如果技巧正確，伏地挺身可以增進上肢推的力量，還能夠強化肩胛穩定肌群，幫助建立腰椎骨盆的穩定性。膝蓋著地可以讓伏地挺身變得更容易進行，適合初學者操作。

有感的肌肉：胸部肌群、三頭肌

訣竅

★ 保持脊椎中立，讓肩膀到膝蓋呈一直線。不要讓腰椎塌陷下去或是讓臀部翹高了。

★ 在動作過程中，保持腹肌與臀肌的張力。

★ 不要像蛇那樣只將胸部抬起。脊椎要保持挺直，使整個身體能同步升降。

★ 不要將手掌直直地放在頭部的前方，應該放在身體的側邊，這樣在動作的低點時才能讓手臂與軀幹形成 45 度角。

★ 盡可能將胸部靠近平台，做完整個動作範圍。

怎麼做

1. 面向地板，雙膝靠在地板上，雙手在身體兩旁的地板上撐直。

2. 彎曲膝關節，若將雙腳交叉，可能會更舒服。

3. 保持軀幹挺直，將軀幹從地面推起。

4. 下降身體，直到胸部快要碰到地面。重複訓練數次。

窄距膝式伏地挺身

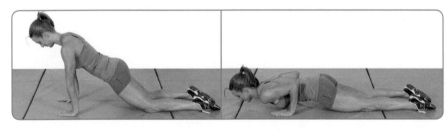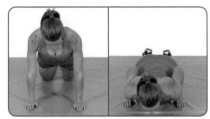

伏地挺身是知名的上肢推運動，歷久不衰，經常在全世界各式各樣的訓練場合中看到。如果技巧正確，伏地挺身可以增進上肢推的力量，還能夠強化肩胛穩定肌群，幫助建立腰椎骨盆的穩定性。膝蓋著地可以讓伏地挺身變得更容易進行，但如果將手臂收合在身體兩側，又可以讓動作變得困難，對於初學者來說相當有挑戰性。

有感的肌肉：胸部肌群、三頭肌

訣竅

★ 保持脊椎中立，讓肩膀到膝蓋呈一直線。不要讓腰椎塌陷下去或是讓臀部翹高了。

★ 在動作過程中，保持腹肌與臀肌的張力。

★ 不要像蛇那樣只將胸部抬起。脊椎要保持挺直，使整個身體能同步升降。

★ 不要將手掌直直地放在頭部的前方，應該放在身體的側邊，這樣在動作的低點時才能讓手臂與軀幹形成 45 度角。

★ 盡可能將胸部靠近平台，做完整個動作範圍。

怎麼做

1. 面向地板，雙膝靠地，雙手在身體兩側的地板上撐直，在動作過程貼近身體。

2. 彎曲膝關節，若將雙腳交叉，可能會更舒服。

3. 保持軀幹挺直，將軀幹從地面推起。

4. 下降身體，直到胸部快要碰到地面。重複訓練數次。

伏地挺身

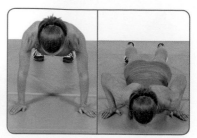

伏地挺身是知名的上肢推運動，歷久不衰，經常在全世界各式各樣的訓練場合中看到。如果技巧正確，伏地挺身可以增進上肢推的力量，還能夠強化肩胛穩定肌群，幫助建立腰椎骨盆的穩定性。

有感的肌肉：胸部肌群、三頭肌

訣竅

★ 保持脊椎中立，讓肩膀到腳踝呈一直線。不要讓腰椎塌陷下去或是讓臀部翹高了。

★ 在動作過程中，保持腹肌與臀肌的張力。

★ 不要像蛇那樣只將胸部抬起。脊椎要保持挺直，使整個身體能同步升降。

★ 不要將手掌直直地放在頭的前方，應該放在身體的側邊，在動作的低點時讓手臂與軀幹形成 45 度角。

★ 盡可能將胸部靠近地面，做完整個動作範圍。

怎麼做

1. 面向地板，雙手在身體兩側的地板上撐直。

2. 保持軀幹挺直，將身體從地面推起。

3. 下降身體，直到胸部快要碰到地面。重複訓練數次。

窄距伏地挺身

伏地挺身是知名的上肢推運動，歷久不衰，經常在全世界各式各樣的訓練場合中看到。如果技巧正確，伏地挺身可以增進上肢推的力量，還能夠強化肩胛穩定肌群，幫助建立腰椎骨盆穩定性。將手臂靠在身體兩側進行伏地挺身，會大大增加動作困難度，需要比做一般伏地挺身時花上更多心力，才能把這個動作做好。

有感的肌肉：胸部肌群、三頭肌

訣竅

★ 保持脊椎中立，讓肩膀到腳踝呈一直線。不要讓腰椎塌陷下去或是讓臀部翹高了。

★ 在動作過程中，保持腹肌與臀肌的張力。

★ 不要像蛇那樣只將胸部抬起。脊椎要保持挺直，使整個身體能同步升降。

★ 不要將手掌直直地放在頭部的前方，應該將雙臂緊緊靠在身體兩側。

★ 盡可能將胸部靠近地面，做完整個動作範圍。

怎麼做

1. 面向地板，雙手在身體兩側的地板上撐直，大約與肩同寬。進行動作時，手臂要收緊在身體兩側。

2. 保持軀幹挺直，將身體從地面推起。

3. 下降身體，直到胸部快要碰到地面。重複訓練數次。

抬腳式伏地挺身

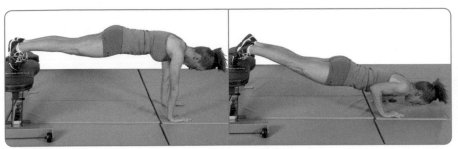

伏地挺身是知名的上肢推運動，歷久不衰，經常在全世界各式各樣的訓練場合中看到。如果技巧正確，伏地挺身可以增進上肢推的力量，還能夠強化肩胛穩定肌群，幫助建立腰椎骨盆的穩定性。將腳抬高會讓伏地挺身難度變得更高，適合進階者進行。

有感的肌肉：胸部肌群、三頭肌

訣竅

★ 保持脊椎中立，讓肩膀到腳踝呈一直線。不要讓腰椎塌陷下去或是讓臀部翹高了。

★ 在動作過程中，保持腹肌與臀肌的張力。

★ 不要像蛇那樣只將胸部抬起。脊椎要保持挺直，使整個身體能同步的升降。

★ 不要將手掌直直地放在頭部的前方，應該放在身體的側邊，這樣在動作的低點時才能讓手臂與軀幹形成 45 度角。

★ 盡可能將胸部靠近地板，做完整個動作範圍。

怎麼做

1. 面向地板，雙腳放在板凳或平台上。

2. 雙手向下撐直將軀幹抬起來，呈現棒式的樣子。

3. 保持軀幹挺直，下降身體，直到胸部快要碰到地面，再將身體抬起。然後重複訓練數次。

彈力帶胸推

JC 彈力帶胸推是一項相當不錯的運動，不必上健身房就能鍛鍊到胸肌與三頭肌。JC 彈力帶輕便可攜帶，不論是在家或出國度假，都可以讓你進行上半身訓練。要做好這個動作，需要一定的肩關節與髖關節穩定度。

有感的肌肉：胸肌、三頭肌

訣竅

★ 調整好最適合自己進行的距離，不妨在動作組間向前或向後移動步伐，找尋對的感覺。

★ 動作過程中，身體要保持穩定，不要扭動、晃動或旋轉。

★ 每一組交換站姿，以達到平衡的訓練，例如：第一組右腳在前，下一組就左腳在前，以此類推。

怎麼做

1. 雙手握好彈力帶握把，轉身遠離固定點，掌心相對或朝下。

2. 雙手置於胸部外側，打開手臂，屈曲肘關節，讓阻力與前臂平行，直直地通過手腕和手肘。

3. 腳尖朝前，一腳微微地往前跨步，同時收緊腹肌與臀肌以固定位置。

4. 把彈力帶往前推出，直到手肘打直，推出的同時，可以將掌心轉向朝下，幫助鎖定。

5. 屈曲肘關節，手臂向後移動，回到起始位置，然後重複訓練數次。

啞鈴臥推

啞鈴臥推是一項非常不錯的運動，可以容許上肢大範圍的活動，讓胸肌獲得大量的伸展與張力。使用啞鈴也需要額外的穩定肌群發揮作用，這讓啞鈴臥推變成了效益極高的運動。

有感的肌肉：胸部肌群、三頭肌

訣竅

★ 雙腳穩穩地踩在地面上，不要放在訓練椅上。

★ 要做完整個動作範圍，下降時讓啞鈴來到胸部旁邊，推起時推到手臂完全伸直。

★ 臀部全程貼在訓練椅上，不要在上推時讓它騰空了。

怎麼做

1. 躺在平放的訓練椅上，雙手各抓握一個啞鈴，置放在胸部旁邊。

2. 上推啞鈴直到手臂完全伸直。

3. 將啞鈴下降至起始位置，然後重複訓練數次。

單手啞鈴臥推

單手啞鈴臥推是一項極具訓練效益的運動，理由主要有兩點：首先，胸肌、肩膀、三頭肌都能獲得鍛鍊；再者，單邊操作是非常挑戰核心穩定度與全身協調性的，尤其當你能夠舉起越來越大的重量時。為了維持身體中段的穩定以及抗旋轉，腹斜肌會在這個動作中大量發揮作用。

有感的肌肉：胸部肌群、三頭肌

訣竅

★ 雙腳穩穩地踩在地面上，不要放在訓練椅上。

★ 要做完整個動作範圍，下降時讓啞鈴來到胸部旁邊，推起時推到手臂完全伸直。

★ 臀部全程貼在訓練椅上，不要在上推時讓它騰空了。

怎麼做

1. 躺在平放的訓練椅上，右手抓握啞鈴，放在胸部旁邊，左手則放在左邊髖骨上。

2. 上推啞鈴直到手臂完全伸直。

3. 將啞鈴下降至起始位置，然後重複訓練數次。

4. 換手，重複訓練數次。

啞鈴上斜臥推

啞鈴上斜臥推是我相當推薦給女性客戶的上半身運動。啞鈴比槓鈴能容許更多的活動範圍，可讓胸肌獲得更多的伸展。另外，無法做出伏地挺身或使用槓鈴的初學者，也能使用很輕的啞鈴做這個動作。

有感的肌肉：胸部肌群、三頭肌

訣竅

★ 雙腳穩穩地踩在地面上，不要放在訓練椅上。

★ 要做完整個動作範圍，下降時讓啞鈴來到胸部旁邊，推起時推到手臂完全伸直。

★ 臀部全程貼在訓練椅上，不要在上推時讓它騰空了。

怎麼做

1. 躺在斜 45 度角的訓練椅上。

2. 雙手各抓握一個啞鈴，放在胸部旁邊。

3. 上推啞鈴直到手臂完全伸直。

4. 將啞鈴下降至起始位置，然後重複訓練數次。

單手啞鈴上斜臥推

單手上斜臥推除了鍛鍊到胸肌、肩膀和三頭肌，還需要一定的核心穩定度，是一項不錯的臥推動作變化式。

有感的肌肉：胸部肌群、三頭肌

訣竅

★ 雙腳穩穩地踩在地面上，不要放在訓練椅上。

★ 要做完整個動作範圍，下降時讓啞鈴來到胸部旁邊，推起時推到手臂完全伸直。

★ 臀部全程貼在訓練椅上，不要在上推時讓它騰空了。

怎麼做

1. 躺在斜 45 度角的訓練凳上，左手抓握啞鈴，放在胸部旁邊，右手則放在右邊髖骨上。

2. 上推啞鈴直到手臂完全伸直。

3. 將啞鈴下降至起始位置，然後重複訓練數次。

4. 換手，重複訓練數次。

槓鈴地板臥推

基於幾個理由，槓鈴地板臥推可說是相當棒的運動：首先，動作範圍沒有那麼大，所以可以使用較大的負重，這會帶來不一樣的刺激，不妨偶爾體驗看看；再者，這個動作在沒有訓練椅的情況下也可以進行，你所需要的就是槓鈴、槓片與地板；最後，某些人使用全範圍的動作可能會使肩膀不舒服，這時可以縮短動作範圍。

有感的肌肉：胸部肌群、三頭肌

訣竅

★ 如果你沒有舉重架或幫忙的夥伴，可以利用臀橋動作來把槓鈴移動到適合推舉的位置。

★ 當手肘碰到地板時，稍微暫停一下，然後再繼續往上推。

★ 在動作的低點，手肘要跟身體呈 45 度角。

怎麼做

1. 躺在地上。你可以使用健力架先架好槓鈴，或是請夥伴幫你把槓鈴移動到適合你進行的位置。

2. 雙手間的距離稍微比肩膀寬，肩膀位於槓鈴下方。

3. 手肘往下觸地，讓槓鈴下降。

4. 將重量往上推，然後重複訓練數次。

槓鈴臥推

槓鈴臥推是全世界健身房裡最受歡迎的動作，因為幾乎每一位男性都想要有傲人的胸肌，而槓鈴臥推就是打造胸肌與展示力量的最佳動作。不過，對於女生來說，臥推可能就沒那麼吸引人了。但臥推也是相當棒的三頭肌運動，不該被輕易忽略。就胸肌發展而言，與標準的臥推相較，我比較推薦女生進行上斜臥推，但是標準臥推對於三頭肌發展來說依舊很受用，值得經常列入課表中。

有感的肌肉：胸部肌群、三頭肌

訣竅

★ 雙腳穩穩地踩在地面上，不要放在訓練椅上。

★ 做完整個動作範圍，下降時讓啞鈴來到胸部旁邊，推起時推到手臂完全伸直。

★ 臀部全程貼在訓練椅上，不要在上推時讓它騰空了。

★ 身體保持緊張與穩定，不要扭動。

★ 下降時，手臂與軀幹呈現 45 度角。

怎麼做

1. 躺在平放的訓練椅上，調整好身體的位置，讓前臂直直在槓鈴下方。

2. 雙手間距稍微大於肩膀，掌心朝向腳的方向，緊握槓鈴。

3. 將槓鈴從舉重架上撐起，讓槓鈴在上胸的上方。

4. 讓啞鈴下降，直到碰到胸部中間。

5. 上推啞鈴直到手臂完全伸直，然後重複訓練數次。

槓鈴窄握臥推

以窄握的方式進行槓鈴臥推，能夠增加三頭肌的使用率，並減少胸肌的負擔，也就是說，窄握臥推更適合發展三頭肌。基於這個理由，對於想要雕塑上半身線條的女性客戶，我會偏好將窄握臥推排進課表，做為訓練的主要項目。

有感的肌肉：胸部肌群、三頭肌

訣竅

★ 雙腳穩穩地踩在地面上，不要放在訓練椅上。

★ 要做完整個動作範圍，下降時讓槓鈴來到胸部旁邊，推起時推到手臂完全伸直。

★ 臀部全程貼在訓練椅上，不要在上推時讓它騰空了。

★ 身體保持緊張與穩定，不要扭動。

★ 下降時，手臂緊靠在身體兩側。

怎麼做

1. 躺在平放的訓練椅上，調整好身體的位置，讓前臂直直地在槓鈴之下。

2. 雙手間距與肩膀同寬，掌心朝向腳的方向，緊握槓鈴。

3. 將槓鈴從舉重架上撐起，讓槓鈴在上胸的上方。

4. 讓槓鈴下降，直到碰到胸部中下方。

5. 上推槓鈴直到手臂完全伸直，然後重複訓練數次。

槓鈴上斜臥推

槓鈴上斜臥推是我最喜歡安排給女性客戶的上半身運動。因為女生擁有乳房組織，當我們將訓練集中在上胸肌時，成效會比較顯著，畢竟中下胸肌的發展會被乳房組織掩蓋。另外，窄一點的握距會比較適合鍛鍊上胸，這個觀念可能跟一般大眾所想的不太一樣。

有感的肌肉：胸部肌群、三頭肌

訣竅

★ 雙腳穩穩地踩在地面上，不要放在訓練椅上。

★ 要做完整個動作範圍，下降時讓槓鈴來到胸部旁邊，推起時推到手臂完全伸直。

★ 臀部全程貼在訓練椅上，不要在上推時讓它騰空了。

怎麼做

1. 躺在上斜的訓練椅上，調整好身體的位置，讓前臂直直地在槓鈴之下。

2. 握距稍微比肩膀寬，掌心朝向腳的方向，緊握槓鈴。

3. 將槓鈴從舉重架上撐起，讓槓鈴在上胸的上方。

4. 讓槓鈴下降，直到碰到胸部。

5. 上推槓鈴直到手臂完全伸直，然後重複訓練數次。

⓭ 垂直拉動作

垂直拉這個範疇的動作近似於引體向上，動作開始時，手臂的位置高過於頭部，動作結束時，手臂在身體兩側。垂直拉可以是將帶有阻力的纜繩拉向你，或是將你的身體拉向固定的槓子（例如：引體向上）。使用不同的握法與握距，就可以形成不同的垂直拉動作。

許多女性都希望能憑自己的力量做出一次漂亮的引體向上。在我的執業生涯中，已經見證許多客戶做出她們第一次的引體向上，並為此歡欣鼓舞。透過漸進式的訓練安排，你最終能夠在沒有外力幫助的情況下，成功做出引體向上。但引體向上的難易度有一部分取決於體態，有些人的體態天生會增加引體向上的困難度。

垂直拉對於鍛鍊闊背肌的效果相當好，除此之外，斜方肌、菱形肌、二頭肌及肱肌，也都能獲得一定成長。

滑輪下拉

這是替代引體向上的絕佳動作，對於肌力不足無法引體向上或肩膀不適的人更是如此。這不僅是效果優異的訓練動作，對於肩關節也相當友善。

有感的肌肉：
背部肌群、二頭肌

訣竅

★ 在動作的高點時完全伸直手臂，但要注意勿將肩膀聳起來。

★ 透過背部肌肉的收縮，將重量拉向自己，而橫槓應該是往鎖骨的方向拉，非胸部中間。

★ 身體不要過度後傾，也不要搖晃身體而使用過多慣性。

怎麼做

1. 雙手舉高，手心朝前，以肩寬的握距（握距的定義是大拇指到大拇指的距離）握住橫槓。

2. 雙手直直地握住橫槓，雙腿安置在器材的軟墊下方（圖片中沒有），坐在椅凳上。

3. 透過收縮背部肌肉與屈曲手肘，將橫槓拉下來，直到碰觸到胸部頂端。

4. 緩緩地讓重量回到原來的位置，使雙手完全伸直，背部與地面垂直。然後重複訓練數次。

寬握滑輪下拉

這是替代引體向上的絕佳動作，對於肌力不足無法引體向上或肩膀不適的人更是如此。而寬握的方式可以減少手臂肌肉的參與，讓更多的負荷集中在背部肌群。

有感的肌肉：
背部肌群、二頭肌

訣竅

★ 在動作的高點時完全伸直手臂，但要注意勿將肩膀聳起來。

★ 透過背部肌肉的收縮，將重量拉向自己，而橫槓應該是往鎖骨的方向拉，非胸部中間。

★ 身體不要過度後傾，也不要搖晃身體而使用過多慣性。

★ 握距得太寬可能會減少你的運動範圍。

怎麼做

1. 雙手舉高，手心朝前，以兩倍肩寬的握距握住槓子。

2. 雙手直直地握住橫槓，雙腿安置在器材的軟墊下方（圖片中沒有），坐在椅凳上。

3. 透過收縮背部肌肉與屈曲手肘，將橫槓拉下來，直到碰觸到胸部頂端。

4. 緩緩地讓重量回到原來的位置，使雙手完全伸直，背部與地面垂直。然後重複訓練數次。

反手滑輪下拉

滑輪下拉是替代引體向上的絕佳動作，對於肌力不足無法引體向上或肩膀不適的人更是如此。反手握是我最愛的動作變化式，因為這麼做可以感受到闊背肌充分被伸展，也讓二頭肌得到更多鍛鍊。

有感的肌肉：背部肌群、二頭肌

訣竅

★ 在動作的高點時完全伸直手臂，但要注意勿將肩膀聳起來。

★ 透過背部肌肉的收縮，將重量拉向自己，而橫槓應該是往鎖骨的方向拉，非胸部中間。

★ 身體不要過度後傾，也不要搖晃身體而使用過多慣性。

怎麼做

1. 雙手舉高，手心朝自己，以肩寬的握距握住槓子。

2. 雙手直直地握住橫槓，雙腿安置在器材的軟墊下方（圖片中沒有），坐在椅凳上。

3. 透過收縮背部肌肉與屈曲手肘，將橫槓拉下來，直到碰觸到胸部頂端。

4. 緩緩地讓重量回到原來的位置，使雙手完全伸直，背部與地面垂直。然後重複訓練數次。

D 形握把滑輪下拉

滑輪下拉是替代引體向上的絕佳動作，對於肌力不足無法引體向上或肩膀不適的人更是如此。使用D形握把來進行訓練，對於肩關節來說負擔最小。

有感的肌肉：背部肌群、二頭肌

訣竅

★ 在動作的高點時完全伸直手臂，但要注意不要將肩膀聳起來。

★ 透過背部肌肉的收縮，將重量拉向自己，而橫槓應該是往鎖骨的方向拉，非胸部中間。

★ 身體不要過度後傾，也不要搖晃身體而使用過多慣性。

怎麼做

1. 雙手舉高，手心相對，握住D形握把。

2. 雙手直直地握住握把，雙腿安置在器材的軟墊下方（圖片中沒有），坐在椅凳上。

3. 透過收縮背部肌肉與屈曲手肘，將握把拉下來，直到碰觸到胸部頂端。

4. 緩緩地讓重量回到原來的位置，使雙手完全伸直，背部與地面垂直。然後重複訓練數次。

彈力帶輔助平行握法引體向上

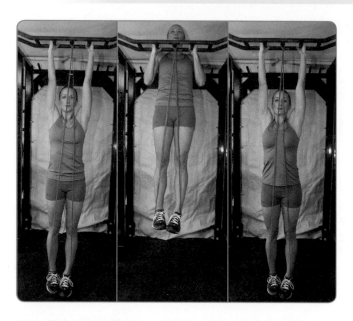

彈力帶輔助的引體向上，對於初學者來說相當受用，能夠一步一步地培養初學者垂直拉的力量，最後就能夠不需輔助便做出引體向上。

有感的肌肉：背部肌群、核心肌群、二頭肌

訣竅

★ 上拉時盡可能將胸骨往橫槓靠近，下降時直到手臂伸直，做完整個動作範圍。

★ 動作過程中，保持腹部肌肉緊繃，以避免下背過度伸展。

★ 彈力帶在動作的低點可給予你的幫助最多，接近的高點時，你必須自己多發揮一點力量。

★ 初學者會需要較多彈力帶的輔助，你可以使用彈性係數較大的彈力帶，或是兩條彈力帶。隨著進步，你可以把彈力帶換成彈性係數較小的，或是從兩條變成一條。

怎麼做

1. 將環狀彈力帶繞過橫槓，將其中一端穿過另一端中間，彈力帶便能固定在橫槓上。

2. 將彈力帶往下拉，雙腳踩在上面。這有點難執行，或許會需要夥伴的幫助。

3. 踩在彈力帶上後，雙手以肩寬為距抓好橫槓，此時手臂應該是伸直的。

4. 運用背部與手臂的力量，將自己往橫槓拉近，直到胸部頂端到達橫槓的高度。

5. 緩緩地讓身體回到起始位置，然後重複訓練數次。

反握引體向上

反握引體向上是我最喜愛的引體向上變化式，因為我能用完整的動作範圍鍛鍊到背肌，而且二頭肌也充分受力。

有感的肌肉：背部肌群、核心肌群、二頭肌

訣竅

★ 上拉時盡可能將胸骨往橫槓靠近，下降時直到手臂伸直，做完整個動作範圍。

★ 保持腹部肌肉緊繃，以避免下背過度伸展。

★ 動作過程中，避免身體晃動，或是透過腿的擺盪來借力上拉。

怎麼做

1. 掌心朝向自己，以肩寬為距抓好橫槓，手臂應該是伸直的，而膝關節可以打直或微彎。

2. 運用背部與手臂的力量，將自己往橫槓拉近，直到胸部頂端到達橫槓的高度。

3. 緩緩地回到起始位置，然後重複訓練數次。

窄距反握引體向上

有些健身者發現窄距反握引體向上對於他們的肩膀、手肘與手腕的負擔最小。

有感的肌肉：
背部肌群、核心肌群、二頭肌

訣竅

★ 上拉時盡可能將胸骨往橫槓靠近，下降時直到手臂伸直，做完整個動作範圍。

★ 保持腹部肌肉緊繃，以避免下背過度伸展。

★ 動作過程中，避免身體晃動，或是透過腿的擺盪來借力上拉。

怎麼做

1. 掌心朝向自己，以頭寬為距抓好橫槓，手臂應該是伸直的，而膝關節可以打直或微彎。

2. 運用背部與手臂的力量，將自己往橫槓拉近，直到胸部頂端到達橫槓的高度。

3. 緩緩地回到起始位置，然後重複訓練數次。

寬距反握引體向上

我個人比較喜歡一般的反握引體向上或是窄距反握引體向上，不過某些健身者（通常是肌肉碩大的男性）會喜歡寬距的變化式，但這其實對關節比較不友善，因為需要肘關節做出大幅度旋後。

有感的肌肉：
背部肌群、核心肌群、二頭肌

訣竅

★ 上拉時盡可能將胸骨往橫槓靠近，下降時直到手臂伸直，做完整個動作範圍。

★ 保持腹部肌肉緊繃，以避免下背過度伸展。

★ 動作過程中，避免身體晃動，或是透過腿的擺盪來借力上拉。

怎麼做

1. 掌心朝向自己，握距比肩膀稍寬，手臂應該是伸直的，而膝關節可以打直或微彎。

2. 運用背部與手臂的力量，將自己往橫槓拉近，直到胸部頂端到達橫槓的高度。

3. 緩緩地回到起始位置，然後重複訓練數次。

平行握法引體向上

我相信這是引體向上變化式中對關節最友善的動作。如果你的場地或設備准許你做這個動作，建議你把它設為首選。

有感的肌肉：
背部肌群、核心肌群、二頭肌

訣竅

★ 上拉時盡可能將胸骨往槓子靠近，下降時直到手臂伸直，做完整個動作範圍。

★ 保持腹部肌肉緊繃，以避免下背過度伸展。

★ 動作過程中，避免身體晃動，或是透過腿的擺盪來借力上升。

怎麼做

1. 掌心相對，握距比肩膀稍寬，手臂應該是伸直的，而膝關節可以打直或微彎。

2. 運用背部與手臂的力量，將自己往槓子拉近，直到胸部頂端到達槓子的高度。

3. 緩緩地回到起始位置，然後重複訓練數次。

窄距平行握法引體向上

有感的肌肉：背部肌群、核心肌群、二頭肌

窄距平行握法引體向上也是對關節友善的變化式，不過會鍛鍊到多一點手臂，少一點背肌。要是你的場地允許，不妨偶爾做做看。

訣竅

★ 上拉時盡可能將胸骨往槓子靠近，下降時直到手臂伸直，做完整個動作範圍。

★ 保持腹部肌肉緊繃，以避免下背過度伸展。

★ 動作過程中，避免身體晃動，或是透過腿的擺盪來借力上拉。

怎麼做

1. 掌心相對，以頭寬為距抓好槓子，手臂應該是伸直的，而膝關節可以打直或微彎。

2. 運用背部與手臂的力量，將自己往槓子拉近，直到胸部頂端到達槓子的高度。

3. 緩緩地回到起始位置，然後重複訓練數次。

寬距平行握法引體向上

有感的肌肉：背部肌群、核心肌群、二頭肌

比起傳統寬握引體向上，我更喜歡這個變化式，因為平行握法能減少對於肩關節的負擔，且能夠產生更大的動作範圍。

訣竅

★ 上拉時盡可能將胸骨往槓子靠近，下降時直到手臂伸直，做完整個動作範圍。

★ 保持腹部肌肉緊繃，以避免下背過度伸展。

★ 動作過程中，避免身體晃動，或是透過腿的擺盪來借力上升。

★ 別握得太寬，這可能會減少你的動作範圍。

怎麼做

1. 掌心相對，以兩倍肩寬抓好槓子，手臂應該是伸直的，而膝關節可以打直或微彎。

2. 運用背部與手臂的力量，將自己往槓子拉近，直到胸部頂端到達槓子的高度。

3. 緩緩地回到起始位置，然後重複訓練數次。

引體向上

有感的肌肉：背部肌群、核心肌群、二頭肌

這是經典的背部運動，對於闊背肌的鍛鍊相當有效。對常跑健身房的女性來說，能做出引體向上是最值得吹噓的事。划船運動、機械式的滑輪下拉、離心式引體向上、彈力帶輔助引體向上，這些較初階的動作都可以幫助你發展力量，做為邁向引體向上的輔助。只要是體重必須在合理範圍下，大部分女性可以在數個月的鍛鍊下成功做出引體向上。

訣竅

★ 上拉時盡可能將胸骨往橫槓靠近，下降時直到手臂伸直，做完整個動作範圍。

★ 動作過程中，保持腹部肌肉緊繃，以避免下背過度伸展。

★ 避免身體晃動，或是透過腿的擺盪來借力上升。

怎麼做

1. 掌心朝前，握距稍微大於肩寬。手臂應該是伸直的，而膝關節可以打直或微彎。

2. 運用背部與手臂的力量，將自己往槓子拉近，直到胸部頂端到達橫槓的高度。

3. 緩緩地回到起始位置，然後重複訓練數次。

寬握引體向上

寬握引體向是健美者相當喜愛的動作之一，因為他們認為以寬握的方式進行引體向上，能鍛鍊到最多闊背肌。我個人不太喜歡這個動作，因為長久做下來可能對某些人的肩膀造成負擔。不過，偶爾練一下這個動作不是什麼壞事，可以讓課表有多一點的變化，但能一次做好幾下寬握引體向上的女生也不多就是了。

有感的肌肉：
背部肌群、核心肌群、二頭肌

訣竅

★ 上升時盡可能將胸骨往橫槓靠近，下降時直到手臂伸直，做完整個動作範圍。

★ 動作過程中，保持腹部肌肉緊繃，以避免下背過度伸展。

★ 動作過程中，避免身體晃動，或是透過腿的擺盪來借力上升。

★ 握得太寬時，可能會減少你的動作範圍。

怎麼做

1. 掌心朝前，以兩倍肩寬抓好橫槓，手臂應該是伸直的，而膝關節可以打直或微彎。

2. 運用背部與手臂的力量，將自己往槓子拉近，直到胸部頂端到達橫槓的高度。

3. 緩緩地回到起始位置，然後重複訓練數次。

腰帶負重平行握法引體向上

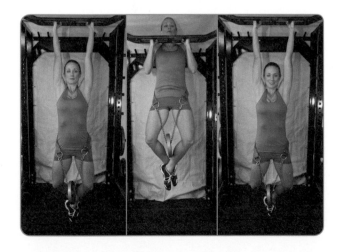

有感的肌肉：背部肌群、核心肌群、二頭肌

訣竅

★ 上拉時盡可能將胸骨往槓子靠近，下降時直到手臂伸直，做完整個動作範圍。

★ 保持腹部肌肉緊繃，以避免下背過度伸展。

★ 動作過程中，避免身體晃動，或是透過腿的擺盪來借力上升。

★ 別使用過多的負重，否則你可能無法好好完成動作。

怎麼做

1. 使用負重腰帶搭載適當的重量。

2. 掌心相對，握距稍微大於肩寬，手臂應該是伸直的，而膝關節可以打直或微彎。

3. 運用背部與手臂的力量，將自己往槓子拉近，直到胸部頂端到達槓子的高度。

4. 緩緩地回到起始位置，然後重複訓練數次。

負重引體向上是上肢拉訓練中的堂奧。我有同事曾經訓練過一些女性以負重 45 磅進行引體向上，不過這些女生都是高水準的職業運動員，而我則訓練過一些女性以負重 25 磅做一下。當你進步到較進階的程度時，可能偶爾會想要做負重引體向上。建議你一開始先從額外增加 5 磅做起，再慢慢加重。

啞鈴負重平行握法引體向上

如果你沒有負重腰帶，可以用腳夾住啞鈴做為負重。

有感的肌肉：背部肌群、核心肌群、二頭肌

訣竅

★ 上拉時盡可能將胸骨往槓子靠近，下降時直到手臂伸直，做完整個動作範圍。

★ 保持腹部肌肉緊繃，以避免下背過度伸展。

★ 別使用過多的負重，否則你可能無法好好完成動作。

★ 最好找夥伴幫你把啞鈴放在腳中間。

怎麼做

1. 以腳掌夾住啞鈴。

2. 掌心相對，握距稍微大於肩寬，手臂應該是伸直的，而膝關節可以打直或微彎。

3. 運用背部與手臂的力量，將自己往槓子拉近，直到胸部頂端到達槓子的高度。

4. 緩緩地回到起始位置，然後重複訓練數次。

⑭ 垂直推動作

結實的肩部肌肉也獲得某些女性的青睞，因為她們覺得肩部肌肉可以使身形看起來更加勻稱，而垂直推的動作正好最適合發展肩部肌肉。在做這些推的動作時，要時常要求自己做完整個動作範圍，動作開始時手要接近軀幹，結束時手臂要伸直高舉過頭。

絕大多數的女性可以安全無虞的執行垂直推的動作，但對男性而言就不是這麼一回事了，因為許多男性長期使用糟糕的姿勢訓練，造成肩關節活動度下降。女生的肩關節與胸椎的活動度通常較好，所以較能做出動作模式良好的肩部動作。如果你對這類型的動作不是很熟悉，那麼一開始在執行時，可能會欠缺一些肩關節的穩定度。不妨一開始先採低訓練強度，慢慢地培養自己的力量。

槓鈴借力推舉

1.   2.   3.

由於借助腿部的力量，借力推舉能讓你使用更大的重量，是相當有效的訓練動作，也能產生不同以往的訓練刺激。也因為借力推舉需要腿部施力，跟一般標準的軍式推舉比起來，較接近全身性的運動。

有感的肌肉：肩部與腿部肌肉

訣竅

★ 在將槓鈴往上推之前稍微蹲下，但不要全蹲。

★ 用爆發力將槓鈴往上推，直到手臂伸直為鎖定狀態。不要像掙扎的軍式推舉一樣緩慢地推，或只推一半。

★ 將重量高舉過頭時，身體不要向後傾。隨著重量加重，可能會讓你失去平衡或是脊椎無法負擔。試著收緊臀部與腹部，讓脊椎保持中立。

★ 當槓鈴越過頭部時，將你的頭往前移，使槓鈴變成垂直上下移動，而你的上背部也能完全伸展。

★ 握距稍微窄一些，在動作低點時，試著感受闊背肌的張力。

1.   2.   3.

怎麼做

1. 雙手緊握在舉重架上的槓鈴，握距稍微比肩寬。將槓鈴架在胸部上方，往後一步離開舉重架。

2. 在站直的狀態下，些微的屈曲髖關節與膝關節，接著一鼓作氣地將槓鈴往上舉，雙手伸直過頭。

3. 將槓鈴下放，用上胸部接住槓鈴，同時雙腿彎曲做為緩衝。

4. 回到起始位置，然後重複訓練數次。

啞鈴借力推舉

由於借助腿部的力量，借力推舉能讓你使用更大的重量，產生不同以往的訓練刺激。也因為借力推舉需要腿部施力，跟一般標準的軍式推舉比起來，較接近全身性的運動。對於無法使用槓鈴的初學者來說，啞鈴是相當理想的負重方式，且因為啞鈴需要更多的穩定度，幾乎適合各個階段的健身者。此外，使用啞鈴時，頭部就不需要前後移動閃避，可以維持更自然的姿勢。

有感的肌肉：肩部與腿部肌肉

訣竅

★ 在將啞鈴往上推之前稍微蹲下，但不要全蹲，微微蹲下就好。

★ 用爆發力將啞鈴往上推，直到手臂伸直為鎖定狀態。不要像掙扎的軍式推舉一樣緩慢地推，或只推一半。

★ 將重量高舉過頭時，身體不要向後傾。隨著重量加重，可能會讓你失去平衡或是脊椎無法負擔。試著收緊臀部與腹部，讓脊椎保持中立。

怎麼做

1. 將啞鈴置於肩膀兩側，手心朝前內側。

2. 雙腳站得比肩膀稍寬。

3. 在站直的狀態下，些微的屈曲髖關節與膝關節，接著一鼓作氣地將啞鈴往上舉，雙手伸直過頭。

4. 將啞鈴下放到肩部的位置，同時雙腿彎曲做為緩衝。

5. 回到起始位置，然後重複訓練數次。

站姿啞鈴過頭推舉

啞鈴過頭推舉是一項歷久不衰的經典訓練動作。如果進行得宜，這個動作不僅能增加肩部與三頭肌的肌肉，也能夠強化肩關節的功能。對於無法使用槓鈴的初學者來說，啞鈴是相當理想的負重方式，且因為啞鈴需要更多的穩定度，幾乎適合各個階段的健身者。此外，使用啞鈴時，頭部就不需要前後移動閃避，可以維持更自然的姿勢。

有感的肌肉：肩部肌肉

訣竅

★ 要做完整個動作範圍，將啞鈴往上推，直到手臂完全伸直，同時挺胸站好。

★ 將重量高舉過頭時，身體不要向後傾。隨著重量加重，可能會讓你失去平衡或是脊椎無法負擔。試著收緊臀部與腹部，讓脊椎保持中立。

怎麼做

1. 將啞鈴置於肩膀兩側，手心朝內側。

2. 雙腳站得比肩膀稍寬。

3. 將啞鈴往上推，直到手臂完全伸直，同時將掌心由朝內轉向朝前。

4. 將啞鈴下放到肩部的位置，掌心同時轉向內側，然後重複訓練數次。

單手啞鈴肩推

單手啞鈴肩推是獨特的肩推動作變化式,需要大量的核心穩定度,但對於肩關節的負擔較小。一些舉重員可以用這個動作舉起更重的重量。

有感的肌肉:肩部肌肉

訣竅

★ 要做完整個動作範圍,將啞鈴往上推,直到手臂完全伸直,同時挺胸站好。

★ 將重量高舉過頭時,身體不要向後傾。隨著重量加重,可能會讓你失去平衡或是脊椎無法負擔。試著收緊臀部與腹部,讓脊椎保持中立。

怎麼做

1. 將啞鈴置於肩膀前側,手心朝內側。

2. 雙腳站得比肩膀稍寬。

3. 左手將啞鈴往上推,直到手臂完全伸直,同時將掌心轉向朝前。

4. 左手將啞鈴下放到肩部的位置,掌心同時轉向內側。

5. 重複訓練數次,然後換邊做。

坐姿啞鈴肩推

坐姿啞鈴肩推是我最愛的上肢訓練動作之一。許多健身者覺得站姿的軍式肩推對於下背是個負擔,而坐姿肩推可以有效且安全地訓練肩部。另外,與站姿肩推相比,大部分人可以在坐姿下舉起更大的重量。

有感的肌肉:肩部肌肉

訣竅

★ 要做完整個動作範圍,將啞鈴往上推,直到手臂完全伸直,下降時直到啞鈴接近肩膀。

★ 當使用較重的重量時,你可以先將啞鈴放在大腿上,然後藉由腿部抬升的力量,幫助你把啞鈴放到肩推動作的起始位置。

怎麼做

1. 坐在有靠背的訓練凳上,雙腳踩穩地面。

2. 將啞鈴放在肩膀前方,掌心朝內。

3. 將啞鈴往上推,直到手臂完全伸直,同時掌心轉向朝前。

4. 回到起始位置,然後重複訓練數次。

軍式推舉

軍式推舉是一項歷久不衰的經典訓練動作。如果進行得宜，這個動作不只可以增加肩部與三頭肌的肌肉，也能夠增進肩關節的健康與功能。

有感的肌肉：肩部與腿部肌肉

訣竅

★ 將槓鈴往上推，直到手臂完全伸直，下降時讓槓鈴接近上胸部，做完整個動作範圍。

★ 將重量高舉過頭時，身體不要向後傾。隨著重量加重，這可能會讓你失去平衡或是脊椎無法負擔。試著收緊臀部與腹部，讓脊椎保持中立。

★ 當槓鈴越過頭部時，將你的頭往前移，使槓鈴變成垂直上下移動，而且你的上背部也能完全伸展。

★ 握距稍微窄一些，在動作的低點時，試著感受闊背肌的張力。

怎麼做

1. 雙手緊握在舉重架上的槓鈴，握距比肩膀稍寬。將槓鈴架在胸部上方，往後一步離開舉重架。

2. 雙腳站得比肩膀稍寬。

3. 將槓鈴往上推，直到手臂完全伸直。

4. 將槓鈴下放，直到接近上胸部，然後重複訓練數次。

雙槓撐體

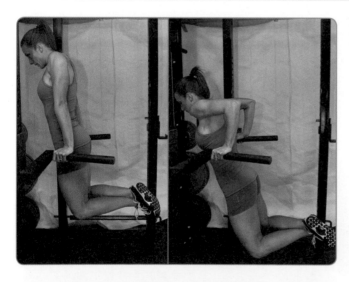

雙槓撐體是經典的訓練動作，能夠鍛鍊胸肌、肩部與三頭肌。如果你在做這個動作時，肩膀感到不適，請重新評估動作技巧，或是諮詢專業人士以尋找問題所在。這是挑戰性十足的動作，在嘗試之前，最好先將伏地挺身做好。

有感的肌肉：胸肌、肩膀前側、三頭肌

訣竅

★ 不必保持上身直立，稍微向前傾反而可以讓胸大肌吸收更多負擔。

★ 下降到你能夠感受胸肌與前肩的張力為止，但不要下降得太低，這可能會導致肩膀疼痛。上抬到手肘鎖定。

★ 不要使用太寬的握距，這對肩關節來說不是很安全，較窄的握距比較適合長期訓練。保持肘關節和腕關節在同一個垂直面上，別讓手肘向外翻。

★ 動作過程中不要聳肩，盡可能保持肩胛骨下壓。

怎麼做

1. 掌心朝內下，握住雙槓握把，把身體重量往雙槓上壓，手臂伸直，肩膀到手腕呈一直線。

2. 適當的彎曲雙膝與髖部。

3. 身體向前傾，肘關節屈曲，使上臂後伸，讓身體下降。

4. 雙手用力往下推，直到伸直手臂，將身體抬起。回到起始位置，然後重複訓練數次。

負重雙槓撐體

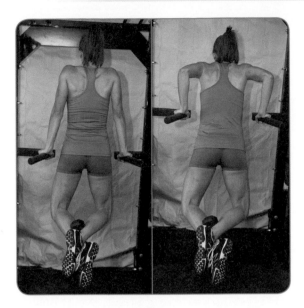

雙槓撐體是經典的訓練動作，能夠鍛鍊胸肌、肩部與三頭肌。如果你在做這個動作時，肩膀感到不適，請重新評估動作技巧，或是諮詢專業人士以尋找問題所在。這是挑戰性十足的動作，在嘗試之前，最好先將伏地挺身做好。在這個動作加上額外負重後，又更具挑戰性，只有進階的健身者才有辦法完成。

有感的肌肉：胸肌、肩膀前側、三頭肌

訣竅

★ 不必保持上身直立，稍微向前傾反而可以讓胸大肌吸收更多負擔。

★ 下降到你能夠感受胸肌與前肩的張力為止，但不要下降得太低，這可能會導致肩膀疼痛。上抬到手肘鎖定。

★ 不要使用太寬的握距，這對肩關節來說不是很安全，較窄的握距比較適合長期訓練。保持肘關節和腕關節在同一個垂直面上，別讓手肘向外翻。

★ 動作過程中不要聳肩，盡可能保持肩胛骨下壓。

怎麼做

1. 使用負重腰帶進行負重，或用雙腳夾住啞鈴。

2. 掌心朝內下，握住雙槓握把，把身體重量往雙槓上壓，手臂伸直，肩膀到手腕呈一直線。

3. 適當的彎曲雙膝與髖部。

4. 身體向前傾，肘關節彎曲，使上臂後伸，讓身體下降。

5. 雙手用力往下推，直到伸直手臂，將身體抬起。回到起始位置，然後重複訓練數次。

肩式伏地挺身

當你無法到健身房時，肩式伏地挺身是很好的肩部動作替代方案。肩式伏地挺身除了能有效鍛鍊三角肌外，還能培養肩膀的穩定度與協調性。

怎麼做

1. 一開始先以伏地挺身的姿勢撐地，然後把腳放到椅凳上。

2. 手部往後退一些距離，使得臀部翹高，同時上半身呈現相對垂直。雙手之間的距離要比肩膀還寬。

3. 彎曲肩部與手肘使身體下降，直到你的頭觸地。

4. 雙手用力往下推地，使身體抬高。回到起始位置，然後重複訓練數次。

有感的肌肉：肩部肌肉、三頭肌

訣竅

★ 這是進階的肩部運動，把腳放在地上做會比較簡單，如果把腳放在椅凳上會相對困難。

⓯ 線性核心動作

談論訓練計畫時，人們總是先想到腹部肌群的動作，這也是我在多年教練生涯所學會的鐵則：客戶永遠不會質疑你安排的腹肌訓練動作，腹肌無疑有著最高優先權。然而，以下這種離奇的情節還是讓我遇到好幾次：我首先花了五分鐘破除客戶對局部減脂的迷思，例如：腹肌訓練其實不能針對性地減少腰圍，然後再説明如果想要有好看的體態，應該是透過正確的飲食搭配高強度的全身性訓練來增肌減脂。但是，當訓練課程結束後，客戶還是會問我，為什麼不多安排一些腹肌運動。真是弔詭！

所以，即便我不認為核心訓練對於打造身形而言是必須的，但為了讓客戶對他們的訓練計畫多懷抱一些愛，我還是會安排核心動作。

其實，核心肌群在全身性的訓練中都練得到，例如：豎脊肌在深蹲、硬舉、背伸展和臀舉中，能獲得大量的鍛鍊；腹斜肌在彈力帶髖旋轉、硬舉、深蹲中，能得到一定訓練量；而腹直肌也能在引體向上中獲得鍛鍊。如果你的體脂降到一定程度，力量也達到不錯的水準，應該就不太會嫌棄自己腹肌的樣子。

然而，擁有強壯的核心肌群，對於身體的功能、力量或姿勢都是件好事。只要沒有走火入魔，做幾組的核心訓練，長期下來是件好事。

線性核心動作主要針對腹直肌，其次是腹斜肌。「線性」這個詞彙指向前與向後的動作方向。棒式、仰臥起坐、捲腹都是「線性」核心運動，因為這些動作都是透過前後施力來針對腹部肌群。而我最喜歡的線性核心動作是俄式平板撐體，因為除了鍛鍊腹部之外，這個動作還需要臀部肌群的肌耐力，以維持骨盆後傾。

捲腹

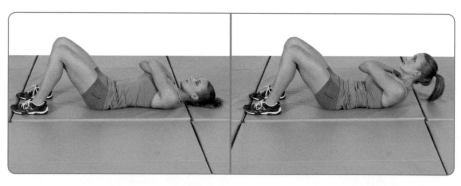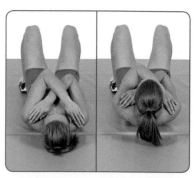

捲腹是適合新手操作的腹直肌訓練動作。

有感的肌肉：腹部肌群

訣竅

★ 不要用手抱頭壓脖子，盡可能保持頸椎在中立的位置。

★ 動作幅度不要太大，大概從水平線算起屈曲 30 度角就可以。

怎麼做

1. 躺在地上，雙膝彎曲，腳微微打開。

2. 雙手放在耳朵旁或抱胸。

3. 些微抬起上背，讓肋骨往髖骨靠近，軀幹與地面大約呈 30 度角。

4. 慢慢躺下，然後重複訓練數次。

抗力球捲腹

抗力球捲腹對於鍛鍊上腹肌來說相當有效。

有感的肌肉：腹部肌群

訣竅

★ 盡可能專注於收縮腹部肌群，而不是使用髖屈肌，因為你要做的動作不是仰臥起坐。

★ 不要用手抱頭壓脖子，盡可能保持頸椎在中立的位置。

怎麼做

1. 坐靠在抗力球上，雙腳往前挪移幾步，讓背部能夠躺在抗力球上，但是肩膀與頭部是懸空的。

2. 雙膝彎曲，雙腳平踏在地上。

3. 緩慢地將背部沿著球躺下伸展，讓腹肌能夠感受到張力。雙手放在耳朵旁或抱胸。

4. 收縮腹肌，讓肋骨往髖骨靠近。軀幹不要抬太高，大約 30 度角就夠了。

5. 慢慢躺下，然後重複訓練數次。

啞鈴抗力球捲腹

抗力球捲腹對於鍛鍊上腹肌來說相當有效。如果再加上啞鈴負重，動作會變得更有挑戰性。

有感的肌肉：腹部肌群

訣竅

★ 盡可能專注於收縮腹部肌群，而不是使用髖屈肌，因為你要做的動作不是仰臥起坐。

★ 不要用手抱頭壓脖子，盡可能保持頸椎在中立的位置。

怎麼做

1. 雙手握住同一個啞鈴的握把，舉到下巴下方，手心朝向自己。

2. 坐靠在抗力球上，雙腳往前挪移幾步，讓背部能夠躺在抗力球上，但是肩膀與頭部是懸空的。

3. 雙膝彎曲，雙腳平踏在地。

4. 收縮腹肌，抬起肩膀與脖子，讓肋骨往髖骨靠近。

5. 慢慢躺下，然後重複訓練數次。

直腿仰臥起坐

直腿仰臥起坐是我許多客戶的最愛，因為這個動作能同時練到髖屈肌與腹肌。如果進行得宜，這的確是很棒的前側鏈運動。

有感的肌肉：腹部肌群

怎麼做

1. 調整好臀腿升體機，讓你坐上去時腳可以固定在滾筒下，臀部恰好在軟墊的遠端。

2. 起始姿勢：雙腿伸直，軀幹與地面垂直，雙手抱胸。

3. 緩慢地往後躺，直到身體與地面平行。

4. 將身體彎起，到大約 45 度角時，試著將上身打直。

5. 回到起始姿勢，重複訓練數次。

訣竅

★ 如果你沒有辦法使用臀腿升體機，躺在地上做也可以，但最好有個支撐物可抵住你的腳。

★ 保持挺胸，使用腹肌與髖屈肌將身體拉起來。

★ 不要下降得太低，讓腰椎過度伸展，起來時也不要過度圓背，但些微的腰屈曲是可以接受的。

膝上棒式

這個棒式的變化式非常適合還沒有能力做出標準棒式的新手。藉由膝蓋著地，需要支撐的體重會減少，動作就會變得更簡單。

有感的肌肉：腹部肌群

怎麼做

1. 臉部朝下，雙膝與前臂撐靠於軟墊上，手肘在肩膀下方。

2. 將上半身抬升，從頭到膝蓋呈一直線。

3. 收縮腹肌、臀肌與股四頭肌，以維持姿勢。

4. 在姿勢良好的情況下，盡可能支撐久一點，然後放鬆。這項運動只有等長收縮。

訣竅

★ 使用腹肌的同時，要收緊臀肌和股四頭肌，以防止下背塌陷。

★ 你可能一不小心脖子就往下彎，臀部就往上翹，試著保持脖子與脊椎都是中立的。

★ 重質不重量，不要為了增加秒數而用不好的姿勢硬撐，寧可少做幾秒但姿勢是良好的。

棒式

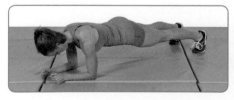

棒式可以訓練核心的線性穩定度，尤其是腰椎的抗超伸能力。

有感的肌肉：腹部肌群

怎麼做

1. 臉部朝下，前臂撐靠於軟墊上，手肘在肩膀下方。

2. 小腿一開始靠在軟墊上。

3. 接著，繃緊核心，將上半身抬升，從頭到腳呈一直線。

4. 收縮腹肌、臀肌與股四頭肌，以維持姿勢。

5. 維持良好姿勢，盡可能支撐久一點，然後放鬆。

訣竅

★ 使用腹肌的同時，要收緊臀肌和股四頭肌，以防止下背塌陷。

★ 你可能一不小心脖子就往下彎，臀部就往上翹，試著保持脖子與脊椎都是中立的。

★ 重質不重量，不要為了增加秒數而用不好的姿勢硬撐，寧可少做幾秒但姿勢是良好的。

長抗力臂棒式

將手臂遠離軀幹，可以增加抗力臂，讓棒式變得更困難。

有感的肌肉：腹部肌群

訣竅

★ 使用腹肌的同時，要收緊臀肌和股四頭肌，以防止下背塌陷。

★ 你可能一不小心脖子就往下彎，臀部就往上翹，試著保持脖子與脊椎都是中立的。

★ 重質不重量，不要為了增加秒數而用不好的姿勢硬撐，寧可少做幾秒但姿勢是良好的。

怎麼做

1. 臉部朝下，前臂撐靠於軟墊上，手肘放在頭部下方。

2. 繃緊核心，將上半身抬升，從頭到腳呈一直線。

3. 收縮腹肌、臀肌與股四頭肌，以維持姿勢。

4. 維持良好姿勢，盡可能支撐久一點，然後放鬆。

俄式平板撐體

這個棒式的變化式不僅能增進腰椎的抗超伸能力，還能透過骨盆後傾訓練到臀肌的耐力。許多人在這樣的姿勢下，不太能夠啟動臀部肌群，如果你也是這樣，建議你試著每天都做一、兩次俄式平板撐體，持續兩個月，讓這件事成為習慣。只要一或兩組，每組 10 至 30 秒。俄式平板撐體的另一項好處，就是能夠增進其他臀部訓練的效益。在臀舉或盪壺之前做 10 秒，就能讓你的臀部肌群馬力全開。以後你在做訓練時，不妨做做看。

有感的肌肉：腹肌、臀肌、股四頭肌

訣竅

★ 俄式平板撐體能在短時間內啟動全身每一塊肌肉。

★ 你可能一不小心脖子就往下彎，臀部就往上翹，試著保持脖子與脊椎都是中立的。

★ 重質不重量，不要為了增加秒數而用不好的姿勢硬撐，寧可少做幾秒但姿勢是良好的。

怎麼做

1. 臉部朝下，前臂撐靠於軟墊上，手肘在肩膀下方，收緊肩膀，握緊拳頭。

2. 繃緊核心，將上半身抬升，從頭到腳呈一直線。

3. 用全力收縮臀肌，維持骨盆後傾。

4. 用全力將手肘往腳趾的方向拉，腳趾頭則往手肘方向推進，想像你要把身體下方的地板縮短。

5. 維持良好姿勢，盡可能支撐久一點，然後放鬆。

抬腳俄式平板撐體

這個棒式的變化式不僅能增進腰椎的抗超伸能力，還能透過骨盆後傾訓練到臀肌的耐力。把腳抬高又更增加了挑戰性。

有感的肌肉：腹肌、臀肌、股四頭肌

訣竅

★ 俄式平板撐體能在短時間內啟動全身每一塊肌肉。

★ 你可能一不小心脖子就往下彎，臀部就往上翹，試著保持脖子與脊椎都是中立的。

★ 重質不重量，不要為了增加秒數而用不好的姿勢硬撐，寧可少做幾秒但姿勢是良好的。

怎麼做

1. 臉部朝下，前臂撐靠於軟墊上，手肘在肩膀下方，收緊肩膀，握緊拳頭。腳放在平台或箱子上。

2. 繃緊核心，將上半身抬升，從頭到腳呈一直線。

3. 用全力收縮臀肌，維持骨盆後傾。

4. 用全力將手肘往腳趾的方向拉，腳趾頭則往手肘方向推進，想像你要把身體下方的地板縮短。

5. 維持姿勢良好，盡可能支撐久一點，然後放鬆。

人體鋸子

人體鋸子能夠培養腰椎的抗伸能力，如此一來，你在進行其他腹肌訓練時，核心穩定度會更好。（滑盤不適合用在橡膠墊上。）

有感的肌肉：腹部肌群

訣竅

★ 使用腹肌的同時，也要收緊臀肌和股四頭肌，以防止下背塌陷。

★ 你可能一不小心脖子就往下彎，臀部就往上翹，試著保持脖子與脊椎都是中立的。

★ 做這個動作時，不必前後移動太多距離。

怎麼做

1. 腳尖踏在滑盤上，擺出棒式的姿勢。

2. 以前臂為支點將身體往前拉。

3. 接著將身體向後推，製造出較長的抗力臂。

4. 回到起始位置，重複訓練數次。

健腹滾輪

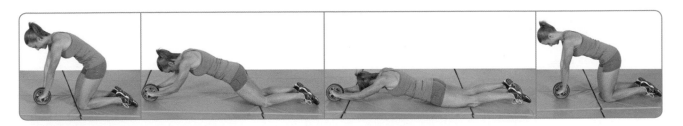

這項運動能夠培養核心的穩定度與腰椎的抗伸能力，也是訓練計畫中最具挑戰性的腹肌訓練動作之一。

有感的肌肉：腹肌

訣竅

★ 動作過程要保持脊椎中立，不要讓下背過伸展，也不要過度骨盆前傾。

★ 一開始進行時，你可能沒辦法把手完全伸出，沒關係，做到你能力所及且舒適的幅度就好，你會慢慢進步的。

怎麼做

1. 雙膝跪於運動軟墊上，雙手握滾輪，掌心朝向自己。

2. 一開始滾輪位於肩膀下方。

3. 將手伸直，下降身體，把滾輪滾出。

4. 將身體往後上方抬升，回到起始位置，重複訓練數次。

懸吊抬腿

對於鍛鍊下腹肌來說，懸吊抬腿是相當棒的動作。

有感的肌肉：腹肌

訣竅

★ 專注且穩定地將膝蓋拉向胸口，不要太過依賴慣性。

★ 把腿下放時，也要避免搖晃。

怎麼做

1. 雙手緊握高處的槓子並懸吊在上。握距比肩膀稍寬。

2. 彎曲雙膝，將雙腿往胸部抬起。

3. 使用腹肌使骨盆後傾，直到膝蓋大約超過髖部的位置。

4. 緩緩地將腿放下伸直，回到起始位置，然後重複訓練數次。

壺鈴負重農夫走路

農夫走路能夠鍛鍊握力、肩部與髖部的穩定性，以及身體負荷高強度的耐力。

有感的肌肉：
豎脊肌、前臂肌肉、斜方肌、股四頭肌、臀大肌上部

訣竅

★ 行走時別聳肩。

怎麼做

1. 將壺鈴放在雙腳外側的地上，以硬舉的姿勢將壺鈴抬起。

2. 緊握壺鈴，以正常步伐向前走。

3. 走到一定的距離後，將壺鈴放下。

無負重土耳其起立

在正式開始嘗試土耳其起立之前，先嘗試沒有負重的版本，建立一些全身基本的穩定性、協調性與活度動。

有感的肌肉：
豎脊肌、股四頭肌、臀部肌群、腹直肌、腹外斜肌

訣竅

★ 拿一隻鞋子或其他扁平物，讓你在執行動作時能維持正確的姿勢與手部位置。

★ 學習時，試著連貫地進行動作，這會需要大量練習，請保持耐心。

怎麼做

1. 躺在地板上，右手向上伸直，以拳頭平衡一物，左手平放在地板上，與軀幹呈現 45 度。

2. 屈曲右膝，讓右腳穩穩地踩在地面，左腳保持伸直。

3. 用右胸口引導動作，也就是右胸口先離開地面，同時左手肘撐地。右腳在側，也準備將臀部推離地面。

4. 左手用力將身體撐直。

5. 右腳跟牢牢踩在地上，將身體撐起呈現橋式。此時，你應該專注於收縮臀肌與腿後肌群，讓髖伸展而非腰椎伸展，同時保持挺胸。

6. 接著左腳往後移，讓左膝正好在身體下方，呈現跪姿。

7. 將左小腿往後旋轉至與右腿同方向，同時將身體直立，如此一來變成高跪姿的姿勢。

8. 從高跪姿的狀態下站起，雙腳併攏，過程中保持挺胸且手舉高。現在只完成一半的動作，接著準備用相反的順序完成先前的步驟。

9. 左腿往後一步，以反向弓步蹲的姿勢下降身體，直到左膝跪地。

10. 身體在高跪姿下向左邊傾倒，同時左小腿向外旋，左手撐地。

11. 將左腿伸直移到身體左前方，此時維持著高橋式姿勢，意念集中在收縮臀肌與伸展髖部。

12. 慢慢地將臀部下沉到地上，並以左手支撐體重。

13. 繼續緩緩地下降，以手肘撐地。

14. 手肘撐地後，慢慢地向後躺，直到背部完全躺平。

15. 重複訓練數次，再換邊進行。

土耳其起立

有感的肌肉：
豎脊肌、股四頭肌、臀部肌群、腹直肌、腹外斜肌

訣竅

★ 在熟稔無負重的動作後，就可以正式進入土耳其起立了。

★ 記得別拿太重的重量，導致動作姿勢不良。

土耳其起立的困難程度不是用看的就能理解的。動作過程中會有許多不好控制的轉折點，所以這絕對不是讓你奮力燃燒的運動，但它對於建構全身的穩定性、協調性與活動度，是相當有效的。精熟這個動作會花上一些時間，所以建議你一開始先不要負重。

怎麼做

1. 躺在地板上，左手向上伸直，抓握一個重物（建議使用壺鈴），右手平放在地板上，與軀幹呈現45度角。

2. 屈曲左膝，讓左腳穩穩地踩在地面，右腳保持伸直。

3. 用左胸口引導動作，也就是左胸口先離開地面，同時右手肘撐地。左腳在側，也準備將臀部推離地面。

4. 右手用力將身體撐直。

5. 左腳跟牢牢踩在地上，將身體撐起呈現橋式。此時，你應該專注於收縮臀肌與腿後肌群，讓髖伸展而非腰椎伸展，同時保持挺胸。

6. 接著右腳移過身體後方，讓右膝正好在身體下方，呈現跪姿。

7. 將右小腿往後旋轉至與左腿同方向，同時將身體直立，如此一來變成高跪姿的姿勢。

8. 從高跪姿的狀態下站起，雙腳併攏，過程中保持挺胸手舉高。現在只完成一半的動作，接著準備用相反的順序完成先前的步驟。

9. 右腿往後一步，以反向弓步蹲的姿勢下降身體，直到左膝跪地。

10. 身體在高跪姿下向左邊傾倒，同時右小腿向外旋，右手撐地。

11. 將右腿伸直移到身體右前方，此時維持著高橋式姿勢，意念集中在收縮臀肌與伸展髖部。

12. 慢慢地將臀部下沉到地上，並以右手支撐體重。

13. 繼續緩緩地下降，以手肘撐地。

14. 手肘撐地後，慢慢地向後躺，直到背部完全躺平。

15. 重複訓練數次，再換邊進行。

⑯ 側向及旋轉核心動作

線性核心運動以前後的方向進行核心訓練，側向／旋轉核心動作則是透過側向或扭轉的形式，進行核心訓練。因此，這類動作主要鍛鍊的是腹斜肌群，腹直肌和豎脊肌則是次要鍛鍊的肌群。

從功能的角度來說，腹斜肌群是相當重要的，事實上，腹斜肌群在許多動作中都能產生相當的旋轉力矩，例如：轉身、投擲、揮棒、出拳。但對身形來說，腹斜肌群則不是那麼重要，甚至可以說：過度發展腹斜肌群，可能會讓你的軀幹變得方正，失去曲線。

雖是如此，你也不用太害怕偶爾進行側向／旋轉核心訓練。正如先前提到的，其實核心肌群（包括腹斜肌群）會在全身性運動中獲得一定的鍛鍊，儘管不會像某些針對腹斜肌群的孤立性動作訓練到那麼多。

某些側向／旋轉核心運動可以同時鍛鍊到臀部肌群，例如側平板撐體、抗旋轉支撐、伐木變化式等等，我比較喜歡進行這些動作。（這些動作需要花些時間去習慣，但這是很值得的。）

側捲腹

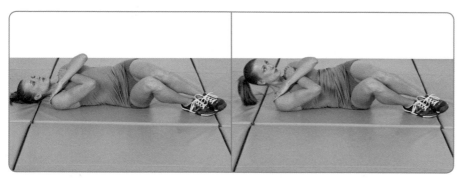 

側捲腹能發展腹斜肌力量，對於新手來說是不錯的訓練動作。

有感的肌肉：腹斜肌群

訣竅

★ 這個動作叫做側捲腹，不是扭身捲腹。請以側躺為起始姿勢，然後使用腹斜肌的力量起身。

★ 起身時不用抬太高，軀幹有 30 度角的側屈就夠了。

怎麼做

1. 以不完全的側躺，躺在運動軟墊上，雙膝併攏彎曲 90 度角，雙膝些微離地。

2. 雙手抱胸，上背部躺靠在地面上。

3. 收縮腹部兩側的腹斜肌，讓肋骨往髖骨靠近。

4. 緩緩地下降，重複訓練數次，然後換邊做。

抗力球側捲腹

有感的肌肉：腹斜肌

訣竅

★ 專注於收縮腹斜肌，而不是從抗力球上直接坐起。

★ 保持脖子與脊椎同一直線，不要用手抱頭壓脖子。

★ 起身時不用抬太高，軀幹有 30 度角的側屈就夠了。

這是一般側捲腹的進階版，同樣是針對腹斜肌。

怎麼做

1. 坐在抗力球上，向前走幾步以滾動抗力球，直到背部靠在球上，肩膀與頭部保持懸空。

2. 雙膝彎曲，手抱胸。

3. 身體稍微向右邊滾動一些，使右邊的肋骨抵住球，同時讓左邊的腹斜肌感受到張力。雙腳要踩穩，以確保安全。

4. 收縮左側的腹斜肌，縮短左側肋骨與髖骨的距離。

5. 緩緩下降，重複訓練數次，然後換邊做。

啞鈴側彎

這是一項針對腹斜肌與上臀大肌的基本動作。

有感的肌肉：
腹斜肌、上臀大肌、前臂肌群、斜方肌

訣竅

★ 不用側彎太多，也不要將髖部推出去太多。

怎麼做

1. 右手緊握啞鈴，垂放在身體側邊，掌心朝向自己。

2. 透過腰部與髖部向右側彎曲身體。

3. 起身回到起始位置，重複訓練數次，然後換邊做。

45 度側彎

這也是一項針對腹斜肌與上臀大肌的動作。

有感的肌肉：腹斜肌、上臀大肌

訣竅

★ 專注於感受腹斜肌的收縮，不用做出過大的動作幅度，也不要過度依賴慣性。

怎麼做

1. 調整好 45 度背伸展機，讓髖部頂端剛好對著軟墊的上方。

2. 轉身將左邊大腿靠在軟墊上，腳踩在踏板上。左手可垂握啞鈴以增加挑戰性。

3. 透過腰部與髖部向左側彎曲身體。

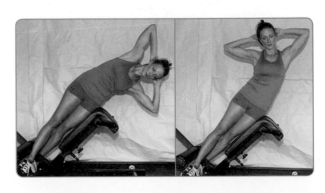

4. 抬起身體，往反方向一邊側屈，同時感受一下上臀大肌將身體拉回的力量。

5. 重複訓練數次，然後換邊做。

地雷管扭身

地雷管扭身鍛鍊到的肌群為腹斜肌、上臀肌及豎脊肌，並可增進旋轉的力量與爆發力。同時，這個動作也可讓核心穩定性與抗旋轉能力獲得顯著的改善。

有感的肌肉：
腹斜肌、上臀肌、肩部肌群

訣竅

★ 維持脊椎中立，不要圓背，也不要過度轉動腰部。試著將重量在身體兩側移轉，但限制住軀幹的扭動。

★ 以穩定控制速度的方式進行動作，勿借助過多的慣性。

★ 如果你沒有地雷管，可以試著把槓鈴的一端抵在堅固的角落使用。

怎麼做

1. 拾起地雷管的一端並高舉，使手臂與地雷管呈 90 度角。

2. 以運動預備姿勢站好，以畫弧形的方式將地雷管從一側移到另一側。

3. 重複訓練數次。

膝式側平板撐體

側平板撐體能鍛鍊腹斜肌與臀中肌，並打造脊椎的側向穩定度，讓脊椎更能夠抵抗側屈。將膝部著地可以減少抗力臂，讓動作變得更容易。

有感的肌肉：腹斜肌、上臀肌

訣竅

★ 身體不要向前傾或向後倒。

★ 確保自己的頭部到膝蓋呈一直線，脖子與脊椎保持中立。

怎麼做

1. 側躺在運動軟墊上，手肘位在肩膀下方，靠在軟墊上支撐身體。

2. 雙膝併攏，屈膝成 90 度角。

3. 將軀幹上提，伸直脊椎，髖部與軀幹呈一直線。收縮腹部肌群維持這個姿勢。

4. 在姿勢良好的前提下盡力支撐，結束後換邊做。

側平板撐體

側平板撐體能鍛鍊腹斜肌與臀中肌，並培養脊椎的側向穩定度，讓脊椎更能夠抵抗側屈。

有感的肌肉：腹斜肌、上臀肌

訣竅

★ 身體不要向前傾或向後倒。

★ 確保自己的頭部到腳踝呈一直線，脖子與脊椎保持中立。

怎麼做

1. 側躺在運動軟墊上，手肘位在肩膀下方支撐身體。

2. 雙膝併攏伸直。

3. 將軀幹上提，伸直脊椎，從頭到腳呈一直線。收縮腹部肌群維持這個姿勢。

4. 在姿勢良好的前提下盡力支撐，結束後換邊做。

側平板撐體加髖外展

側平板撐體能鍛鍊腹斜肌與臀中肌，並培養脊椎的側向穩定度，讓脊椎更能夠抵抗側屈。加上上方腿外展，會讓動作變得更具挑戰性。

有感的肌肉：腹斜肌、上臀肌

訣竅

★ 身體不要向前傾或向後倒。

★ 確保自己的頭部到腳踝呈一直線，脖子與脊椎保持中立。

怎麼做

1. 側躺在運動軟墊上，手肘位在肩膀下方支撐身體。

2. 雙膝併攏伸直。

3. 將軀幹上提，伸直脊椎，從頭到腳呈一直線。收縮腹部肌群維持這個姿勢。

4. 收縮臀部肌群，將上方腿抬起與放下，重複數次後，換邊做。

抬腳式側平板撐體加髖外展

側平板撐體能鍛鍊腹斜肌與臀中肌，並培養脊椎的側向穩定度，讓脊椎更能夠抵抗側屈。在腳抬升的狀況下，搭配髖外展，可以讓動作的困難度倍增。

有感的肌肉：腹斜肌、上臀肌

訣竅

★ 身體不要向前傾或向後倒。

★ 確保自己的頭部到腳踝呈一直線，脖子與脊椎保持中立。

怎麼做

1. 側躺在運動軟墊上，手肘位在肩膀下方支撐身體。

2. 雙膝併攏伸直，雙腳置放在平台或箱子上。

3. 將軀幹上提，伸直脊椎，從頭到腳呈一直線，收縮腹部肌群維持這個姿勢。

4. 收縮臀部肌群，將上方腿抬起與放下，重複數次後換邊做。

抬腳式側平板撐體蛤蜊式

側平板撐體能鍛鍊腹斜肌與臀中肌，並培養脊椎的側向穩定度，讓脊椎更能夠抵抗側屈。在腳抬升的狀況下，再搭配蛤蜊式動作（髖外旋），可以讓困難度倍增。

有感的肌肉：腹斜肌、上臀肌

訣竅

★ 身體不要向前傾或向後倒。

★ 確保自己的頭部到腳踝呈一直線，脖子與脊椎保持中立。

怎麼做

1. 側躺在運動軟墊上，手肘位在肩膀下方支撐身體。

2. 雙膝併攏伸直，雙腳置放在平台或箱子上。

3. 將軀幹上提，伸直脊椎，從頭到腳呈一直線，收縮腹部肌群維持這個姿勢。

4. 彎曲上方腿的膝關節，讓上方腿的腳踝對準下方腿的膝蓋。收縮臀肌，以蛤蜊開闔的動作將上方腿抬起與放下。重複數次後，換邊做。

彈力帶抗旋轉

有感的肌肉：腹斜肌

訣竅

★ 整個動作過程中，手臂都要平舉在胸前。

★ 雙腿微彎，以運動預備姿勢站好，增進穩定度。

★ 動作過程中，唯一可以動的是你的手，而軀幹、髖部和腿部都要保持不動。

怎麼做

1. 將彈力帶固定在舉重架或其他固定物上。

2. 緊握彈力帶沒固定的那一端，遠離彈力帶的固定端幾步，製造一些張力。

3. 手臂微彎平舉在胸前，掌心向下拉緊彈力帶。如果你是使用管狀彈力帶而不是環狀彈力帶，那麼請你掌心互對，抓住管狀彈力帶的握把。

4. 專注於收縮腹斜肌以維持姿勢，直到預定的時間長度或是姿勢跑掉。然後換邊做。

這個動作能訓練到腹斜肌與上臀肌，並且增進核心的穩定性，尤其是核心的抗旋轉能力，也就是軀幹抵抗扭轉的能力會變強。

轉身舉繩

轉身舉繩是具挑戰性的全身性旋轉動作，能鍛鍊到許多不同的核心肌群。

有感的肌肉：腹斜肌、豎脊肌、臀部肌群

訣竅

★ 確認自己在動作開始之前的姿勢與站立位置都正確。

★ 盡可能讓旋轉的動作發生於髖關節與上背，不要讓腰椎扭轉太多。

★ 不要使用過大的負重，否則動作的流暢度會受影響。

★ 不要過度追求完美的動作，給自己太大的壓力。只要確定目標肌群在動作中有受到足夠的張力就好。

怎麼做

1. 雙手各抓住繩索的一端，其中一端連到低滑輪的位置。

2. 轉過身來半背對滑輪，手臂自然地被往下拉，雙膝微彎，以運動預備姿勢站好。

3. 將下方手的粗繩往對角上方拉，同時轉動髖關節。

4. 緩緩地回到起始位置，重複訓練數次，然後換邊做。

繩索水平伐木

繩索水平筏木是具挑戰性的全身性旋轉動作，能鍛鍊到許多不同的核心肌群。

有感的肌肉：腹斜肌、豎脊肌、臀部肌群

訣竅

★ 確認自己在動作開始之前的姿勢與站立位置都正確。

★ 盡可能讓旋轉的動作發生於髖關節與上背，不要讓腰椎扭轉太多。

★ 不要使用過大的負重，否則動作的流暢度會受影響。

★ 不要過度追求完美的動作，給自己太大的壓力。只要確定目標肌群有在動作中有受到足夠的張力就好。

怎麼做

1. 雙手各抓住繩索的一端，其中一端連到中位的滑輪位置。

2. 轉過身來半背對滑輪，手臂自然地被往滑輪的方向拉，雙膝微彎，以運動預備姿勢站好。

3. 轉動髖關節，並將後方手的粗繩往對側拉。

4. 緩緩地回到起始位置，重複訓練數次，然後換邊做。

繩索伐木

繩索伐木是具挑戰性的全身性旋轉動作，能鍛鍊到許多不同的核心肌群。

有感的肌肉：腹斜肌群

訣竅

★ 確認自己在動作開始之前的姿勢與站立位置都正確。

★ 盡可能讓旋轉的動作發生於髖關節與上背，不要讓腰椎扭轉太多。

★ 不要使用過大的負重，否則動作的流暢度會受影響。

★ 不要過度追求完美的動作，給自己太大的壓力。只要確定目標肌群在動作中有受到足夠的張力就好。

怎麼做

1. 雙手各抓握繩索的一端，其中一端連到高滑輪。

2. 轉過身來半背對滑輪，手臂自然地被往後上方拉，雙膝微彎，以運動預備姿勢站好。

3. 將上方手的繩索往對角下方拉，同時轉動髖關節。

4. 緩緩地回到起始位置，重複訓練數次，然後換邊做。

繩索高跪姿水平伐木

高跪姿水平伐木是一項相當具挑戰性的全身性旋轉動作，除了能鍛鍊到許多核心肌群外，高跪姿還能讓後腿臀部肌群獲得額外訓練。這是我最喜歡的核心運動之一。

有感的肌肉：
腹斜肌群、豎脊肌、臀部肌群

訣竅

★ 確認自己在動作開始之前的姿勢與站立位置都正確。

★ 盡可能讓旋轉的動作發生於髖關節與上背，不要讓腰椎扭轉太多。

★ 不要使用過大的負重，否則動作的流暢度會受影響。

★ 不要過度追求完美的動作，給自己太大的壓力。只要確定目標肌群在動作中有受到足夠的張力就好。

怎麼做

1. 將滑輪調低。放一塊軟墊在地上，方便膝蓋跪地。

2. 右膝著地，以高跪姿背對滑輪。雙手各抓握繩索的一端，右手那一端連到低滑輪。右臂自然地被往後拉，而左臂橫越腹部。

3. 右手向前伸直與肩膀平行，同時轉動軀幹，將繩索拉往身體前面，而左手則順勢退到左側腹斜肌的位置。

4. 緩緩地回到起始位置，重複訓練數次，然後換邊做。

庫克槓高跪姿水平伐木

高跪姿水平伐木是相當具挑戰性的全身性旋轉動作,除了能鍛鍊到許多核心肌群外,高跪姿還能讓後腿臀部肌群獲得額外訓練。這是我最喜歡的核心運動之一。我認為,使用庫克槓可以讓這個動作變得更有效率。

有感的肌肉:
腹斜肌群、豎脊肌、臀部肌群

訣竅

★ 確認自己在動作開始之前的姿勢與站立位置都正確。

★ 盡可能讓旋轉的動作發生於髖關節與上背,不要讓腰椎扭轉太多。

★ 不要使用過大的負重,否則動作的流暢度會受影響。

★ 不要過度追求完美的動作,給自己太大的壓力。只要確定目標肌群在動作中有受到足夠的張力就好。

怎麼做

1. 將滑輪調低。放一塊軟墊在地上,方便膝蓋跪地。

2. 右膝著地,以高跪姿背對滑輪。雙手各握住槓子的一端,右手那一端連到低滑輪。右臂自然地被往後拉,而左臂在腹部前方。

3. 右手向前伸直到與肩膀平行,同時轉動軀幹,將槓子拉往身體前面,而左手順勢退到左側腹斜肌的位置。

4. 緩緩地回到起始位置,重複訓練數次,然後換邊做。

庫克槓水平伐木

水平伐木是具挑戰性的全身性旋轉動作,能鍛鍊到大量的核心肌群。許多健身房裡沒有庫克槓,雖然繩索也可以用來做這個動作,但如果有的話,我還是建議使用庫克槓會比繩索好。

有感的肌肉:腹斜肌、豎脊肌、臀部肌群

訣竅

★ 確認自己在動作開始之前的姿勢與站立位置都正確。

★ 盡可能讓旋轉的動作發生於髖關節與上背,不要讓腰椎扭轉太多。

★ 不要使用過大的負重,否則動作的流暢度會受影響。

★ 不要過度追求完美的動作,給自己太大的壓力。只要確定目標肌群在動作中有受到足夠的張力就好。

怎麼做

1. 將庫克槓固定在中滑輪。半背對滑輪機,雙手各抓住庫克槓的一端,身體微微前傾。右手那一端連到滑輪。右臂自然地被往後拉,而左臂在腹部前方。

2. 右手向前伸直到與肩膀平行,同時轉動軀幹,將槓子拉往身體前面,而左手順勢退到左側腹斜肌的位置。

3. 緩緩地回到起始位置,重複訓練數次,然後換邊做。

⑰ 孤立性動作

現今體適能界的每個人似乎都在抨擊孤立性訓練，但許多人還是會偷偷地練這些動作。在開始長篇大論之前，我必須先澄清，其實沒有真正的「孤立」訓練這回事，因為要完全單獨地訓練某一個肌肉，是不可能的，就算是最簡單的側平舉，都會讓許多不同的肌肉收縮。如果用一個比較好的詞彙做替換，應該是「針對性運動」，但這太過咬文嚼字了，為了方便，我們還是用「孤立」這個詞吧！

一般來說，複合性動作指的是一次會需要移動多個關節的運動，而孤立性動作則是一次只運動一個關節。例如：深蹲牽涉到髖關節與膝關節的伸展與屈曲，所以深蹲屬於複合性動作；集中式彎舉只需要肘關節的屈曲與伸展，所以是單關節運動。

我們通常會認為孤立性動作無法像複合性動作那樣帶來較多的代謝效益，也就是說，複合性動作優於孤立性動作，然而這絕對是正確的嗎？其實不見得，想想看直立划船，這個動作牽涉到肩關節的外展與內收，以及肘關節的屈曲與伸展，所以這是能鍛鍊到三角肌與二頭肌的複合式動作；再想想看臀舉，這個動作幾乎只用到髖關節的屈曲與伸展，也就是臀舉算是單關節運動，卻大量鍛鍊到了臀部肌群與腿部肌群，同時股四頭肌需要一定的等長收縮，腹肌與豎脊肌也都要施力幫助穩定。簡單來說，雖然臀舉算是孤立性動作，但是訓練到的肌肉卻遠比複合性動作直立划船還來得多。所以，以單關節或多關節、複合性或孤立性，來評價一個動作，有時候可能不是那麼恰當。

既然論點已經確定，現在我要繼續來闡述孤立性動作的好處。孤立性動作可以強化我們的弱點肌肉；可以提供新穎的訓練刺激，幫助肌肉更進一步發展；擁有心理學上的優勢，因為我們每個人都想要感受到喜愛的肌群受到扎實鍛鍊的感覺。我們都有自己的弱點部位，例如最常見的是臀部（也因此這本書針對的就是臀部肌群），另外有些人的小腿對於訓練反應不良，有些人則是覺得自己的背部或肩膀太弱。

因此，偶爾進行一些孤立性動作，其實是明智的選擇，只要別做得太過頭就好。在本書的計畫中，你要先確保自己的臀部大動作表現越來越好，例如深蹲、硬舉與臀舉，因為這些動作是重要的基石。而三頭肌後伸或反式飛鳥等動作運用得宜，可以為你的身形刻劃出額外的細節，但這些動作對於整體身材的改變影響不大，所以不應該放在訓練首位。

基於這個理由，我會在每次訓練的最後五分鐘，建議你做各式各樣喜愛的孤立性動作。想要好好折磨手臂一番？做個幾回的二頭肌三頭肌超級組吧；想要更多的三角肌線條？前平舉、側平舉，還有反式飛鳥，都來一輪吧；不滿意小腿的線條？做個幾組單腿提踵。只是要記得，別超過指定的五分鐘時間太多。

抗力球髖內收

這個動作能夠強化大腿內側肌群，對於髖關節的活動及穩定度，有一定的重要性。雖然很多女生非常在乎自己的大腿內側是否肉肉的，但是請記得，局部燃脂是個迷思，我們無法挑選特定部位讓它瘦下來，想要減肥，只能全身一起減。不過，局部鍛鍊肌肉是可行的，或許能因此改善該部位的線條。

有感的肌肉：髖內收肌群（大腿內側）

訣竅

★ 腳掌平貼在地上，不要踮腳尖。

★ 用力夾緊球持續兩、三秒，讓鍛鍊效果更好。

★ 抬頭挺胸，不要彎腰駝背。

怎麼做

1. 坐在平凳上，將抗力球放置在雙膝中間。

2. 雙手搭在髖骨上，坐挺，將膝蓋往內夾。

3. 擠壓抗力球，釋放，然後重複訓練數次。

站姿滑輪髖內收

這個動作能夠強化大腿內側肌群，對於髖關節的活動及穩定度，有一定的重要性。雖然很多女生非常在乎自己的大腿內側是否肉肉的，但是請記得，局部燃脂是個迷思，我們無法挑選特定部位讓它瘦下來，想要減肥，只能全身一起減。不過，局部鍛鍊肌肉是可行的，或許能因此改善該部位的線條。

有感的肌肉：髖內收肌群（大腿內側）

怎麼做

1. 調整好滑輪纜繩機上的滑輪高度與重量。

2. 將腳踝綁帶綁在靠近機器的那隻腳。

3. 遠離機器一步，製造一些張力。

4. 將重心放在外側腳，內側（靠近機器）腳微微離地。

5. 啟動內收肌群，將內側腳拉往外側腳，直到內側腳通過外側腳的前方。

6. 緩緩地回到起始姿勢，重複訓練數次。

7. 換邊進行訓練。

訣竅

★ 抓好支撐物以維持平衡。

★ 保持上身直立與脊椎中立。

★ 動作過程中，要感受內收肌群的收縮。

滑輪髖屈曲

滑輪髖屈曲能夠強化髖屈肌，而髖屈肌對於髖關節的穩定及奔跑的能力，有一定重要性。我在訓練計畫中，已經安排了許多髖伸展動作，所以偶爾做一些髖屈曲動作，也是相當合理的。

有感的肌肉：髖屈肌

訣竅

★ 上半身維持直立。

★ 動作平穩，不要將重量甩上來，或是用腳掌代償。

怎麼做

1. 站在離滑輪幾步遠的位置，將腳踝綁帶綁在右腳，抓好支撐物以維持平衡。

2. 重心放在沒有綁帶的左腳。

3. 將右腿往胸部的方向抬起，越高越好，但不要讓自己感到不適，同時不要移動軀幹。

4. 穩穩地放下右腿，然後重複訓練數次。

5. 換邊進行訓練。

躺姿彈力帶髖屈曲

髖屈肌對於髖關節的穩定及奔跑的能力，有一定重要性。在我的訓練計畫中，已經安排了許多髖伸展動作，加入一些髖屈曲動作是合理的。

有感的肌肉：髖屈肌

訣竅

★ 動作過程中，將脊椎與肩胛骨牢牢地緊貼在地板上，以維持良好的姿勢。

怎麼做

1. 將彈力帶固定在舉重架或其他支撐物上。

2. 躺在地上，將彈力帶的一端纏繞在右腳上。

3. 將右腿往身體的方向抬起，越高越好，但不要讓自己感到不適。

4. 平穩地回到起始位置，然後重複訓練數次。

5. 換邊進行訓練。

坐姿彈力帶腿彎舉

這個動作能夠強化腿後肌群，而腿後肌群對於慢跑與衝刺來說都相當重要。

有感的肌肉：腿後肌群

訣竅

★ 收緊腹肌，動作全程保持良好姿勢。

怎麼做

1. 將彈力帶固定在舉重架或其他支撐物上。

2. 坐在訓練凳上，將彈力帶的一端繞在右腳踝上。

3. 微微抬起要鍛鍊的右腳，讓它向前懸空，左腳則穩穩地踩在地上。

4. 將右腳拉往訓練凳。

5. 緩緩地回到起始位置，重複訓練數次後，換邊做。

單腿提踵

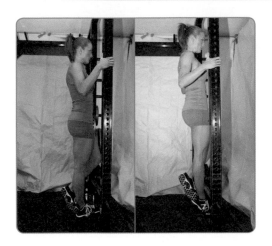

這個動作針對的是小腿後群，對於跑步與跳躍有一定的幫助。

有感的肌肉：小腿後肌群

訣竅

★ 在舒適的情況下，盡可能地提起腳跟和放下腳跟，做完整個動作範圍。

怎麼做

1. 將右腳的前腳掌踩在升起的平台上，左腳勾在右小腿後方。

2. 抓好欄杆或其他的支撐物以維持平衡，然後將右腳跟抬起。

3. 慢慢地放下右腳跟，直到低於平台，重複訓練數次，然後換邊做。

啞鈴側平舉

這個動作能夠強化你的肩膀。強健的肩膀不僅對於運動愛好者相當重要，也能製造腰圍變小的錯覺。

有感的肌肉：側三角肌（肩膀中間）

訣竅

★ 控制好動作，不要擺盪啞鈴。

★ 手肘保持在肩膀前方。

★ 你應該用肩關節外展的方式舉起啞鈴，而非肩外旋。

怎麼做

1. 雙手各握一個啞鈴，垂放大腿在前側，雙膝微彎。

2. 手肘微彎，將雙手向側邊平舉，直到手肘到達肩膀的高度。

3. 緩緩地下降，然後重複訓練數次。

啞鈴前平舉

有感的肌肉：前三角肌（前肩）

訣竅

★ 動作過程中，手肘要伸直。

★ 不要聳肩，也不要將重量甩起。

怎麼做

1. 雙手各握一個啞鈴，垂放大腿在前側，手心朝向自己。

2. 雙手向前平舉，直到手臂與地面平行。

3. 緩緩地下降，然後重複訓練數次。

這個動作能夠強化你的前肩。強健的肩膀不僅對於運動愛好者相當重要，也能製造腰圍變小的錯覺。

啞鈴後三角肌平舉

大多數人肩膀前側的肌力都會大於肩膀後側；強化後三角肌，能夠幫助維持肩關節的肌力平衡，並且減少肩膀與旋轉肌群的受傷機率。

有感的肌肉：後三角肌（肩膀後側）

訣竅

★ 以水平外展的方式舉起啞鈴，而不是肩外旋。

★ 在動作的高點，手肘應該要跟肩膀呈一直線。

★ 軀幹應保持接近水平，如此負荷才能集中在後三角肌。

★ 彎曲雙膝可以減少下背的負擔。

★ 不要用甩的方式將啞鈴舉上來。

怎麼做

1. 雙手垂握啞鈴在兩側。

2. 膝關節微彎，屈曲髖關節，讓軀幹與地板接近平行。

3. 手肘微彎，掌心相對。

4. 雙手向側邊舉起，直到手肘到達肩膀的高度。

5. 緩緩地下放啞鈴，然後重複訓練數次。

啞鈴直立划船

這個動作能夠強化你的肩膀。強健的肩膀不僅對於運動愛好者相當重要，也能產生腰圍變小的錯覺。

有感的肌肉：側三角肌（肩膀後側）、二頭肌

訣竅

★ 保持手肘在身體側邊，別讓它們移到前面了。

★ 手不要舉得太高，也不要外旋肩膀讓手腕高過手肘。

怎麼做

1. 雙手垂握啞鈴在大腿前側，手心朝向自己。

2. 以手肘引導動作將啞鈴往上提。

3. 上提啞鈴時，手腕微微自然下垂。

4. 緩緩地下放啞鈴，然後重複訓練數次。

啞鈴聳肩

有感的肌肉：上斜方肌

訣竅

★ 不要將肩膀往前突出，也不要彎曲手臂，把手臂當成鉤子，勾住啞鈴。

★ 隨著重量越來越重，想要做完整個動作範圍會變得越來越困難，但不要因為害怕無法做完，而不敢挑戰更重的重量。

怎麼做

1. 雙手垂握啞鈴在兩側，掌心互對。

2. 將肩膀往上抬，抬往耳朵的方向，盡可能地抬高。

3. 肩膀往下，然後重複訓練數次。

這個運動主要在強化上斜方肌，而上斜方肌是重要的肩胛穩定肌。對於許多女性來說，這不是非做不可的動作，但我不想要遺漏任何一位不滿意自己斜方肌的讀者，或是想嘗試翹臀曲線計畫的男性。

俯臥後三角平舉

大多數人肩膀前側的肌力都會大於肩膀後側；強化後三角肌，能夠幫助維持肩關節的肌力平衡，並且減少肩膀與旋轉肌群的受傷機率。俯臥在訓練椅上，更可以單獨訓練後三角肌。

有感的肌肉：後三角肌（肩膀後側）

訣竅

★ 以水平外展的方式舉起啞鈴，而不是肩外旋。

★ 手肘可以打直，也可以微彎。

怎麼做

1. 臥趴在上斜 30 至 45 度角的訓練椅上。

2. 雙手垂握啞鈴在兩側，掌心互對。

3. 將手臂往側邊舉起，直到手肘達到肩膀的高度。

4. 緩緩地下放手臂，然後重複訓練數次。

俯臥斜方後舉

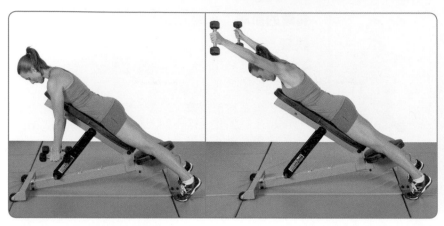

這個動作主要鍛鍊的是下斜方肌，下斜方肌也是重要的肩胛穩定肌，但是一般健身族群都沒有給予這塊肌肉足夠的強化，使得它相對較弱。

有感的肌肉：斜方肌（中與下）

訣竅

★ 上舉的過程不要使用擺盪慣性。你可能會發現你只能舉起 2.5 到 5 磅的重量。

★ 雙手與身體保持 45 度角，在動作的高點形成 Y 字形。

怎麼做

1. 收縮上背部、肩胛骨中間的肌肉，將雙手直直舉過頭，呈現 Y 字形。

2. 在動作的高點時，感受背部肌肉的收縮，然後緩緩放下回到起始位置，重複訓練數次。

俯臥開肘划船

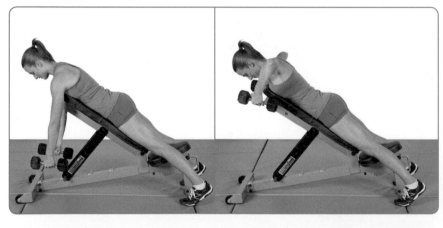

俯臥開肘划船針對的是中斜方肌、菱形肌與後三角肌。在執行這個動作時，你可能無法像一般的啞鈴划船一樣，舉起那麼多重量。

有感的肌肉：上背

訣竅

★ 在動作的高點，你的手臂會呈現 L 字形，肘關節會彎曲 90 度角。

★ 用力地將你的肩胛骨擠在一起。

怎麼做

1. 趴在上斜 30 至 45 度角的訓練椅上。

2. 雙手垂握啞鈴在兩側。

3. 將雙手往側邊舉起，收縮背部肌群，直到上臂超過軀幹上方。

4. 緩緩地放下，直到手臂完全伸直，然後重複訓練數次。

俯臥聳肩

俯臥聳肩針對的是中背部肌群,特別是中斜方肌與菱形肌群。

有感的肌肉:肩胛後收肌(中背部)

訣竅

★ 收縮中背部與斜方肌將重量往後上方提,跟站立時單純的往上聳肩不太一樣。

★ 手臂不要彎曲,要保持伸直。

怎麼做

1. 趴在上斜 30~45 度角的訓練椅上。

2. 雙手垂握啞鈴在側,掌心互對。

3. 將肩膀往後上方聳起,夾緊中背部的肌群與斜方肌。

4. 緩緩地放下,然後重複訓練數次。

稻草人式

一般人肩膀前側的肌力經常強於後側,藉由這個動作鍛鍊後三角肌,能夠幫助維持肩關節肌力的平衡,並且減少傷害發生。這個動作對於女性來說較困難,但是對於願意挑戰困難的妳,這個動作會為妳帶來好處。

有感的肌肉:後三角肌(後肩膀)

訣竅

★ 動作過程中,手肘保持微彎。

怎麼做

1. 將滑輪設定在腰部的高度。

2. 站立面對滑輪機,雙手握住對側握把,在胸前交叉。

3. 將手臂往後上方拉,直到手臂與肩膀呈一直線。

4. 緩緩地回到起始位置,然後重複訓練數次。

俯身滑輪後三角平舉

這也是鍛鍊三角肌的動作。一般人肩膀前側的肌力經常強於後側,藉由這個動作鍛鍊後三角肌,能夠幫助維持肩關節肌力的平衡,並且減少傷害發生。

有感的肌肉:後三角肌(後肩膀)

訣竅

★ 動作過程中,脊椎保持中立,以屈曲髖關節的方式讓身體前傾。

怎麼做

1. 將滑輪設定在較低的高度,調整好兩邊的重量。

2. 抓好對側的握把,站回滑輪機的中心。

3. 俯身向前,直到你的背部大約與地面平行,雙手交叉在胸前。

4. 將手往側邊舉高,直到手肘到達肩膀的高度。動作過程中,手肘保持微彎。

5. 緩緩地回到起始位置,然後重複訓練數次。

直臂滑輪下拉

這項運動針對的是闊背肌。闊背肌不僅是上肢產生拉力最主要的肌肉，也是整個背部重要的穩定肌。

有感的肌肉：背部肌群、三頭肌

訣竅

★ 使用背肌產生拉的動作，而不是使用三頭肌產生推的動作。

★ 雖然動作本身叫做「直臂」下拉，但你還是可以微微彎曲手肘，讓動作更好執行。

★ 盡可能地把動作範圍做大。

怎麼做

1. 將滑輪設定在較高的位置，面對滑輪機抓住握把。髖部與膝部微彎，讓身體進入穩定的運動員預備姿勢。

2. 肘關節在動作過程中的曲度保持一致，將纜繩往下拉，直到雙手來到身體側邊。

3. 緩緩地升回起始位置，然後重複訓練數次。

啞鈴上斜飛鳥

這項運動針對的是上胸肌。增加上胸肌肉可以刻畫出乳房上緣的線條。由於在這個動作中，啞鈴會與身體保持一段距離，所以你無法使用做上斜臥推時的重量。

有感的肌肉：胸大肌（上胸肌）

訣竅

★ 雙腳穩穩地踩在地上。

★ 手肘往身體外側打開。

★ 只要將啞鈴舉到路徑上三分之二高的位置就好，這樣才能夠持續地製造張力。

怎麼做

1. 躺在上斜的訓練凳上，斜度設定 30 至 45 度角。

2. 雙手各握一個啞鈴，手肘微彎，將啞鈴高舉過胸部上方。

3. 將啞鈴往身體兩側下降，使胸部感受到張力。

4. 再將啞鈴往上舉，但這次停在路徑上三分之二高的位置。

5. 緩緩地下降回起始位置，然後重複訓練數次。

啞鈴飛鳥

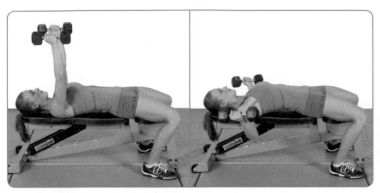

啞鈴飛鳥能夠對胸大肌產生可觀的張力，幫助建構胸大肌的力量、穩定度與柔軟度。

有感的肌肉：胸大肌

訣竅

★ 雙腳穩穩地踩在地上。

★ 手肘微彎，往身體外側打開。

★ 只要將啞鈴舉到路徑上三分之二高的位置就好，這樣才能夠持續地製造張力。

怎麼做

1. 躺在平放的訓練椅上，雙手各握一個啞鈴，手肘微彎，先將啞鈴高舉到胸部上方。

2. 掌心相對，在接下來的動作過程都是保持如此。

3. 將啞鈴往身體兩側下降，使胸部感受到強大的張力。

4. 用胸部往前夾緊的姿勢，將啞鈴往上舉。

5. 緩緩地下降回起始位置，然後重複訓練數次。

啞鈴仰臥拉舉

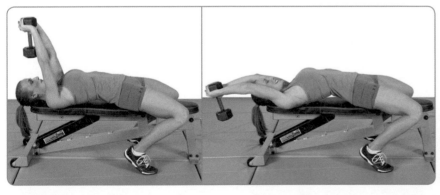

這個運動可以強化胸大肌、前鋸肌、三頭肌及闊背肌。事實上，仰臥拉舉的確是很棒的上半身運動，能夠鍛鍊到許多肌肉，循序漸進的話，也可以使用大重量操作。

有感的肌肉：胸大肌、闊背肌、三頭肌

訣竅

★ 臀肌用力，髖關節保持鎖緊。

★ 動作過程中，手肘保持微彎。

★ 不要把動作做成三頭肌伸展，要試著使用你的闊背肌。

怎麼做

1. 背躺在訓練椅上，雙手合握一個啞鈴的內側。

2. 將啞鈴置於胸口上方，手肘微彎。

3. 將啞鈴往頭部後方下降，直到手臂與肩膀平行。

4. 將啞鈴拉回胸口上方，然後重複訓練數次。

滑輪三頭肌下壓

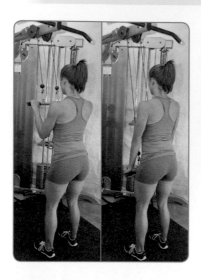

這個動作能夠培養三頭肌的肌肉量,而手臂後側也經常是女性在意的地方。但再次提醒,局部燃脂是個迷思,要減肥只能全身一起減。不過,局部鍛鍊肌肉是可行,或許能因此改善該部位的線條。

有感的肌肉:三頭肌(上臂後側)

訣竅

★ 要做完整個動作範圍。

★ 控制好動作,不要使用過多的慣性。

怎麼做

1. 將滑輪機的滑輪設定在較高的位置,選擇使用 V 形槓或直槓,雙手窄握。

2. 向下伸直手臂。

3. 緩緩地回到起始位置,然後重複訓練數次。

繩索三頭肌下壓

這個動作能夠培養三頭肌的肌肉量,而手臂後側也經常是女性在意的地方。但再次提醒,局部燃脂是個迷思,要減肥只能全身一起減。不過,局部鍛鍊肌肉是可行,或許能因此改善該部位的線條。

有感的肌肉:三頭肌(上臂後側)

訣竅

★ 要做完整個動作範圍。

★ 控制好動作,不要使用過多的慣性。

怎麼做

1. 將滑輪機的滑輪設定較高的位置,雙手抓好繩索的握把。

2. 向下伸直手臂,同時將手臂往兩側打開,直到肘關節完全伸展。

3. 緩緩地回到起始位置,然後重複訓練數次。

滑輪三頭肌過頭伸展

這個動作能夠培養三頭肌的肌肉量,而手臂後側也經常是女性在意的地方。但再次提醒,局部燃脂是個迷思,要減肥只能全身一起減。不過,局部鍛鍊肌肉是可行,或許能因此改善該部位的線條。

有感的肌肉:三頭肌(上臂後側)

訣竅

★ 不要讓下背過度伸展。

★ 上臂盡可能保持不動,要動的是手肘。

怎麼做

1. 將滑輪機的滑輪設定較高的位置,雙手抓好繩索的握把,背對滑輪機,將繩索擺在頸部後方。

2. 身體向前傾並分腿前後站好,用三頭肌承受滑輪帶來的張力。

3. 向前伸直手臂,直到肘關節完全伸展。

4. 緩緩地回到起始位置,盡可能保持上臂不動,然後重複訓練數次。

啞鈴上斜彎舉

上斜啞鈴彎舉是少數能在起始位置就帶給二頭肌強大張力的動作，是非常棒的二頭肌運動。

有感的肌肉：二頭肌（上臂前側）

訣竅

★ 將上臂的位置控制在肩膀之下，不要用上臂過度擺盪重量。

★ 在動作的高點用力收縮肌肉，維持一小段時間。

怎麼做

1. 坐在上斜的訓練椅上，斜度調整在 45 到 60 度角之間。雙手垂握啞鈴在兩側，掌心朝前。

2. 手肘置於身體外側，屈曲肘關節，將啞鈴盡可能地往上舉。

3. 緩緩地下放重量，然後重複訓練數次。

啞鈴交替彎舉

二頭肌負責屈曲肘關節，透過強化二頭肌及其他的肘關節屈肌，都可以增加做划船、引體向上與其他上肢拉動作的力量。也就是說，當你的二頭肌越強壯，就越能掌握鍛鍊背部肌群的動作。順帶一提，有線條的手臂也會變得比較性感。

有感的肌肉：二頭肌（上臂前側）

訣竅

★ 要做完整個動作範圍，由完全垂下的手臂進行完整地收縮，將啞鈴舉起。

★ 保持手肘在身體側邊，以防止借用到其他大肌群的力量。

怎麼做

1. 雙手垂握啞鈴在兩側，掌心朝內。

2. 維持手肘在身體側邊，將啞鈴舉起的同時旋轉前臂，讓掌心面向肩膀。

3. 將啞鈴舉高到手臂肌肉完全收縮，然後下放。

4. 換邊重複一次，然後如此交替進行。

啞鈴垂式彎舉

垂式彎舉跟交替彎舉有點像,但是在做垂式彎舉時,會同時運動到雙手,且不會有旋轉前臂的動作。透過維持前臂在中立的位置,可以更針對肱肌與肱橈肌進行訓練。

有感的肌肉:
二頭肌、肱肌、肱橈肌(上臂前側)

訣竅

★ 要做完整個動作範圍,由完全垂下的手臂進行完整地收縮,將啞鈴舉起。

★ 保持手肘在身體側邊,以防止借用到其他大肌群的力量。

怎麼做

1. 雙手垂握啞鈴在兩側,掌心朝內。

2. 盡可能地舉高啞鈴,大拇指朝向肩膀。

3. 下放啞鈴,然後重複訓練數次。

啞鈴集中彎舉

集中彎舉能夠製造可觀的頂峰收縮與泵感,非常能針對二頭肌進行訓練。

有感的肌肉:
二頭肌(上臂前側)

訣竅

★ 保持上臂在肩膀下方,避免用搖晃的方式晃起重量。

★ 在動作的高點用力收縮肌肉,稍微停頓一下。

★ 可以將另一隻沒拿啞鈴的手放在膝蓋上,以支撐身體。

怎麼做

1. 單手抓起一個啞鈴,掌心朝內。

2. 雙膝微彎,屈曲髖關節,直到軀幹與地面接近平行。

3. 將拿啞鈴的那一隻手垂放在膝蓋內側。

4. 舉起啞鈴直到肩膀的高度。

5. 下放手臂,直到手臂接近完全伸直,重複訓練數次。

6. 換邊做。

槓鈴二頭彎舉

這也是強化二頭肌的動作,但跟啞鈴彎舉不一樣的是,你在做槓鈴彎舉時,前臂會一直保持在旋後的位置。槓鈴彎舉也會訓練到腹部與下背部肌群,要是重量夠重,對於核心穩定性來說是相當有挑戰性的!

有感的肌肉:二頭肌(上臂前側)

訣竅

★ 要做完整個動作範圍,由完全垂下的手臂進行完整地收縮,將啞鈴舉起。

★ 保持手肘在身體側邊,以防止借用到其他大肌群的力量。

★ 避免使用過多的慣性。

怎麼做

1. 以肩寬為握距抓起槓鈴。

2. 保持手肘在身體側邊,將槓鈴舉起,直到前臂與地面接近垂直。

3. 下放槓鈴,直到手臂伸直,然後重複訓練數次。

BH0040

強曲線‧翹臀終極聖經

一輩子最佳健身指導書，
48 週訓練課程＋ **265** 個動作詳解
Strong Curves: A Woman's Guide to Building a Better Butt and Body

作　　者｜布瑞特‧康崔拉斯（Bret Contreras）、凱莉‧戴維斯（Kellie Davis）
譯　　者｜柯品瑄、周傳易
責任編輯｜于芝峰
協力編輯｜洪禎璐
內頁排版｜劉好音
封面設計｜黃聖文

發 行 人｜蘇拾平
總 編 輯｜于芝峰
副總編輯｜田哲榮
業務發行｜王綬晨、邱紹溢
行銷企劃｜陳詩婷

出　　版｜橡實文化 ACORN Publishing
地址：105 臺北市松山區復興北路 333 號 11 樓之 4
電話：02-2718-2001 傳真：02-2719-1308
網址：www.acornbooks.com.tw
E-mail 信箱：acorn@andbooks.com.tw

發　　行｜大雁出版基地
地址：105 臺北市松山區復興北路 333 號 11 樓之 4
電話：02-2718-2001 傳真：02-2718-1258
讀者服務信箱：andbooks@andbooks.com.tw
劃撥帳號：19983379 戶名：大雁文化事業股份有限公司

印　　刷｜中原造像股份有限公司
初版一刷｜ 2018 年 2 月
初版四刷｜ 2022 年 11 月
定　　價｜ 750 元
ISBN 978-957-9001-37-3

國家圖書館出版品預行編目 (CIP) 資料

強曲線翹臀終極聖經：一輩子最佳健身指導書，48 週訓練課程 +265 個動作詳解
/ 布瑞特‧康崔拉斯（Bret Contreras），凱莉‧戴維斯（Kellie Davis）著；
柯品瑄，周傳易譯.
– 初版. – 臺北市：橡實文化出版：大雁出版基地發行，2018.02
　　面；　公分
譯自：Strong curves : a woman's guide to building a better butt and body
ISBN 978-957-9001-37-3（平裝）

1. 臀 2. 塑身 3. 健身運動
425.2　　　　　　　　　　　　　　　　　　　　　107000732